# 机电传动与控制

主　编　于　蒙　王　强

武汉理工大学出版社
·武　汉·

## 内 容 提 要

本书共8章，主要内容包括绪论、机电传动系统的运动学基础、直流电动机的工作原理及特性、交流电动机的工作原理及特性、机电系统中电动机的选择、常用低压电器、电气控制电路设计、电气元件的选择和电动机的保护。

本书可作为机械设计制造及其自动化、机电类和物流工程等专业本科生的教材，也可作为机械设计制造类、机电设备类等专业高职（专科）生的教材，还可作为机电行业工程技术人员的参考读物。

**图书在版编目(CIP)数据**

机电传动与控制 / 于蒙，王强主编. -- 武汉：武汉理工大学出版社，2025.4.

ISBN 978-7-5629-6999-0

Ⅰ.TM921.5

中国国家版本馆 CIP 数据核字第 20240BH751 号

**武汉理工大学本科教材建设专项基金项目**

**项目负责人**：李兰英　　**责 任 编 辑**：李兰英

**责 任 校 对**：李正五　　**版 面 设 计**：正风图文

**出版发行**：武汉理工大学出版社

**经　销　者**：各地新华书店

**印　刷　者**：武汉市洪林印务有限公司

**开　　　本**：787 mm×1092 mm　1/16

**印　　　张**：11.5

**字　　　数**：273 千字

**版　　　次**：2025 年 4 月第 1 版

**印　　　次**：2025 年 4 月第 1 次印刷

**定　　　价**：48.00 元

凡购本书，如有缺页、倒页、脱页等印装质量问题，请向出版社发行部调换。

本社购书热线电话：027-87391631　87523148　87664138

# 前　言

“机电传动与控制”是工程领域物流工程、机械工程相关专业的必修课程之一，本书以电机为主导，以控制为线索，集电动机、电器、可编程序控制器、自动控制系统于一体。本书主要内容如下：

**1. 机械传动动力学**

机械传动动力学是“机电传动与控制”这门课的基础，学生将学习单轴拖动系统的运动方程式、机械的机械特性、机械系统稳定运行条件，同时，还将了解传动系统的动力学分析，以及传动系统中常见问题的诊断与解决方法。

**2. 电气传动工作原理及特性**

电气传动是现代工程中广泛应用的一种传动方式，涉及直流、交流电动机的工作原理及其特性，三相异步电动机的启动、制动特性及其调速方法，同步电动机的相关知识。在这部分内容中，学生将学习电机的基本原理、类型和特性，以及电力电子技术在电气传动中的应用。

**3. 机电控制系统设计**

机电控制系统设计是机电传动与控制课程的核心内容，这部分内容包括电子元器件、电力半导体等的工作原理、特性、应用和选用方法，由继电器-接触器、PLC等组成的常用机电传动控制系统的工作原理、特点、分析与设计方法，机电系统控制电路设计的基本方法，应用工程实例和实验环节设计。

第一章到第四章由于蒙编写，第五章和第六章由于蒙和王强共同编写，第七章和第八章由王强编写。

**编　者**
2024年4月

# 目　录

# 第一章　绪　　论

## 第一节　机电传动控制的目的和任务

机电传动（又称电力传动或电力拖动）的目的是将电能转变为机械能，实现生产机械的启动、停止以及速度调节，满足各种生产工艺过程要求，保证生产过程的正常进行。

在现代工业中，为了实现生产过程自动化，机电传动不仅包括拖动生产机械的电动机，而且包含控制电动机的一整套控制系统。所以，现代机电传动与由各种控制元件组成的自动控制系统紧密地联系在一起。机电系统一般可分为图 1-1 所示的三大部分。

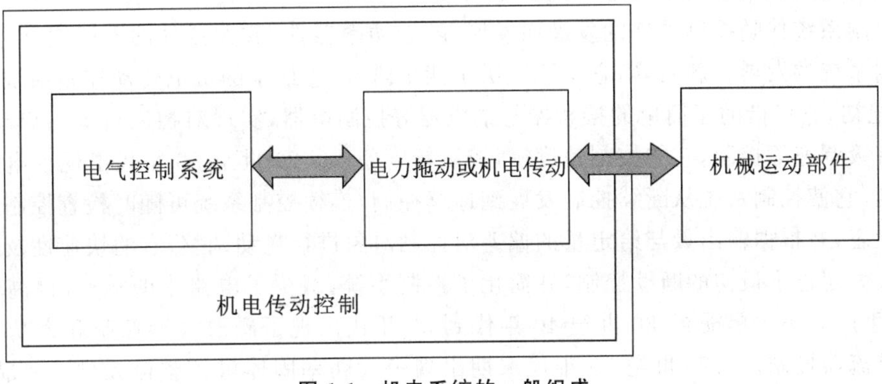


**图 1-1　机电系统的一般组成**

机械运动部件是机电系统完成生产任务的基础，机电传动是驱动生产机械运动部件的原动机（这里是指各种电动机）的总称，电气控制系统是指控制电动机的系统。所以，机电传动控制是指驱动生产机械的电动机和控制电动机的一整套电气系统。

按照现代化生产的要求，机电传动控制系统所要完成的任务，从广义上讲，就是要使生产机械设备、生产线、车间，甚至整个工厂都实现自动化；从狭义上讲，则专指控制电动机驱动生产机械，实现生产产品数量的增加、质量的提高、生产成本的降低、工人劳动条件的改善以及资源的合理利用。

生产工艺的发展，对机电传动控制系统提出了越来越高的要求。例如，一些精密机床要求加工精度达百分之几毫米，甚至几微米，重型镗床为保证加工精度和控制粗糙度，要求在极慢的稳速下进给，即要求在很宽的范围内调速；轧钢车间的可逆式轧机及其辅助机械，操作频繁，要求在不到一秒的时间内就得完成从正转到反转的过程，即要求能迅速地启动、制动和反转；对于电梯和提升机则要求启动和制动平稳，并能准确地停在预定的位置上；对于冷、热连轧机以及造纸机的各机架或各分部，则要求各机架或各分部的转速保持一定的比例关系进行协调运转；为了提高效率，由数台或数十台设备组成的生产自动系统，要求统一控制和管理。诸如此类的要求，都是靠电动机及其控制系统和机械传动装置来实现的。

## 第二节　机电传动控制技术的发展概况

机电传动及其控制系统总是随着社会生产的发展而发展的。单就机电传动而言，它的发展大体上经历了成组拖动、单电动机拖动和多电动机拖动三个阶段。①成组拖动，就是指一台电动机拖动一根天轴，然后再由天轴通过皮带轮和皮带分别拖动各生产机械，这种拖动方式生产效率低、劳动条件差，一旦电动机发生故障，将造成成组的生产机械停车；②单电动机拖动，就是用一台电动机拖动一台生产机械，它虽较成组拖动前进了一步，但当一台生产机械的运动部件较多时，机械传动机构仍十分复杂；③多电动机拖动，即一台生产机械的每一个运动部件分别由一台专门的电动机拖动，这种拖动方式不仅大大简化了生产机械的传动机构，而且控制灵活，为生产机械的自动化提供了有利的条件，所以，现代化机电传动基本上均采用这种拖动形式。

控制系统伴随控制器件的发展而发展，随着功率器件、放大器件的不断更新，机电传动控制系统的发展日新月异，它主要经历了四个阶段：①最早的机电传动控制系统出现在20世纪初，它仅借助于简单的接触器与继电器等控制电器，实现对控制对象的启动、停车以及有级调速等控制，它的控制速度慢，控制精度差。②20世纪30年代出现了电机放大机控制，它使控制系统从断续控制发展到连续控制，连续控制系统可随时检查控制对象的工作状态，并根据输出量与给定量的偏差对控制对象进行自动调整，它的快速性及控制精度都大大超过了最初的断续控制，并简化了控制系统，减少了电路中的触点，提高了可靠性，使生产效率大幅提高；20世纪40年代到50年代出现了磁放大器控制和大功率可控水银整流器控制。③20世纪50年代末期出现了大功率固体可校整流元件——晶闸管，很快晶闸管控制就取代了水银整流器控制，后又出现了功率晶体管控制，由于晶体管、晶闸管具有效率高、控制特性好、反应快、寿命长、可靠性强、维护容易、体积小、质量小等优点，它的出现为机电传动自动控制系统开辟了新纪元。④随着数控技术的发展，计算机的应用特别是微型计算机的出现和应用，又使控制系统发展到一个新阶段——采样控制，它也是一种断续控制，但是和最初的断续控制不同，它的控制间隔（采样周期）比控制对象的变化周期短得多，因此，在客观上完全等效于连续控制，它把电力电子技术与微电子技术、计算机技术紧密地结合在一起，赋予机电传动控制新的内容。

20世纪70年代初，计算机数字控制（CNC）系统应用于数控机床和加工中心，不仅提高了自动化程度，而且提高了机床的通用性和加工效率。工业机器人的诞生为实现机械加工全盘自动化提供了物质基础。20世纪80年代以来，出现了由数控机床、工业机器人、自动搬运车等组成的统一由中心计算机控制的机械加工自动线——柔性制造系统（FMS），它是自动化车间和自动化工厂的重要组成部分。机械制造自动化的高级阶段是走向设计、制造一体化，即利用计算机辅助设计（CAD）与计算机辅助制造（CAM）形成产品设计和制造过程的完整系统，对产品构思和设计直至装配、试验和质量管理这一全过程实现自动化。

20世纪90年代以后，微处理器和计算机技术的进步推动了全数字控制系统（FCS）的发展，矢量控制、直接转矩控制、DSP（数字信号处理器）和现场总线（如CAN、Profibus）等的引入，产生了基于计算机的数字控制技术，如分布式控制系统（DCS），实现了对电动机运行状态的实时监控和优化，促进了设备间通信的标准化，提高了系统的集成度和灵活性，现代机电传动系统朝着模块化、网络化和智能化方向发展。

进入21世纪，随着互联网、物联网、大数据和人工智能等新技术的深度融合，机电传动控制技术发展到了一个新的高度。智能控制、自适应控制、模糊控制等高级控制策略被广泛应用，使设备能自我学习和优化，进一步提升了系统的性能和可靠性。集成PLC和DCS与高级控制算法，如模糊控制、滑模控制、神经网络等，实现电机控制系统的高度集成和智能化。同时，电机驱动器也朝着高频化、高效率、模块化方向发展。2000年至今，随着电力电子技术的进步，进入智能控制与绿色能源应用时代，永磁同步电机（PMSM）、交流异步电机（ACIM）等得到了广泛应用，结合矢量控制、直接转矩控制等方法，提升了电动机性能。此外，随着能效和环保要求的提升，电机驱动系统向着节能型、高效能和绿色低碳的方向发展，新能源汽车、智能制造等领域对高精度、高速度、大功率的传动控制提出了更高要求，推动了相关技术研发的深化。

随着6G、AI、边缘计算等新技术的不断应用，未来机电传动控制技术将进一步智能化，实现故障预测、自我诊断和动态优化。同时，集成度更高、响应更快的控制方案将被广泛采用，推动制造业向智能制造迈进。

## 第三节　章节内容安排

全书共分八章。第一章为绪论。第二章重点介绍了机电传动系统的运动方程式。电动机是机电传动的动力与电气控制的对象，故第三、第四章分别介绍了直流电动机和交流电动机的工作原理及其特性。第五章从实际应用的角度介绍电动机的选择。继电器-接触器控制系统，目前还广泛应用在生产实际中，它仍然还将起着重要的作用，故第六章介绍了继电器-接触器控制系统中用到的常用电器；第七章介绍电动机控制电路的设计原理和流程，以及典型的应用实例等。第八章介绍了电器元件的选择和电动机的保护。

# 第二章　机电传动系统的运动学基础

机电传动系统是由电动机拖动，并通过传动机构带动生产机械运行的一个动力学整体。虽然电动机有不同的种类和特性，生产机械的负载性质也各种各样，但从动力学的角度分析，它们都服从动力学的统一规律。

## 第一节　单轴拖动系统的运动方程式

### 一、单轴拖动系统的组成

在生产实际中，最简单的机电传动系统就是电动机直接与生产机械的工作机构（负载）相连接的单轴拖动系统，图 2-1(a)所示为一单轴机电传动系统。

图中：M 为电动机，生产机械是电动机的驱动对象。

电动机 M 通过连接件直接与生产机械相连，由电动机 M 产生输出转矩 $T_M$，用来克服负载转矩 $T_L$，带动生产机械以角速度 $\omega$（或转速 $n$）进行运动。

图 2-1(b)为单轴拖动系统电动机的输出转矩、负载转矩和速度的方向。

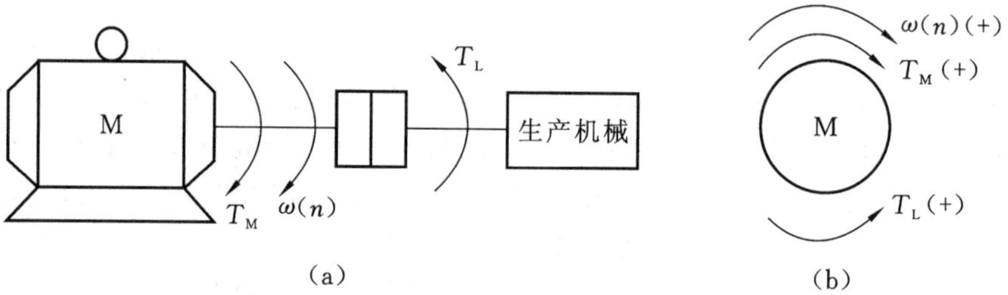


**图 2-1　单轴拖动系统**

(a) 系统结构图；(b) 转矩、速度的正方向

### 二、运动方程式

机电系统中，$T_M$、$T_L$、$\omega$（或 $n$）之间的函数关系称为运动方程式。

根据动力学原理，上述系统中 $T_M$、$T_L$、$\omega$ 之间的函数关系如下：

$$T_M - T_L = J\frac{d\omega}{dt} \tag{2-1}$$

式中　$T_M$——电动机的电磁转矩(N·m)；

$T_L$——电动机的总负载转矩(N·m)；

$J$——机电传动系统轴上的转动惯量(kg·m²)；

$\omega$——电动机旋转角速度(rad/s)；

$t$——时间(s)。

在实际工程计算中，往往用转速 $n$ 代替角速度 $\omega$，用飞轮惯量(常称为飞轮转矩)$GD^2$ 代替转动惯量 $J$，由于 $J=m\rho^2=mD^2/4$，其中，$\rho$ 和 $D$ 分别定义为惯性半径和惯性直径，而质量 $m$ 和重力 $G$ 的关系是 $G=mg$，$g$ 为重力加速度，所以，$J$ 与 $GD^2$ 的关系是

$$J=\frac{1}{4}mD^2=\frac{1}{4}\frac{G}{g}D^2=\frac{1}{4}\frac{GD^2}{g} \tag{2-2}$$

或

$$GD^2=4gJ$$

且

$$\omega=\frac{2\pi}{60}n \tag{2-3}$$

将式(2-2)和式(2-3)代入式(2-1)，就可得运动方程式的实用形式

$$T_M-T_L=\frac{GD^2}{375}\frac{dn}{dt} \tag{2-4}$$

应当注意：

(1)系数 375 包含了 $g=9.81\ m/s^2$，故它有加速度的量纲。

(2)$GD^2$ 是代表物体旋转惯量的一个整体物理量，在实际应用中，不论计算还是书写，$GD^2$ 都应写在一起。

(3)国家标准规定采用国际单位制(SI)，只使用转动惯量 $J$。对于工程上沿用的 $GD^2$，可用式(2-2)核算为 $J$。

电动机和负载的 $GD^2$ 通常可从产品样本和有关设计资料中查找。

## 三、传动系统的状态

运动方程式是研究机电传动系统最基本的方程式，它决定着系统运动的特征。当 $T_M=T_L$ 时，加速度 $a=dn/dt=0$，传动系统为稳速(称为静态)；当 $T_M>T_L$ 时，加速度 $a=dn/dt$ 为正，传动系统为加速运动；当 $T_M<T_L$ 时，$a=dn/dt$ 为负，传动系统为减速运动。系统处于加速或减速的运动状态称为动态。处于动态时，系统中必然存在一个动态转矩

$$T_d=\frac{GD^2}{375}\frac{dn}{dt} \tag{2-5}$$

它使系统的运动状态发生变化。这样，运动方程式(2-1)或式(2-4)也可写成转矩平衡方程式

$$T_M-T_L=T_d$$

或

$$T_M=T_L+T_d \tag{2-6}$$

也就是说，在任何情况下，电动机所产生的转矩总是与轴上的负载转矩(即静态转矩)和动态转矩之和相平衡。

当 $T_M = T_L$ 时，$T_d = 0$，表示没有动态转矩，系统恒速运转，即系统处于稳态。稳态时，电动机产生转矩的大小仅由电动机所带的负载(生产机械)决定。

值得指出的是图 2-1(b)中关于转矩正方向的约定：由于传动系统有多种运动状态，相应的运动方程式中的转速和转矩就有不同的符号。因为电动机和生产机械以共同的转速旋转，所以，一般以转动方向为参考来确定转矩的正负。设电动机某一转动方向的转速 $n$ 为正，则约定电动机转矩 $T_M$ 与 $n$ 一致的方向为正向，负载转矩 $T_L$ 与 $n$ 相反的方向为正向。

**例 2-1** 如图 2-2 所示，在提升重物过程中，试判定卷扬机启动和制动时电动机转矩 $T_M$ 和负载转矩 $T_L$ 的符号。

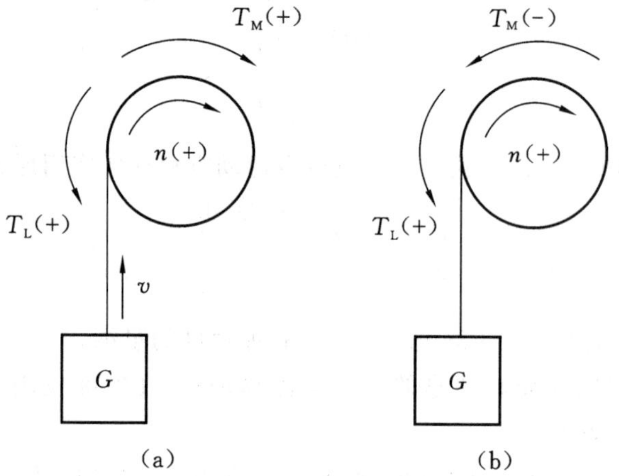


**图 2-2 例 2-1 图**

(a) 启动时；(b)制动时

**解** 设重物提升时电动机旋转方向为 $n$ 的正方向。

启动时[图 2-2(a)]，电动机拖动重物上升，$T_M$ 与 $n$ 正方向一致，$T_M$ 取正号；$T_L$ 与 $n$ 方向相反，$T_L$ 亦取正号。这时的运动方程式为

$$T_M - T_L = \frac{GD^2}{375}\frac{dn}{dt} \tag{2-7}$$

要能提升重物，必定存在 $T_M > T_L$，即动态转矩 $T_d = T_M - T_L$ 和加速度 $a = dn/dt$ 均为正，系统加速运行。

制动[图 2-2(b)]仍是提升过程，$n$ 为正，只是此时要求电动机制止系统运动，所以，$T_M$ 与 $n$ 方向相反，$T_M$ 取负号，而重物产生的转矩总是向下，和启动过程一样，$T_L$ 仍取正号，这时运动方程式为

$$-T_M - T_L = \frac{GD^2}{375}\frac{dn}{dt} \tag{2-8}$$

可见，此时动态转矩和加速度都是负值，它使重物减速上升，直到停止。制动过程中，系统中动能产生的动态转矩由电动机的制动转矩和负载转矩所平衡。

# 第二节　多轴拖动系统的简化

## 一、多轴拖动系统的组成

所谓多轴拖动系统，就是在电动机与工作机构之间增设传动机构的系统，如图 2-3 所示。

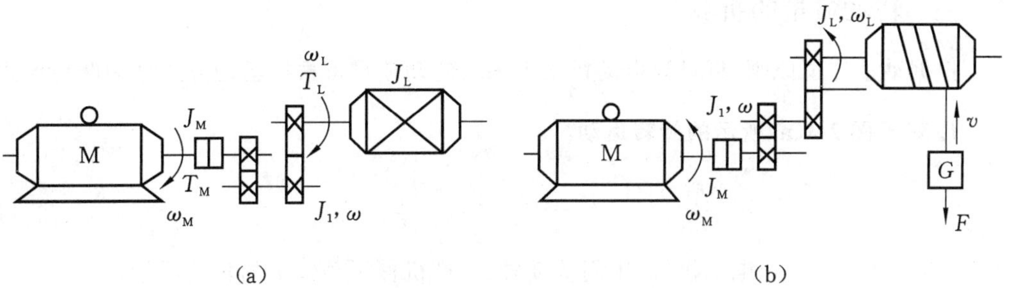


**图 2-3　多轴拖动系统**

(a) 旋转运动；(b) 直线运动

在实际生产中，许多生产机械为满足工艺要求需要较低的转速，或者需要平移、升降、往复等不同的运动形式，但在制造电动机时，为了节省材料，一般都制成额定转速较高的旋转电动机，因此其间必须加装减速机构，例如齿轮减速箱、传动带、蜗轮蜗杆等传动机构。

在这种情况下，为了列出这个系统的运动方程，必须先将各转动部分的转矩和转动惯量或直线运动部分的质量都折算到某一根轴上，一般折算到电动机轴上，即折算成图 2-1 所示的最简单的典型单轴系统。折算的基本原则是，折算前的多轴系统同折算后的单轴系统在能量关系上或功率关系上保持不变。

## 二、负载转矩的折算

图 2-3 所示机电传动系统中，若不考虑传动机构的损耗，根据折算前后功率不变的原则，有

$$T_L'\omega_M = T_L\omega_L \tag{2-9}$$

式中　$\omega_L$——负载的角速度；

$\omega_M$——电动机转子的角速度；

$T_L$——实际负载转矩；

$T_L'$——负载转矩折算到电动机轴上的折算值。

若考虑传动机构的损耗，则

$$T_L'\omega_M\eta = T_L\omega_L$$

$$T_L' = \frac{\omega_L}{\omega_M}\frac{T_L}{\eta} = \frac{T_L}{j\eta} \tag{2-10}$$

式中　$j$——传动机构的总速比，等于各相邻传动轴速比的乘积，即 $j=j_1j_2j_3=\frac{\omega_M}{\omega_L}$，其中，$j_1=\frac{\omega_M}{\omega_1}$，$j_2=\frac{\omega_1}{\omega_2}$，$j_3=\frac{\omega_2}{\omega_L}$，分别为第一、二、三级速比，若有多根中间轴，则可写成 $j=j_1j_2j_3j_4\cdots$；

$\eta$——传动机构的总效率，等于各级传动机构效率的乘积，即 $\eta=\eta_1\eta_2\eta_3\eta_4$，若有很多根中间轴，则 $\eta=\eta_1\eta_2\eta_3\eta_4\cdots$。

## 三、转动惯量的折算

根据动能守恒原则，折算到电动机轴上的总转动惯量可根据运动方式分为两种形式。

**1. 对于图 2-3(a)所示的旋转运动**

$$J_Z=J_M+\frac{J_1}{j_1^2}+\frac{J_L}{j_L^2} \tag{2-11}$$

式中　$J_M$，$J_1$，$J_L$——电动机轴、中间传动轴、生产机械运动轴上的转动惯量；

$j_1=\frac{\omega_M}{\omega_1}$——电动机轴与中间传动轴之间的速度比；

$j_L=\frac{\omega_M}{\omega_L}$——电动机轴与生产机械运动轴之间的速度比；

$\omega_M$，$\omega_1$，$\omega_L$——电动机、中间传动轴、生产机械运动轴的旋转角速度。

折算到电动轴上的总的飞轮转矩为

$$GD_Z^2=GD_M^2+\frac{GD_1^2}{j_1^2}+\frac{GD_L^2}{j_L^2} \tag{2-12}$$

当速度比 $j$ 较大时，中间传动机构的转动惯量 $J_1$，在折算后占整个系统的比重不大，实际工程中为方便计算，多用适当加大电动机轴上的转动惯量 $J_M$ 的方法，来考虑中间传动机构的转动惯量 $J_1$ 的影响，于是有：

$$J_Z=\delta J_M+\frac{J_L}{j_L^2} \tag{2-13}$$

或

$$GD_Z^2=\delta GD_M^2+\frac{GD_L^2}{j_L^2} \tag{2-14}$$

一般 $\delta=1.1\sim1.25$。

**2. 对于图 2-3(b)所示的直线运动**

设直线运动部件的质量为 $m$，折算到电动机轴上的总转动惯量为：

$$J_Z=J_M+\frac{J_1}{j_1^2}+\frac{J_L}{j_L^2}+m\frac{v^2}{\omega_M^2} \tag{2-15}$$

总飞轮转矩为

$$GD_Z^2=GD_M^2+\frac{GD_1^2}{j_1^2}+\frac{GD_L^2}{j_L^2}+365\frac{Gv^2}{n_M^2} \tag{2-16}$$

依据上述方法，就可把具有中间传动机构带旋转运动部件或直线运动部件的多轴系统简化为等效的单轴系统，以此来研究机电传动系统的运动规律。

**例 2-2**　某电力拖动系统如图 2-4 所示。已知电动机飞轮矩 $GD_M^2=14.5\ N\cdot m^2$，$GD_1^2=18.8\ N\cdot m^2$，$GD_L^2=120\ N\cdot m^2$，传动效率 $\eta_1=0.91$，$\eta_2=0.93$，转矩 $T_L=85\ N\cdot m$，转速为 $n_M=2450\ r/min$，$n_L=810\ r/min$，$n_L=150\ r/min$，忽略电动机空载转矩，试求：

(1) 折算到电动机轴上的系统总飞轮矩 $GD_Z^2$；

(2) 折算到电动机轴上的负载转矩 $T_L'$。

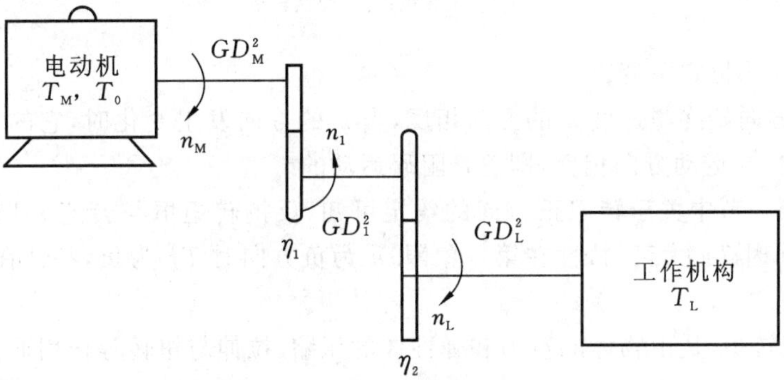


**图 2-4　例 2-2 图**

**解**　(1)系统总飞轮矩

$$GD_Z^2=GD_M^2+\frac{GD_1^2}{\left(\frac{n_M}{n_1}\right)^2}+\frac{GD_L^2}{\left(\frac{n_M}{n_L}\right)^2}=14.5\ N\cdot m^2+\frac{18.8}{\left(\frac{2450}{810}\right)^2}\ N\cdot m^2+\frac{120}{\left(\frac{2450}{150}\right)^2}\ N\cdot m^2$$

$$=14.5\ N\cdot m^2+2.055\ N\cdot m^2+0.45\ N\cdot m^2$$

$$=17.005\ N\cdot m^2$$

(2)负载转矩

$$T_L'=\frac{T_L}{\frac{n_M}{n_L}\eta_1\eta_2}=\frac{85}{\frac{2450}{150}\times0.91\times0.93}\ N\cdot m=6.15\ N\cdot m$$

# 第三节　生产机械的机械特性

在同一轴上，负载转矩和转速之间的函数关系，称为生产机械的机械特性。不同类型的生产机械在运动中受阻力的性质不同，其机械特性曲线的形状也有所不同，大体上可归纳为如下几种机械特性。

## 一、恒转矩型机械特性

恒转矩型机械特性（图 2-5）根据其特点可分为反抗转矩和位能转矩两种。

(1) 反抗转矩，又称摩擦性转矩，是因摩擦、非弹性体的压缩、拉伸与扭转等作用而产生的负载转矩。机械加工过程中切削力产生的负载转矩就是反抗转矩。其特点如下：

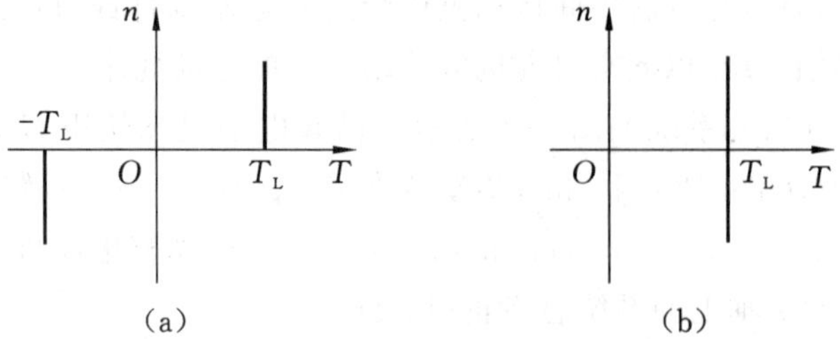


**图 2-5　恒转矩型机械特性**

(a) 反抗转矩；(b) 位能转矩

① 转矩大小恒定不变；

② 作用方向始终与速度 $n$ 的方向相反，当 $n$ 的方向发生变化时，它的作用方向也随之发生变化，恒与运动方向相反，即总是阻碍运动的。

按本章第一节中关于转矩正方向的约定可知，反抗转矩恒与转速 $n$ 取相同的符号，即 $n$ 为正方向时 $T_L$ 为正，特性在第一象限；$n$ 为负方向时 $T_L$ 为负，特性在第三象限，如图 2-5(a)所示。

(2) 位能转矩，是由物体的重力和弹性体的压缩、拉伸与扭转等作用而产生的负载转矩，其特点为：

① 转矩大小恒定不变；

② 作用方向不变，与运动方向无关，即在某一方向阻碍运动，而在另一方向促进运动。

卷扬机起吊重物时，由于重物的作用方向永远向着地心，所以，由它产生的负载转矩永远作用在使重物下降的方向，当电动机拖动重物上升时，$T_L$ 与 $n$ 的方向相反；当重物下降时，$T_L$ 和 $n$ 的方向相同。无论 $n$ 为正向还是负向，$T_L$ 都不变，特性在第一、四象限。如图 2-5(b)所示。

不难理解，在运动方程式中，反抗转矩 $T_L$ 的符号是正的；位能转矩 $T_L$ 的符号则有时为正，有时为负。

## 二、离心式通风型机械特性

离心式通风型机械特性(图 2-6)是按离心力原理工作的，如离心式鼓风机、水泵等，它们的负载转矩 $T_L$ 的大小与速度 $n$ 的平方成正比，即 $T_L=Cn^2$，其中 $C$ 为常数。

## 三、直线型机械特性

直线型机械特性(图 2-7)的负载转矩 $T_L$ 的大小与速度 $n$ 的大小成正比，即 $T_L=Cn$，其中 $C$ 为常数。

对于实验室中模拟负载用的他励电动机，当励磁电流和电枢电阻固定不变时，其电磁转矩与转速成正比，即呈现直线型机械特性。

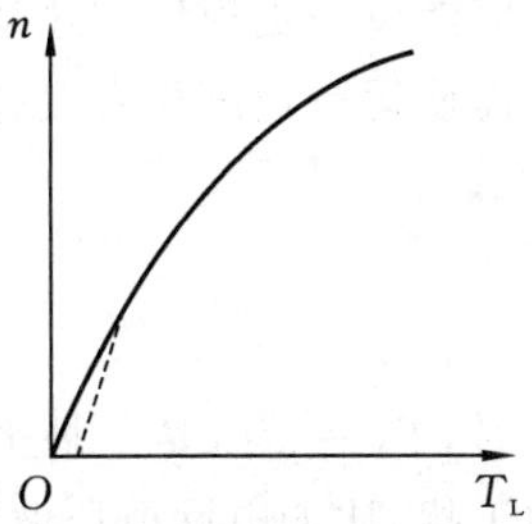


图 2-6　离心式通风型机械特性

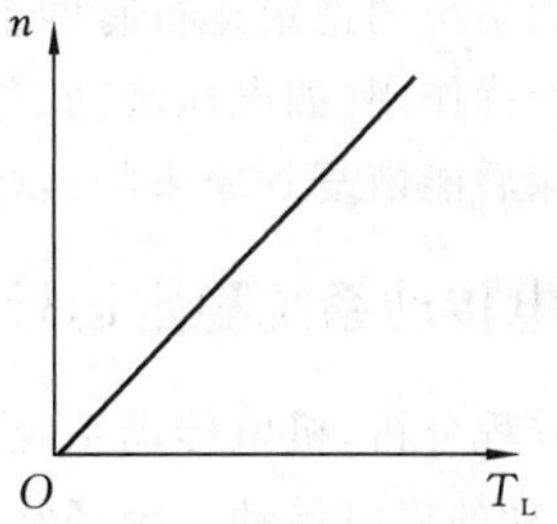


图 2-7　直线型机械特性

## 四、恒功率型机械特性

恒功率型机械特性(图 2-8)的负载转矩 $T_L$ 的大小与速度 $n$ 的大小成反比,即 $T_L=\frac{C}{n}$,其中 $C$ 为常数。

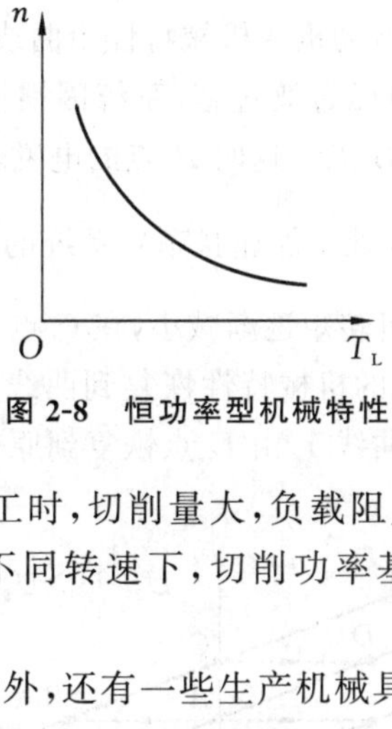


图 2-8　恒功率型机械特性

如在车床加工过程中,粗加工时,切削量大,负载阻力大,开低速;精加工时,切削量小,负载阻力小,开高速。但在不同转速下,切削功率基本不变,即呈现恒功率型机械特性。

除上述几种类型的机械特性外,还有一些生产机械具有各自的转矩特性,如带曲柄连杆机构等生产机械,它们的负载转矩是随转角而变化的,而球磨机、碎石机等生产机械,其负载转矩则随时间的变化而发生无规律的随机变化。

还应指出:实际负载可能是单一类型的,也可能是几种类型的综合。如:实际通风机除主要具有通风机性质外,轴上还有一定的摩擦转矩,所以,实际通风机的机械特性应为 $T_L=T_0+Cn^2$,如图 2-6 中的虚线所示。

# 第四节　机电传动系统稳定运行的条件

## 一、机电传动系统稳定运行的含义

机电传动系统中,电动机与生产机械连成一体,为了使系统运行合理,就要使电动机的机械特性与生产机械的机械特性尽量配合。配合好特性的一个基本要求是系统稳定运行。

机电传动系统的稳定运行有两重含义：一是系统应能以一定速度匀速运转；二是系统受某种外部干扰作用（如电压波动、负载转矩波动等）而使运行速度稍有变化时，应保证系统在干扰消除后能恢复到原来的运行速度。

## 二、机电传动系统稳定运行的条件

从运动方程分析，机电传动系统运行在工作点上时，$T_M = T_L$，是一种平衡运行状态。但是，实际运动的机电传动系统经常会出现一些小的干扰，比如电网电压波动或负载转矩波动等。这样就存在下面的问题：系统在工作点上运行时，若突然出现了干扰，该系统是否仍能稳定运行？干扰消除后，该系统是否仍能回到原来工作点上继续稳定运行？答案只有两种情况：①能够；②不能够。通常所指的稳定运行的含义是指情况①。若为情况②，则认为是不稳定运行。那么，系统应满足怎样的条件才能保持稳定运行呢？下面举例说明这个问题。

图 2-9 所示为他励直流电动机拖动恒转矩负载时的特性。图中，系统在电动机的机械特性与负载特性的交点 $A$ 处平衡运行。此时，$T_M = T_L$，$n = n_A$。如果由于某种原因而使电网电压突然上升为 $U_2$，则相应的电动机的机械特性由曲线 1 变为曲线 2。由于扰动作用，原来的平衡状态受到破坏，若不计电磁过渡过程，系统因惯性作用，系统的动能保持转速来不及变化，因而工作点由 $A$ 点移到 $B$ 点。这时 $B$ 点的电磁转矩大于负载转矩（由系统运动方程 $T_M - T_L = \frac{GD^2}{375}\frac{dn}{dt}$ 可知，且系统处于加速状态），系统的转速沿机械特性曲线 2 由 $B$ 点升向 $C$ 点。随着转速的升高，电动机转矩逐渐减小，在 $C$ 点，$T_M = T_L$，系统达到了新的平衡状态。扰动消除后（$U = U_1$），电动机的机械特性恢复到曲线 1，这时电动机的运行状态将由 $C$ 点过渡到 $D$ 点，然后沿机械特性曲线 1，由 $D$ 点恢复到原来的工作点 $A$ 稳定运行。

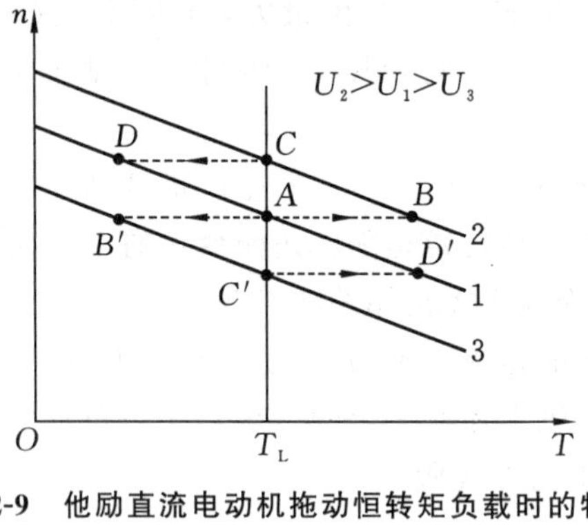


**图 2-9　他励直流电动机拖动恒转矩负载时的特性**

反之，如果电网电压突然下降为 $U_3$，相应电动机机械特性曲线 1 变为曲线 3，则瞬间工作点将平移到 $B'$ 点，电磁转矩小于负载转矩，转速将由 $B'$ 降到 $C'$ 点。在 $C'$ 点取得新的平衡，而在扰动消失后，电动机运行状态将由 $C'$ 点过渡到 $D'$ 点，然后沿机械特性曲线 1，由 $D'$ 点又恢复到原工作点 $A$ 稳定运行。这时，称系统在 $A$ 点能稳定运行或 $A$ 点为稳定运行点。

图 2-10 所示则是一种不稳定运行情况。倘若由于某种原因而使电网电压突然上升

为 $U_2$，相应的电动机的机械特性由曲线 1 变为曲线 2。系统的动能不变，保持电动机的转速不变，从 $A$ 点平移到升压特性曲线 2 的 $B$ 点。在 $B$ 点处，电动机的转矩 $T_M$ 小于负载转矩 $T_L$，系统的运动方程 $T_M-T_L=\frac{GD^2}{375}\frac{dn}{dt}$ 为负值，电动机处于减速状态；电动机越减速，$T_M$ 越小于负载转矩 $T_L$，使电动机继续减速，直至减速至停止转动——停车。而电动机原来运行在 $A$ 点时，电网电压突然下降为 $U_3$，相应的电动机的机械特性由曲线 1 变为曲线 3。系统的动能不变，保持电动机的转速不变，从 $A$ 点平移到降压特性曲线 3 的 $C$ 点。在 $C$ 点处，电动机的转矩 $T_M$ 大于负载转矩 $T_L$，系统的运动方程 $T_M-T_L=\frac{GD^2}{375}\frac{dn}{dt}$ 为正值，电动机处于加速状态；电动机越加速，$T_M$ 越大于负载转矩 $T_L$，使电动机继续加速，直至升速至很高的转速——“飞车”。

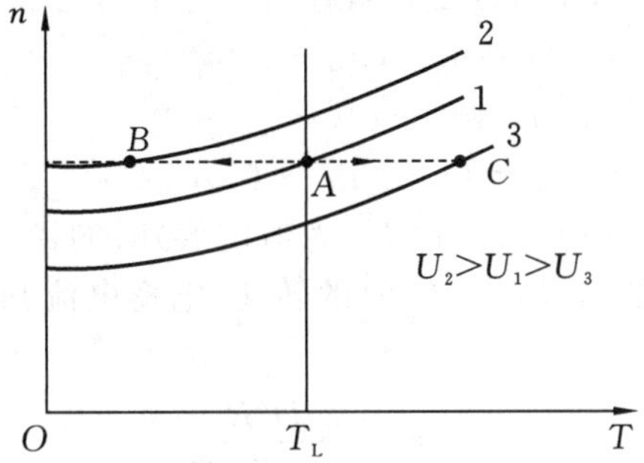


**图 2-10　拖动系统不稳定运行的情况**

通过以上分析可见，机电传动系统的工作点在电动机的机械特性与负载特性的交点上，但是并非所有的交点都是稳定工作的。也就是说，$T_M=T_L$ 仅仅是系统稳定运行的一个必要条件，而不是充分条件。要实现稳定运行，还需要电动机的机械特性与负载特性在交点（$T_M=T_L$）处配合得好。由此，机电传动系统稳定运行的充分必要条件如下：

必要条件：电动机的机械特性与负载的转矩特性必须有交点，即存在 $T_M=T_L$。

充分条件：在交点 $T_M=T_L$ 处，满足 $\frac{dT_M}{dn}<\frac{dT_L}{dn}$。或者说，在交点的转速以上存在 $T_M<T_L$，而在交点的转速以下存在 $T_M>T_L$（这是一种简单的判断方法）。

充分条件的另一种表达为：电动机拖动负载能在某转速恒定运转时，当干扰来了，能够改变转速达到一个新的恒定速度；而当干扰消除后又能回到原来的稳定点。

由此，一般来说，只有电动机的机械特性与生产机械的负载特性的交点能满足上述条件时，在该点的运行才是稳定的。

## 第五节　机电传动系统的过渡过程

当机电传动系统中电动机的电磁转矩或负载转矩发生变化时，系统就要从一个稳定的运转状态变化到另一个稳定的运转状态，这个变化过程称为过渡过程。电动机在启动、制动、反转、调速或负载突变等情况下，都将经历过渡过程。

## 一、机电传动系统中的惯性

机电传动系统之所以产生过渡过程，是因为存在下列各种惯性。

(1) 机械惯性反映在转动惯量和飞轮转矩上，即转速 $n$ 不能突变。

(2) 电磁惯性反映在电感上，即电枢电流和励磁磁通不能突变。

(3) 热惯性反映在温度上，即温度不能突变。

在整个机电过渡过程中，这三种惯性在系统中虽然会互相影响，如电动机发热时，电阻会变化，从而引起电流和磁场的变化。但是由于热惯性较大，温度变化较慢，一般可不予考虑；在有些情况下，电动机中不串接电感，电磁惯性影响也不大。因此，机电传动系统中只需考虑机械惯性，即在过渡过程中只有转速是不能突变的，而电枢电流和转矩都可以突变。

以系统的启动过程为例，系统的变化规律可通过下列三个式子来表示，即

$$n=n_s+(n_{st}-n_s)e^{-(t/\tau_m)} \tag{2-17}$$

$$I_a=I_L+(I_{st}-I_L)e^{-(t/\tau_m)} \tag{2-18}$$

$$T=T_L+(T_{st}-T_L)e^{-(t/\tau_m)} \tag{2-19}$$

式中，$n_s$、$I_L$、$T_L$ 分别为系统稳定运行($T_L$ 为恒定值)时的稳态转速、电枢电流和电磁转矩；$n_{st}$、$I_{st}$和 $T_{st}$分别为系统启动($n=0$)时的转速、电枢电流和电磁转矩；$\tau_m$ 为机电时间常数，定义为

$$\tau_m=\frac{GD^2R}{375K_eK_m\Phi_N^2} \tag{2-20}$$

式中，$R$ 为电枢回路的总电阻；$\Phi_N$ 为电枢回路的总磁通量；$K_e$ 为电势常数，与电机结构有关；$K_m$ 为转矩常数，也与电机结构有关。

可见，转速、电枢电流、转矩都是按指数规律变化的。而机电时间常数与转动惯量、电阻及磁通量有关。

## 二、机电传动系统的过渡过程时间

将运动方程式 $T-T_L=\frac{GD_Z^2}{375}\frac{dn}{dt}$ 写成 $d(t)=\frac{GD_Z^2}{375}\frac{dn}{T-T_L}$，并对其两边积分，可得过渡过程时间 $t$ 的表达式为：

$$t=\int\frac{GD_Z^2}{375}\frac{dn}{T-T_L}=\int\frac{GD_Z^2}{375}\frac{dn}{T_d} \tag{2-21}$$

如果从起始转速 $n$ 到稳定转速 $n_s$ 的过渡过程中，始终保持动态转矩 $T_d$ 不变，则系统为匀加速或匀减速运动，则过渡过程时间 $t$ 为：

$$t=\int\frac{GD_Z^2}{375}\frac{dn}{T_d}=\frac{GD_Z^2}{375T_d}(n_s-n_1) \tag{2-22}$$

由式(2-21)可知，机电传动系统的过渡过程时间 $t$ 与飞轮转矩 $GD_Z^2$ 和动态转矩 $T_d$ 有关。

## 三、加快过渡过程的方法

从式(2-21)和式(2-22)可以看出，机电传动系统的过渡过程时间 $t$ 与机电时间常数

$\tau_m$有关。$\tau_m$ 越大，过渡过程进行得越慢；$\tau_m$ 越小，过渡过程进行得越快。所以，为加快系统的过渡过程，缩短过渡过程时间，应设法减小机电时间常数 $\tau_m$。由于机电传动系统的过渡过程时间与系统的飞轮转矩和速度变化成正比，而与动态转矩成反比。所以，要有效地缩短过渡过程时间，应设法减小飞轮转矩 $GD_Z^2$ 和加大动态转矩 $T_d$。

### 1. 减少飞轮转矩 $GD_Z^2$

系统的飞轮转矩 $GD_Z^2$ 中大部分是电动机转子的 $GD_M^2$，因此，减小电动机的转子就成了加快过渡过程的重要措施。例如，龙门刨床的刨台采用两台电动机同轴运行就是此目的；有的采用小惯量直流电动机，即 $GD_M^2$ 小，过渡过程时间少，提高了系统的快速响应能力。

### 2. 加大动态转矩 $T_d$

从电动机方面考虑，采用大惯量直流电动机，即 $GD_Z^2$ 越大，最大转矩 $T_{max}$ 越大，因此动态转矩 $T_d$ 也就越大，$T_d = T_{max} - T_L$。

从控制方面考虑，动态转矩越大，系统的加速度也越大，过渡过程的时间就越短。因此可以在控制系统中要求系统在过渡过程中获得最佳的转矩波形（或电流波形），使电动机产生最大的电磁转矩，以使电动机在最短时间内达到所需要的转速。

## 习题与思考题

1. 说明机电传动系统运动方程式中的拖动转矩、静态转矩和动态转矩的概念。

2. 从运动方程式怎样看出系统是处于加速的、减速的、稳定的和静止的各种工作状态？

3. 试列出图 2-11 中几种情况下系统的运动方程式，并说明系统的运行状态是加速、减速还是匀速？（图中箭头方向表示转矩的实际作用方向）

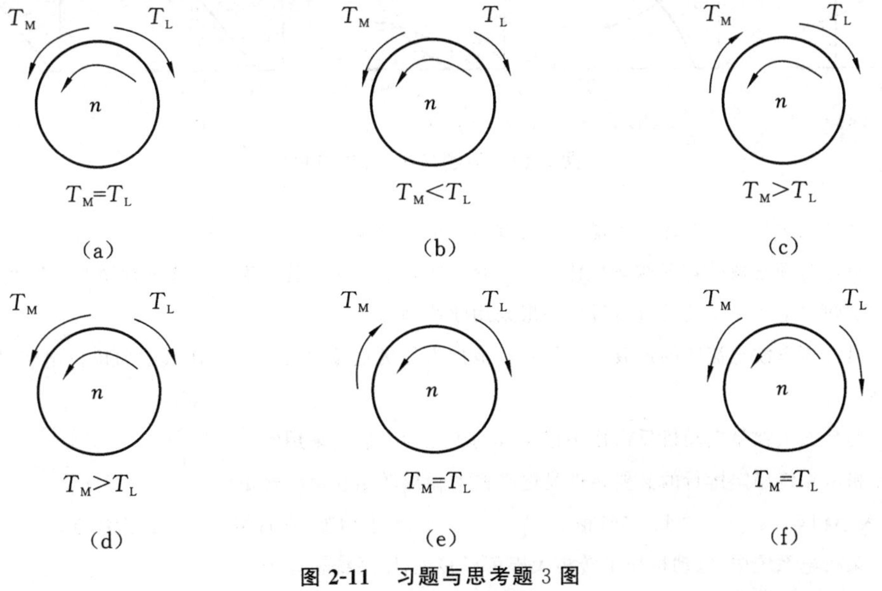


图 2-11　习题与思考题 3 图

4. 多轴拖动系统为什么要折算成单轴拖动系统？转矩折算为什么依据折算前后功率不变的原则？转动惯量折算为什么依据折算前后动能不变的原则？

5. 为什么低速轴转矩大？高速轴转矩小？

6. 为什么机电传动系统中低速轴的 $GD^2$ 比高速轴的 $GD^2$ 大得多？

7. 在图 2-12 中，已知 $Z_2/Z_1=3$，$Z_4/Z_3=5$，减速机构的效率为 0.92，各齿轮的飞轮惯量分别为 $GD_1^2=29.4\ \text{N}\cdot\text{m}^2$，$GD_2^2=78.4\ \text{N}\cdot\text{m}^2$，$GD_3^2=49\ \text{N}\cdot\text{m}^2$，$GD_4^2=196\ \text{N}\cdot\text{m}^2$。

电动机的飞轮惯量 $GD_M^2=294\ \text{N}\cdot\text{m}^2$

负载的飞轮惯量 $GD_L^2=450.8\ \text{N}\cdot\text{m}^2$

负载转矩 $T_L=470.4\ \text{N}\cdot\text{m}^2$

试求：(1)折算到电动机轴上的负载转矩；(2)折算到电动机轴上的飞轮惯量。

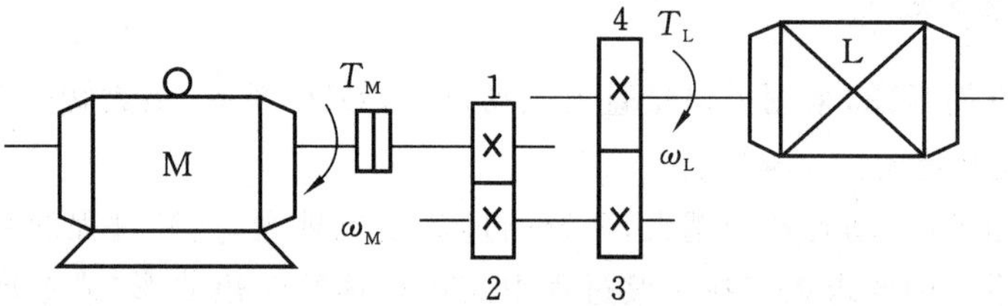


**图 2-12　习题与思考题 7 图**

8. 一般生产机械按其运动受阻力的性质来分有哪几种类型的负载？

9. 反抗静态转矩与位能静态转矩有何区别，各有什么特点？

10. 图 2-13 曲线 1 和 2 分别为电动机和负载的机械特性，试判断哪些是系统的稳定平衡点，哪些不是。

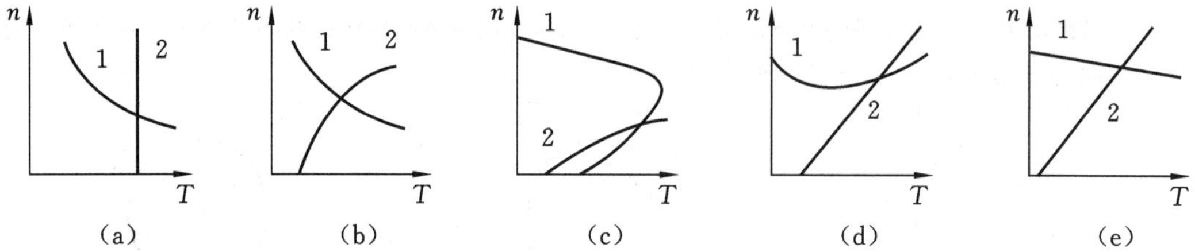


**图 2-13　习题与思考题 10 图**

11. 什么叫过渡过程？什么叫稳定运行过程？试举例说明之。

12. 机电时间常数的物理意义是什么？它有哪些表示形式？各种表示形式分别说明了哪些关系？

13. 加快机电传动系统的过渡过程一般采用哪些办法？

14. 具有矩形波电流图的过渡过程为什么被称为最优过渡过程？它为什么能加快机电传动系统的过渡过程？

15. 为什么大惯量电动机反而比小惯量电动机更为人们所采用？

16. 机电系统稳定运行的必要条件是电动机的输出转矩和负载转矩(　　)。

a. 大小相等　　b. 方向相反　　c. 大小相等，方向相反　　d. 无法确定

17. 某机电系统中，电动机输出转矩大于负载转矩，则系统正处于(　　)。

a. 加速　　b. 减速　　c. 匀速　　d. 不确定

18. 在单轴拖动系统中，已知电动机输出转矩和负载转矩的作用方向与转速的方向相同，则系统正处于(　　)。

a. 加速　　b. 减速　　c. 匀速　　d. 静止

19. 在机电系统中，已知电动机输出转矩小于负载转矩，且电动机的输出转矩作用方向与转速的方向相同，而负载转矩的方向与转速相反，则系统正处于(　　)。

a. 加速　　b.减速　　c.匀速　　d.静止

20. 研究过渡过程有什么实际意义？试举例说明。

# 第三章　直流电动机的工作原理及特性

电动机有直流电动机和交流电动机两大类。交流电动机具有结构简单、制造容易、维护方便、运行可靠等优点。直流电动机虽然没有交流电动机具备的这些特点，但直流电动机具有交流电动机所不能比拟的良好的启动性能和调速性能。目前，虽然交流电动机的调速问题已经解决，但在速度调节要求较高、正反转和启停频繁或多单元同步协调运转的生产机械上，仍采用直流电动机拖动。

直流电机分直流电动机和直流发电机两种。直流电动机将电能转化为机械能，应用的领域有：轧钢机、电气机车、中大型龙门刨床、矿山竖井提升机以及起重设备等调速范围大的大型设备；用蓄电池作为电源的地方，如汽车、拖拉机等。直流发电机将机械能转换成电能，主要用于直流电源，如供给直流电动机、同步电动机的励磁以及化工、冶金、采矿、交通运输等部门的直流电源。

## 第一节　直流电动机的基本结构和工作原理

### 一、直流电动机的基本结构

直流电机的结构包括定子和转子两部分。定子和转子之间由空气隙分开。定子又称磁极，它的作用是产生主磁场和在机械上支撑电机，由主磁极、换向极、机座、端盖和轴承等组成，电刷用电刷座固定在定子上。转子又称电枢，它的作用是产生感应电动势及产生机械转矩以实现能量的转换，由电枢铁芯、电枢绕组、换向器、轴、风扇等组成。直流电机结构如图 3-1 所示。直流电机的纵向剖视图如图 3-2 所示。

#### 1. 主磁极

主磁极包括主磁极铁芯和套在上面的励磁绕组，其主要任务是产生主磁场。磁极下面扩大的部分称为极靴，它的作用是使通过空气隙中的磁通量分布最为合适，并使励磁绕组能牢固地固定在铁芯上。磁极是磁路的一部分，采用 1.0～1.5 mm 的硅钢片叠压而成。励磁绕组用绝缘铜线绕成。

#### 2. 换向极

换向极用来改善电枢电流的换向性能。它也是由铁芯和绕组构成，用螺杆固定在定

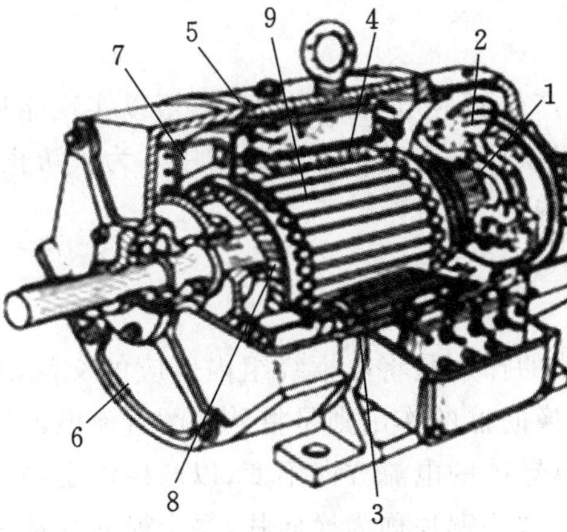


**图 3-1　直流电机结构**

1—换向器；2—电刷装置；3—机座；4—主磁极；5—换向极；
6—端盖；7—风扇；8—电枢绕组；9—电枢铁芯

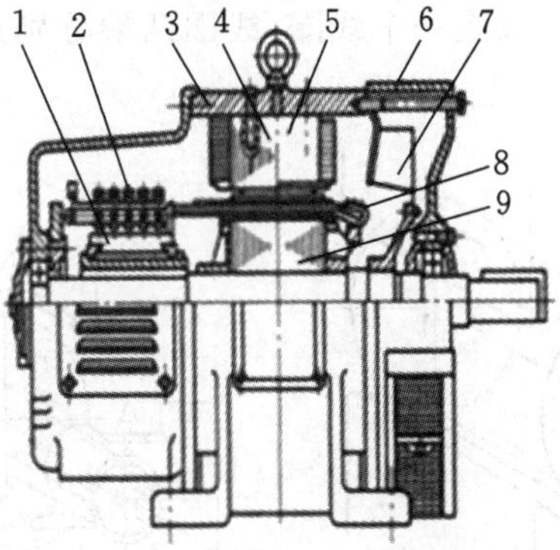


**图 3-2　直流电机纵向剖视图**

1—换向器；2—电刷装置；3—机座；4—主磁极；5—换向极；6—端盖；7—风扇；8—电枢绕组；9—电枢铁芯

子的两个主磁极的中间。

**3. 机座**

一方面，机座用来固定主磁极、换向极和端盖等，并作为整个电机的支架，用地脚螺栓将电机固定；另一方面，它是电机磁路的一部分，故用铸钢或钢板压成。

**4. 电枢铁芯**

电枢铁芯是主磁通磁路的一部分，用硅钢片叠成，呈圆柱形，表面冲槽，槽内嵌放电枢绕组。为了加强铁芯的冷却，电枢铁芯上有轴向通风孔。

#### 5. 电枢绕组

电枢绕组是直流电机产生感应电动势及电磁转矩以实现能量转换的关键部分。绕组一般由铜线绕成，包上绝缘层后嵌入电枢铁芯的槽中。为了防止离心力将绕组甩出槽外，用槽楔将绕组导体揳在槽内。

#### 6. 换向器

对发电机而言，换向器的作用是将电枢绕组内感应的交流电动势转换成电刷间的直流电动势；对电动机而言，换向器的作用则是将外加的直流电流转换为电枢绕组的交流电流，并保证每一磁极下电枢导体的电流方向不变，以产生恒定的电磁转矩。换向器由很多彼此绝缘的铜片组合而成，这些铜片称为换向片，每个换向片都和电枢绕组连接。

## 二、直流电动机的工作原理

任何电机的工作原理都是建立在电磁力和电磁感应这个基础上的，直流电机也是如此。为了讨论直流电机的工作原理，可把复杂的直流电机简化为图 3-3 所示的简单结构。电机具有一对磁极，电枢绕组只是一个线圈，线圈两端分别连在两个换向片上，换向片上压着电刷 A 和电刷 B。

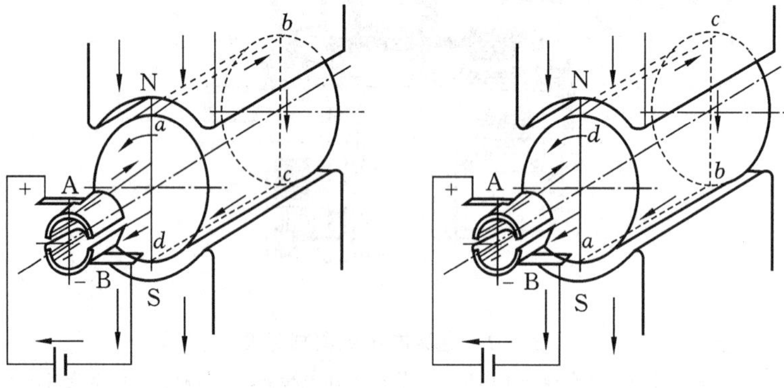


图 3-3　直流电动机的工作原理

直流电机作为发电机运行时，电枢由原动机驱动而在磁场中旋转，在电枢线圈的两根有效边(切割磁力线的导体部分)中便感应出电动势。显然，每一有效边中的电动势是交变的，即在 N 极下是一个方向，当它转到 S 极下时是另一个方向。但是，由于电刷 A 总是同与 N 极下的有效边相连的换向片接触的，而电刷 B 总是同与 S 极下的有效边相连的换向片接触的，因此，在电刷间就出现一个极性不变的电动势或电压，所以，换向器的作用在于将发电机电枢绕组内的交流电动势变换成电刷之间的极性不变的电动势。当电刷之间接有负载时，在电动势的作用下，电路中就产生一定方向的电流。

直流电机作为电动机运行时，将直流电源接在电刷之间而使电流通入电枢线圈。电流方向应该是这样的：N 极下的有效边中的电流总是一个方向，而 S 极下的有效边中的电流总是另一个方向，这样才能使两个边上受到的电磁力的方向一致，电枢因此而转动。

当线圈的有效边从 N(S)极下转到 S(N)极下时，其中电流的方向必须同时改变，以使电磁力的方向不变，而这也必须通过换向器才得以实现。一方面，电动机电枢线圈通电后在磁场中受力而转动；另一方面，当电枢在磁场中转动时，线圈中也要产生感应电动势 $E$。这个电动势的方向(由右手定则确定)与电流或外加电压的方向总是相反的，所以称为反电动势。它与发电机中电动势的作用是不同的。

## 三、直流电机的分类

直流电动机按照励磁方式可分为他励直流电动机、并励直流电动机、串励直流电动机和复励直流电动机四类，如图 3-4 所示。

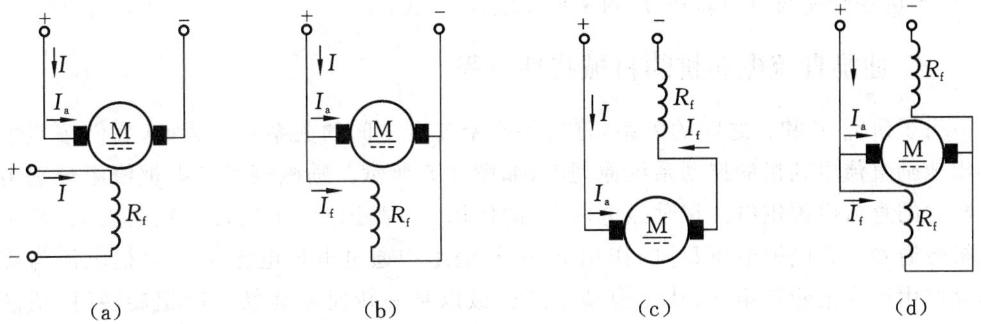


**图 3-4　直流电动机的分类**

(a) 他励式；(b) 并励式；(c) 串励式；(d) 复励式

(1) 他励直流电动机：如图 3-4(a)所示，他励直流电动机是一种电枢绕组和励磁绕组分别由两个直流电源供电的电动机。他励直流电动机构造比较复杂，一般用于对调速范围要求很宽的重型机床等设备中。

(2) 并励直流电动机：如图 3-4(b)所示，并励直流电动机的励磁绕组和电枢绕组并联，由同一个直流电源供电。励磁绕组匝数较多，导线截面较窄，电阻较大，励磁电流只为电枢电流的一小部分。并励直流电动机在外加电压一定的情况下，励磁电流产生的磁通将保持恒定不变；启动转矩大，负载变动时转速比较稳定，转速调节方便，调速范围大。

(3) 串励直流电动机：如图 3-4(c)所示，串励直流电动机的励磁绕组与电枢绕组串联，由同一个直流电源供电，励磁电流与电枢电流相等；电枢电流较大，所以励磁绕组的导线截面较宽，匝数较少。串励直流电动机的转速随转矩的增大，呈显著下降的软特性，特别适用于起重设备。

(4) 复励直流电动机：如图 3-4(d)所示，复励直流电动机有两个励磁绕组，一个与电枢并联，一个与电枢串联。当两励磁绕组产生的磁通方向相同时，磁通可以相加，这种电动机称为积复励直流电动机；当两励磁绕组产生的磁通方向相反时，合成磁通为两磁通之差，这种电动机称为差复励直流电动机。积复励直流电动机的电磁转矩变化速度较快，负载变化时能够有效克服电枢电流的冲击，比并励直流电动机的性能优越，主要用于负载力矩有突然变化的场合。差复励直流电动机具有负载变化时转速几乎不变的特性，常用于要求转速稳定的机械中。

# 第二节　他励直流电动机的机械特性

机械特性是电动机的主要特性，是分析电动机启动、制动、调速等问题的重要工具。在电力拖动系统中，实际上是由电动机产生电磁转矩 $T$，推动生产机械以转速 $n$ 旋转。$T$ 和 $n$ 是生产机械对电动机提出的两项基本要求。学习电力拖动，特别要关心 $T$ 和 $n$。在电动机内部，$T$ 和 $n$ 并不是相互孤立的，在一定条件下，它们之间存在着确定的关系，这个关系就叫作机械特性，可写成 $n=f(T)$。

他励直流电动机的机械特性是指在电枢电压、励磁电流、电枢总电阻均为常数的条件下，电动机的转速与电磁转矩 $T$ 的关系曲线：$n=f(T)$。

## 一、他励直流电动机的机械特性方程

为了研究 $T$ 和 $n$ 之间的关系，首先要确定二者之间的关系式。为此，我们按照惯例画出他励直流电动机的拖动系统原理图，如图 3-5 所示。励磁绕组和电枢绕组分别由两个独立的直流电源供电。在励磁电压 $U_f$ 的作用下，励磁绕组中通过励磁电流 $I_f$，产生主磁极磁通 $\Phi$。在电枢电压 $U_a$ 的作用下，电枢绕组中通过电枢电流 $I_a$。电枢电流与磁场相互作用产生电磁转矩 $T$，从而拖动生产机械以某一转速 $n$ 运转。电枢旋转时，切割磁力线产生电动势 $E$。

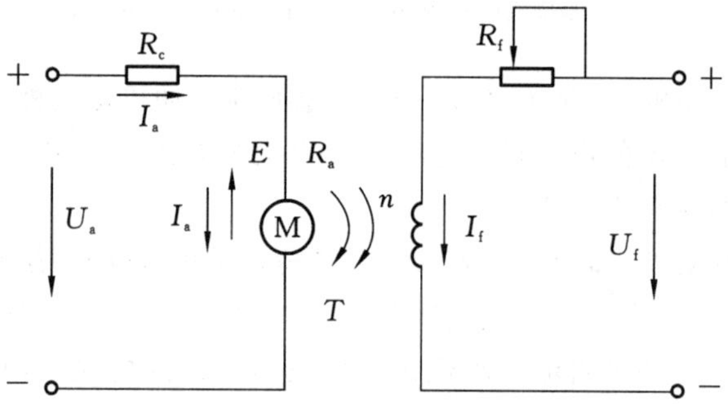


**图 3-5　他励直流电动机的拖动系统原理图**

由直流电动机的工作原理可以知道，载流导体在磁场中受力而使电枢旋转，此时电枢绕组将切割主磁场产生感应电动势 $E_a$，$E_a$ 的方向与外加电流 $I_a$ 的方向相反，称为反电动势。电源必须克服反电动势做功，达到将电能转换成机械能的目的。电枢回路电压平衡方程式可以从直流电动机的工作电路中直接得到，如图 3-5 所示。由基尔霍夫电压定律可知

$$U=E_a+I_a(R_a+R_c) \tag{3-1}$$

式中，$U$ 为外加电枢电压(V)，$E_a$ 为感应电动势(V)，$I_a$ 为电枢电流(A)，$R_a$ 为电枢回路内阻(Ω)；$R_c$ 为电枢回路外串电阻。

由电机学知，电动机产生的电磁转矩及电枢电动势分别为

$$T=K_T\Phi I_a \tag{3-2}$$

$$E_a = K_e \Phi n \tag{3-3}$$

联解上述方程，整理后可得

$$n = \frac{U}{K_e \Phi} - \frac{(R_a + R_c)T}{K_e \Phi K_T \Phi} \tag{3-4}$$

式中，$R_a$ 为电枢电阻；$K_e$ 为电动势常数；$K_T$ 为转矩常数，$K_T = 9.55 K_e$

当 $U$、$\Phi$ 和 $R_a + R_c$ 都为常数时，式(3-4)表示的就是 $n$ 与 $T$ 之间的函数关系，即他励直流电动机的机械特性方程式。

可以把式(3-4)写成如下形式

$$n = n_0 - \beta T \tag{3-5}$$

式中，$n_0$ 为理想空载转速，$n_0 = U/K_e\Phi$，$\beta$ 为机械特性的斜率，$\beta = (R_a + R_c)/K_e\Phi K_T\Phi$

式(3-4)、式(3-5)可用曲线表示，如图 3-6 所示，它是穿越三个象限的一条直线。下面讨论机械特性上的两个特殊点。

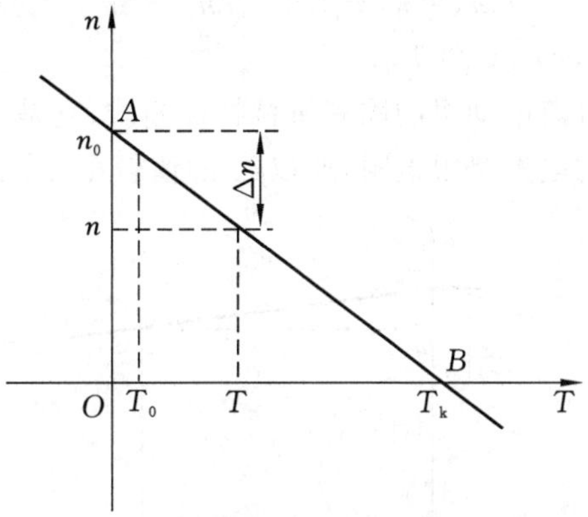


**图 3-6　他励直流电动机的机械特性**

### 1. 理想空载点

图 3-6 中的 $A$ 点即为理想空载点。在 $A$ 点：$T = 0$，$I_a = 0$，电枢压降 $I_a R_a = 0$，电枢电动势 $E_a = U$，电动机的转速 $n = n_0 = U/(K_e\Phi)$。

理想空载转速和实际空载转速是不同的。由电机学我们知道：$T = T_2 + T_0$，电动机在实际的空载状态下运行时，虽然轴输出转矩 $T_2 = 0$，但由于空载转矩 $T_0$ 不为零，使得电动机的电磁转矩 $T \neq 0$，所以实际空载转速 $n_0'$ 为

$$n_0' = n_0 - \beta T_0 \tag{3-6}$$

### 2. 堵转点

图 3-6 中的 $B$ 点即为堵转点。在 $B$ 点，$n = 0$，因而 $E_a = 0$。由于 $U = E_a + I_a R_a$，所以电枢电流 $I_a = U/R_a = I_k$，称为堵转电流，与 $I_k$ 相对应的电磁转矩 $T_k = K_T \Phi I_k$ 称为堵转转矩。

## 二、固有机械特性

电动机本身固有的特性称为固有机械特性，它应具备的条件是：

①电源电压$U=U_N$；②励磁磁通$\Phi=\Phi_N$；③电枢所串电阻$R_c=0$。

把上述条件代入式(3-4)，即得固有机械特性方程式

$$n=\frac{U_N}{K_e\Phi_N}-\frac{R_a}{K_e\Phi_N K_T\Phi_N}T \tag{3-7}$$

固有机械特性的理想空载转速及斜率分别为

$$n_0=U_N/K_e\Phi_N \qquad \beta_N=R_a/(K_e\Phi_N K_T\Phi_N)$$

所以固有机械特性也可表示为

$$n=n_0-\beta_N T \tag{3-8}$$

在固有机械特性上，当电磁转矩为额定转矩时，其对应的转速称为额定转速。即

$$n_N=n_0-\beta_N T_N=n_0-\Delta n_N \tag{3-9}$$

式中，$\Delta n_N$为额定转速降，$\Delta n_N=\beta_N T_N$。

图3-7所示为他励直流电动机的固有机械特性曲线，它是一条略微向下倾斜的直线。由于电枢回路只有很小的电枢绕组电阻，所以$\beta_N$的值较小，属于硬特性。

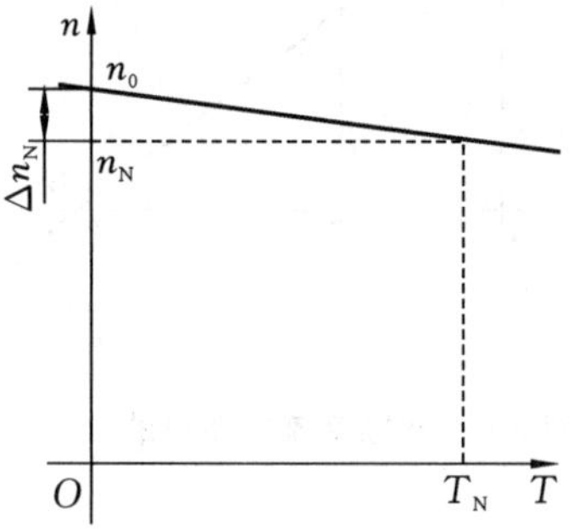


图3-7　他励直流电动机的固有机械特性

## 三、人为机械特性

固有特性有三个条件，即$U=U_N$、$\Phi=\Phi_N$和$R_c=0$，改变其中任何一个条件，都会使电动机的机械特性发生变化。人为机械特性就是通过改变这些参数得到的机械特性。人为机械特性共有三种，现分述如下。

### 1. 电枢回路串接电阻的人为机械特性

电枢回路串接电阻$R_c$，如图3-8所示。

这时，机械特性的条件变成$U=U_N$、$\Phi=\Phi_N$，电枢回路总电阻为$R_a+R_c$。

与固有特性相比，只是电枢回路总电阻由$R_a$改成$R_a+R_c$，其余不变，因此机械特性方程式变成

$$n=\frac{U_N}{K_e\Phi_N}-\frac{R_a+R_c}{K_e\Phi_N K_T\Phi_N}T \tag{3-10}$$

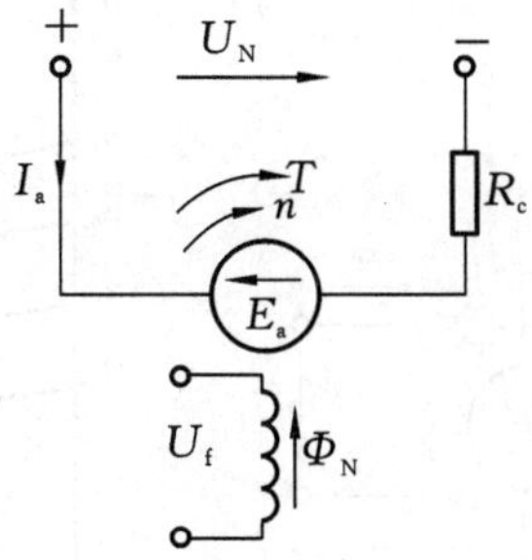


图 3-8　电枢回路

人为机械特性曲线如图 3-9 所示。当 $R_c$ 为不同值时，可得到不同的特性曲线。电枢串接电阻时，人为机械特性的特点是：

(1) 理想空载转速 $n_0$ 不变(与电枢回路电阻无关)。

(2) 转速降 $\Delta n$(或 $\beta$)与 $R_a+R_c$ 成正比。在相同转矩下，$R_c$ 越大，$\Delta n$ 越大，特性越软。

电枢串电阻时的人为机械特性可用于直流电动机的启动及调速。

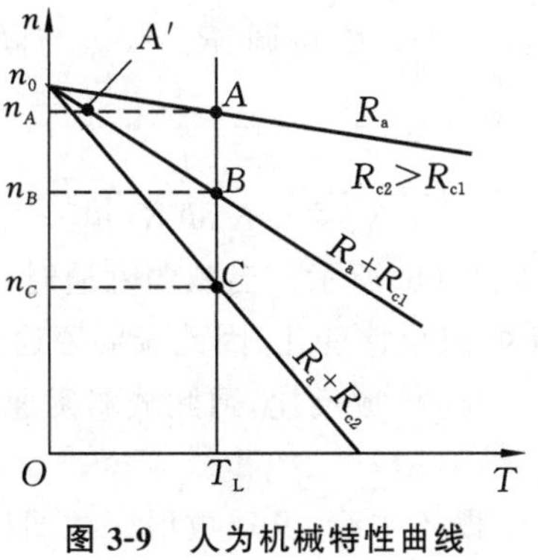


图 3-9　人为机械特性曲线

**2. 改变电源电压的人为机械特性**

改变电动机供电电压时，电动机电枢回路的原理如图 3-10(a)所示。这时，机械特性的条件是 $U$ 可调、$\Phi=\Phi_N$、$R_c=0$。与固有特性相比，只是 $U$ 改变，因此机械特性方程式变成

$$n=\frac{U}{K_e\Phi_N}-\frac{R_a}{K_e\Phi_N K_T\Phi_N}T \qquad (3\text{-}11)$$

人为机械特性曲线如图 3-10(b)所示。当 $U$ 为不同值时，可得到不同的特性曲线。改变电源电压时，人为机械特性的特点如下：

(1) 理想空载转速 $n_0$ 与 $U$ 成正比。

(2) 转速降 $\Delta n$ 不变，此时 $\Delta n$ 等于额定转速降 $\Delta n_N$，或者说 $\beta$ 不变，各条特性曲线均与固有特性相平行。

改变电枢电压的人为机械特性常用于需要平滑调速的情况。

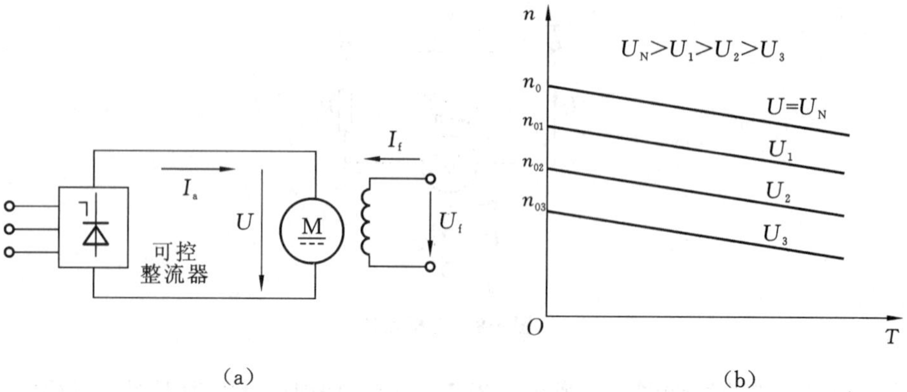


**图 3-10　改变电源电压的原理图和机械特性**

(a) 原理图;(b) 人为机械特性

### 3. 改变磁通的人为机械特性

一般情况下,他励直流电动机在额定磁通下运行时,电动机磁路已接近饱和。因此,改变磁通实际上只能是减弱磁通。减弱电动机磁通时的线路原理如图 3-11(a)所示。

这时,机械特性的条件是 $U=U_N$、$\Phi$ 可调、$R_c=0$。与固有特性相比,只是 $\Phi$ 改变,因此机械特性方程式变成

$$n=\frac{U_N}{K_e\Phi}-\frac{R_a}{K_e\Phi K_T\Phi}T \tag{3-12}$$

人为机械特性曲线如图 3-11(b)所示。当减弱磁通时,人为机械特性的特点:

(1) 理想空载转速 $n_0$ 与 $\Phi$ 成反比变化,因此减弱磁通会使 $n_0$ 升高。

(2) 特性的斜率 $\beta$(或 $\Delta n$)与 $\Phi^2$ 成反比,因此减弱磁通会使斜率 $\beta$(或 $\Delta n$)加大,特性变软。

(3) 特性曲线是一簇直线,既不平行,又非放射。减弱磁通时,特性上移而且变软。

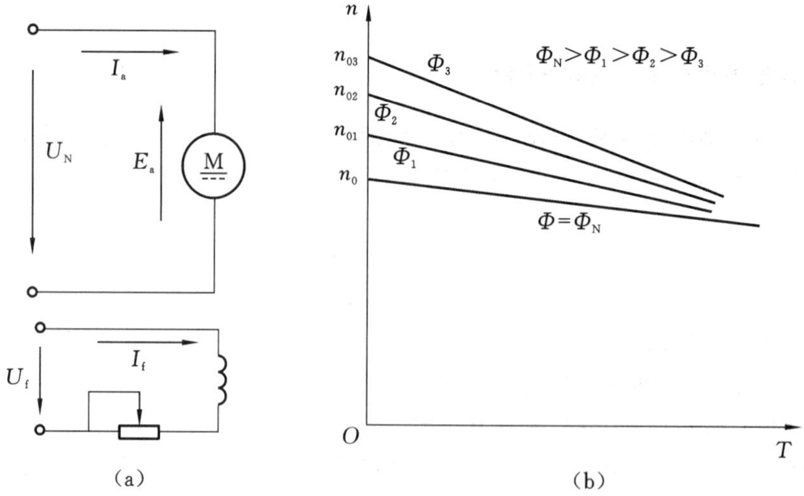


**图 3-11　减弱磁通时的原理图和人为机械特性**

(a) 原理图;(b) 人为机械特性

减弱磁通可用于平滑调速。由于磁通只能减弱，所以只能从额定转速向上调速。受到电动机换向能力和机械强度的限制，向上调速的范围是不大的。

最后，再研究一下电枢反应对机械特性的影响。以上的分析都是忽略了电枢反应的，实际上，当电刷放在几何中性线上，而电枢电流不大时，电枢反应的确可以忽略不计。但是当电枢电流较大时，由于磁路饱和的影响，电枢反应会产生明显的去磁作用，使每极磁通量略有减小，结果使转速 $n$ 上升，机械特性曲线呈上翘现象，如图 3-12 所示。这对电动机运行的稳定性不利。为了避免机械特性曲线的上翘，往往在主磁极上加一个匝数很少的串励绕组，用串励绕组的磁动势抵消电枢反应的去磁作用。这时电动机实质上已变为积复励电动机，但是由于所加绕组磁动势较弱，一般仍可将它视为他励电动机，串励绕组称作“稳定绕组”。

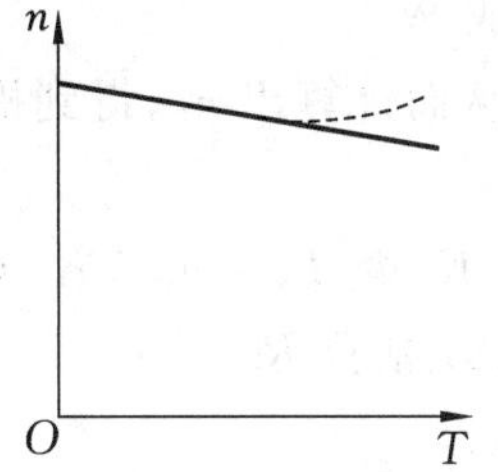


**图 3-12　电枢反应对机械特性的影响曲线图**

## 四、根据电动机铭牌数据计算和绘制机械特性

在工程设计中，通常是根据产品目录或电动机铭牌数据计算和绘制机械特性的。一般在电动机的铭牌上给出电动机的额定功率 $P_N$、额定电压 $U_N$、额定电流 $I_N$ 和额定转速 $n_N$ 等数据。由这些已知数据可计算和绘制机械特性。

### 1. 固有机械特性的绘制

他励直流电动机的固有机械特性和人为机械特性都是直线。因此只要找出特性上任意两点，就可以绘制机械特性直线。

(1) 理想空载点：$n=n_0, T=0$；

(2) 额定工作点：$n=n_N, T=T_N$

这两点中只有 $n_0$ 和 $T_N$ 是未知的。首先求 $n_0$，有

$$n_0=\frac{U_N}{K_e\Phi_N} \tag{3-13}$$

其中，$K_e\Phi_N$ 未知，可用下式来求：

$$K_e\Phi_N=\frac{E_{aN}}{n_N}=\frac{U_N-I_NR_a}{n_N} \tag{3-14}$$

其中仅 $R_a$ 未知。为了求出 $R_a$ 的值，对小功率的实际电动机可以采用伏安法实测，如果手头没有实际电动机，则可以根据铭牌数据估算 $R_a$ 的值。估算的依据是：普通直流电动机在额定状态下运行时，额定铜耗占总损耗的 1/2～2/3，特殊电动机除外。

电动机的总损耗为

$$\sum P = U_N I_N - P_N \tag{3-15}$$

电动机的额定铜损耗为

$$P_{CuN} = I_N^2 R_a \tag{3-16}$$

则

$$I_N^2 R_a = \left(\frac{1}{2} \sim \frac{2}{3}\right)(U_N I_N - P_N) \tag{3-17}$$

所以估算电枢电阻 $R_a$ 的公式为

$$R_a = \left(\frac{1}{2} \sim \frac{2}{3}\right)\frac{U_N I_N - P_N}{I_N^2} \tag{3-18}$$

必须注意，$P_N$ 的单位应换算成 W。

有了 $R_a$，就可以计算$K_e \Phi_N$，从而计算出 $n_0$，得到机械特性的理想空载点。

额定转矩的计算公式是

$$T_N = K_T \Phi_N I_N = 9.55\, K_e \Phi_N I_N \tag{3-19}$$

① 根据 $U_N$、$P_N$、$I_N$ 按式(3-18) 估算 $R_a$

② 按式(3-14) 计算$K_e \Phi_N$；

③ 求 $n_0 = U_N/(K_e \Phi_N)$；

④ 按式(3-19) 计算 $T_N$。

在坐标纸上标出$(n_0, 0)$ 和$(n_N, T_N)$ 两点，过这两点连成一条直线，即得到固有机械特性曲线。

**2. 人为机械特性的绘制**

前面求出 $R_a$、$K_e \Phi_N$ 后，各种人为机械特性的绘制就比较容易了。

(1) 电枢串电阻人为机械特性的绘制

计算电枢串电阻的人为机械特性时，同样选择两个特殊点。

① 理想空载点：$n = n_0, T = 0$；

② 额定工作点：$n = n_{RN}, T = T_N$

与固有特性相比，理想空载点没变，额定工作点却由于电枢外串电阻 $R_c$ 而发生了变化，在额定负载转矩下，对应的电动机转速为

$$n_{RN} = n_0 - \frac{R_a + R_c}{9.55\,(K_e \Phi_N)^2} T_N \tag{3-20}$$

计算出 $n_{RN}$ 后，过$(n_0, 0)$，$(n_{RN}, T_N)$ 两点连一条直线，即得到电枢串电阻的人为机械特性曲线。

(2) 降低电源电压人为机械特性的绘制

计算降低电源电压的人为机械特性时，同样也选择两个工作点。

① 理想空载点：$n = n'_0, T = 0$；

② 额定工作点：$n = n'_N, T = T_N$

降低电源电压时，理想空载转速随之降低为

$$n'_0=\frac{U}{K_e\Phi_N} \tag{3-21}$$

对应额定转矩下的电动机转速变为

$$n'_N=\frac{U}{K_e\Phi_N}-\frac{R_a}{9.55\ (K_e\Phi_N)^2}T_N \tag{3-22}$$

计算出 $n'_0$、$n'_N$后，过($n'_0$,0)，($n'_N$,$T_N$) 两点连一条直线，即得到降低电压的人为机械特性曲线。

(3) 减弱磁通人为机械特性的绘制

计算减弱磁通的人为机械特性时，也选择两个工作点。

① 理想空载点：$n=n''_0$，$T=0$；

② 额定工作点：$n=n''_N$，$T=T_N$

减弱磁通时，理想空载转速随之升高为

$$n''_0=\frac{U_N}{K_e\Phi} \tag{3-23}$$

$$n''_N=\frac{U_N}{K_e\Phi}-\frac{R_a}{9.55\ (K_e\Phi)^2}T_N \tag{3-24}$$

计算出 $n''_0$、$n''_N$后，过($n''_0$,0) 和($n''_N$,$T_N$) 两点连一条直线，即得到减弱磁通的人为机械特性曲线。

必须注意，减弱磁通时，$T=T_N$ 这点所对应的电枢电流 $I_a$ 大于额定电流 $I_N$，$I_a$ 为

$$I_a=\frac{T_N}{9.55\ K_e\Phi} \tag{3-25}$$

**例 3-1**　一台他励直流电动机，铭牌数据为 $P_N=40$ kW，$U_N=220$ V，$I_N=210$ A，$n_N=750$ r/min。试计算并绘制：

(1) 固有机械特性；

(2) $R_c=0.4\ \Omega$ 的人为机械特性；

(3) $U=110$ V 的人为机械特性；

(4) $\Phi=0.8\Phi_N$ 的人为机械特性。

**解**　(1) 固有机械特性

估算电枢电阻 $R_a$：

$$R_a\approx\frac{1}{2}\left(\frac{U_NI_N-P_N}{I_N^2}\right)=\frac{1}{2}\times\left(\frac{220\times210-40\times10^3}{210^2}\right)=0.07\ (\Omega)$$

计算 $K_e\Phi_N$：

$$K_e\Phi_N=\frac{U_N-I_NR_a}{n_N}=\frac{220-210\times0.07}{750}=0.2737\ (\text{V}\cdot\text{min/r})$$

理想空载转速 $n_0$：

$$n_0=\frac{U_N}{K_e\Phi_N}=\frac{220}{0.2737}=804\ (\text{r/min})$$

额定电磁转矩 $T_N$：

$$T_N = 9.55K_e\Phi_N I_N = 9.55 \times 0.2737 \times 210 = 549\ (\mathrm{N \cdot m})$$

根据理想空载点($n_0=804$,$T=0$)及额定运行点($n_N=750$,$T_N=549$)绘出固有机械特性,如图 3-13 中直线 1 所示。

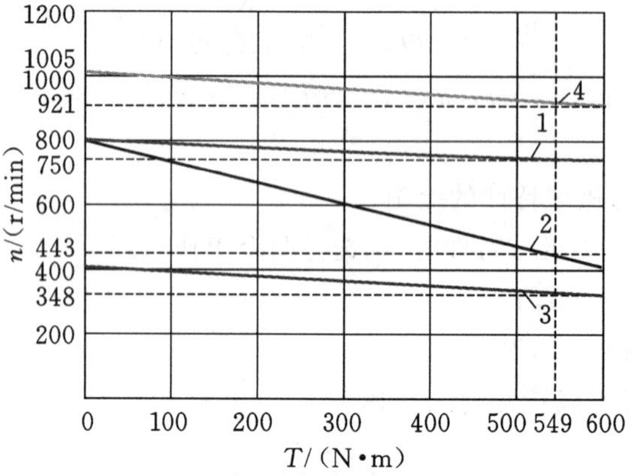


**图 3-13　例 3-1 图**

(2) $R_c=0.4\ \Omega$ 的人为机械特性

理想空载转速 $n_0$ 不变,$T=T_N$ 时电机的转速 $n_N$:

$$n_N = n_0 - \frac{R_a + R_c}{9.55(K_e\Phi_N)^2}T_N = 804 - \frac{0.07+0.4}{9.55 \times 0.2737^2} \times 549 = 443\ (\mathrm{r/min})$$

通过($n_0=804$,$T=0$)及($n_N=443$,$T_N=549$)两点连一直线,即得到$R_c=0.4\ \Omega$的人为机械特性,如图 3-13 中直线 2 所示。

(3) $U=110$ V 的人为机械特性

计算理想空载转速 $n_0'$:

$$n_0' = \frac{U}{K_e\Phi_N} = \frac{110}{0.2737} = 402\ (\mathrm{r/min})$$

$T=T_N$ 时的转速为:

$$n_N' = n_0' - \frac{R_a}{9.55(K_e\Phi_N)^2}T_N = 402 - \frac{0.07}{9.55 \times 0.2737^2} \times 549 = 348\ (\mathrm{r/min})$$

通过($n_0'=402$,$T=0$)及($n_N'=348$,$T_N=549$)两点连一直线,即得到$U=110$ V的人为机械特性,如图 3-13 中直线 3 所示。

(4) $\Phi=0.8\Phi_N$ 的人为机械特性

计算理想空载转速 $n_0''$:

$$n_0'' = \frac{U_N}{K_e\Phi} = \frac{U_N}{0.8K_e\Phi_N} = \frac{220}{0.8 \times 0.2737} = 1005\ (\mathrm{r/min})$$

$T=T_N$ 时的转速为:

$$n_N'' = n_0'' - \frac{R_a}{9.55(K_e\Phi)^2}T_N = 1005 - \frac{0.07}{9.55 \times (0.8 \times 0.2737)^2} \times 549 = 921\ (\mathrm{r/min})$$

通过($n_0''=1005$,$T=0$)及($n_N''=921$,$T_N=549$)两点连一直线,即得到$\Phi=0.8\Phi_N$的人为机械特性,如图 3-13 中直线 4 所示。

必须注意，在($n''=921$，$T_N=549$)点，电枢电流 $I_a\neq I_N$，$I_a$ 为

$$I_a=\frac{T_N}{9.55K_e\Phi}=\frac{T_N}{9.55\times 0.8C_e\Phi_N}=1.25I_N$$

## 第三节　他励直流电动机的启动特性和启动方法

### 一、他励直流电动机的启动特性

电动机的启动就是施电于电动机，使电动机转子转动起来，达到要求转速的这一过程。

对直流电动机而言，在未启动之前 $n=0$，$E=0$，而 $R_a$ 一般很小。当将电动机直接接入电网并施加额定电压时，启动电流为 $I_{st}=U_N/R_a$，这个电流很大，一般情况下能达到其额定电流的 10 ～ 20 倍。过大的启动电流危害很大，具体体现为：(1) 对电动机本身的影响，使电动机在换向过程中产生危险的火花，烧坏整流子；过大的电枢电流产生过大的电动应力，可能引起绕组的损坏；(2) 对机械系统的影响，与启动电流成正比例的启动转矩使运动系统的动态转矩很大，过大的动态转矩会在机械系统和传动机构中产生过大的冲击，使机械传动部件损坏；(3) 对供电电网的影响，过大的启动电流将使保护装置动作，切断电源造成事故，或者引起电网电压的下降，影响其他负载的正常运行。因此，直流电动机是不允许直接启动的，即在启动时必须设法限制电枢电流。

### 二、启动方法

限制直流电动机的启动电流，一般有降压启动和电枢回路串电阻启动两种方式。

**1. 降压启动**

图 3-14(a) 是降低电源电压启动时的接线图。电动机的电枢由可调直流电源供电。启动时，需先将励磁绕组接通电源，并将励磁电流调到额定值，然后从低到高调节电枢回路的电压。

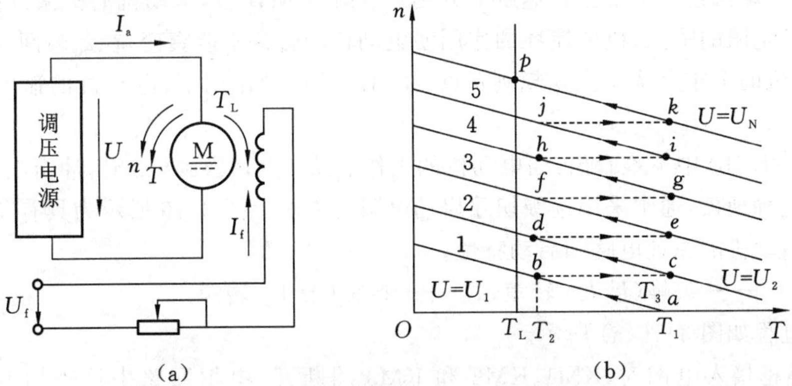


**图 3-14　降低电源电压启动时的接线及机械特性**

(a) 接线图；(b) 减压启动的机械特性

在启动瞬间：电流孔通常限制在(1.5 ～ 2) 孔内，因此启动时最低电源电压为 $U_1 = (1.5 \sim 2)I_N R_a$，此时电动机的电磁转矩大于负载转矩，电动机开始旋转。随着转速 $n$ 升高，$E$ 也逐渐增大，电枢电流 $I_a = (U - E_a)/R_a$ 相应减小，此时电压 $U$ 必须不断升高(手动调节或自动调节)，并且使 $I_a$ 保持在 $(1.5 \sim 2)I_N$ 范围内，直至电压升到额定电压 $U_N$，电动机进入稳定运行状态，启动过程结束。

减压启动方法在启动过程中平滑性好，能量损耗小，易于实现自动控制，但需要一套可调的直流电源，增加了初投资。

### 2. 电枢回路串电阻启动

电枢回路串电阻启动则是在启动时，电枢回路串接启动电阻 $R_{st}$，此时启动电流 $I_{st} = U_N/(R_a + R_{st})$ 将受外加启动电阻 $R_{st}$ 的限制。随着转速的升高，反电势增大，再逐步切除外加电阻，直到全部切除，电动机达到所要求的转速。电枢回路串电阻启动时电动机电枢接线图和机械特性及启动过程如图 3-15 所示。

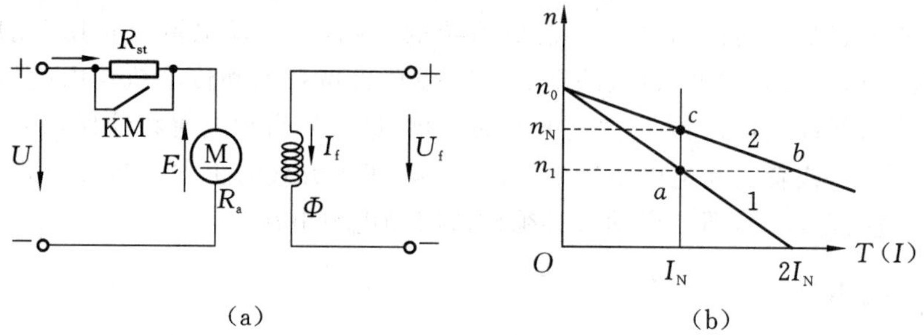


**图 3-15　具有一段启动电阻的他励电动机**

(a) 接线图；(b) 机械特性及启动过程

图 3-15(b) 中，直线 1 为电动机电枢回路串接启动电阻时的机械特性，直线 2 为电动机的固有机械特性。启动电阻 $R_{st}$ 的大小就是保证启动电流为额定值的两倍。启动过程如图 3-15(b) 所示。电枢回路接入电网时，KM 断开，电动机工作在特性 1 上，在动态转矩的作用下，电动机速度上升。当速度上升到 $a$ 点时，KM 闭合，电动机的机械特性变为 2。由于在切换电阻的瞬间，机械惯性的作用使电动机的转速不能突变，在此瞬间速度维持不变，即电动机的工作点从 $a$ 点切换到 $b$ 点，在动态转矩的作用下，电动机的速度继续上升直到稳定点 $c$。

从图 3-15(b) 中不难看出：当电动机的工作点从 $a$ 点切换到 $b$ 点时，冲击电流仍很大，为了消除这种现象，通常采用逐级切除启动电阻的方法。图 3-16 所示为具有三段启动电阻的他励电动机的原理电路和启动特性。

图中：$T_1$—— 尖峰(最大) 转矩；$T_2$—— 换接(最小) 转矩。

启动过程如图 3-16(a) 所示。

(1) 电枢接入电网时，KM1、KM2 和 KM3 均断开，电枢回路串接外加电阻 $R_{ad3} = R_1 + R_2 + R_3$，此时，电动机工作在特性曲线 $a$，在转矩 $T_1$ 的作用下，转速沿曲线 $a$ 上升。

(2) 当速度上升使工作点到达 2 时，KM1 闭合，即切除电阻 $R_3$，此时电枢回路串外加

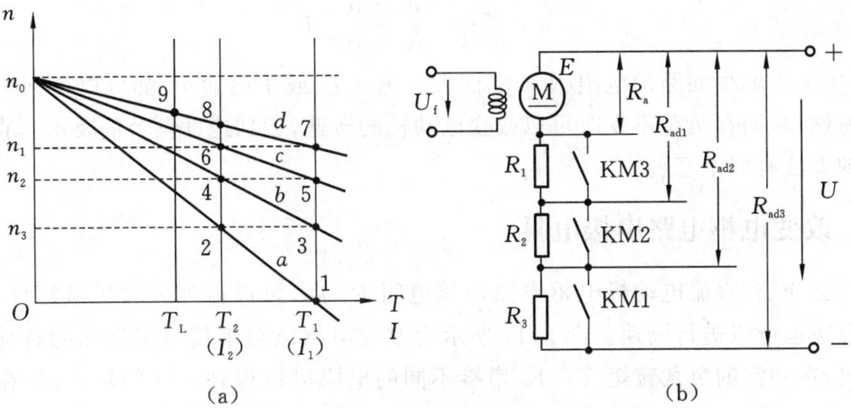


**图 3-16　具有三段启动电阻的他励电动机**

(a) 机械特性及启动过程；(b) 接线图

电阻 $R_{ad2}=R_1+R_2$，电动机的机械特性变为曲线 $b$。由于机械惯性的作用，电动机的转速不能突变，工作点由 2 切换到 3，速度又沿着曲线 $b$ 继续上升。

(3) 当速度上升使工作点到达 4 时，KM1、KM2 同时闭合，即切除电阻 $R_2$ 和 $R_3$，此时电枢回路串外加电阻 $R_{ad1}=R_1$，电动机的机械特性变为曲线 $c$。由于机械惯性的作用，电动机的转速不能突变，工作点由 4 切换到 5，速度又沿着曲线 $c$ 继续上升。

(4) 当速度上升使工作点到达 6 时，KM1、KM2、KM3 同时闭合，即切除电阻 $R_1$、$R_2$、$R_3$，此时电枢回路无外加电阻，电动机的机械特性变为固有特性曲线 $d$，由于机械惯性的作用，电动机的转速不能突变，工作点由 6 切换到 7，速度又沿着曲线 $d$ 继续上升直到稳定工作点 9。

由上可见，启动级数愈多，$T_1$、$T_2$ 愈与平均转矩 $T_{av}=(T_1+T_2)/2$ 接近，启动过程快而平稳，但所需的控制设备也就愈多。我国生产的标准控制柜都是按快速启动原则设计的，一般启动电阻为(3 ～ 4) 段。多级启动时，$T_1$、$T_2$ 的数值需按照电动机的具体启动条件决定，一般原则是保持每一级的最大转矩 $T_1$(或最大电流 $I_1$) 不超过电动机的允许值，而每次切换电阻时的 $T_2$(或 $I_2$) 也基本相同，一般选择：$T_1=(1.6\sim 2)T_N$，$T_2=(1.1\sim 1.2)T_N$。

## 第四节　他励直流电动机的调速特性

在现代工业生产中，有大量的生产机械(如机床、起重机、轧钢机、纺织机和造纸机等)要求在不同情况下用不同的速度工作，以提高生产效率和保证产品质量，这就要求采用一定的方法来改变生产机械的工作速度，通常称为调速。调速可用机械方法和电气方法，在生产中应用较多的是电气调速，即通过人为地改变电动机参数的方法，使电力拖动系统运行于不同的人为特性上，从而在相同的负载下，得到不同的运行速度。请注意，电气调速和由于负载变化而使电动机在同一条特性上发生的转速变化截然不同。

从他励直流电动机机械特性方程式

$$n=\frac{U}{K_e\Phi}-\frac{R_a+R_{ad}}{K_eK_T\Phi^2}T \tag{3-26}$$

可知，改变串入电枢回路的电阻 $R_{ad}$、电枢供电电压 $U$ 或主磁通 $\Phi$，都可以得到不同的人为机械特性，从而在负载不变时可以改变电动机的转速，达到速度调节的要求。直流电动机调速的方法有以下三种。

## 一、改变电枢电路串接电阻

前面已介绍，直流电动机电枢电路串接电阻 $R_{ad}$ 后，可以得到人为机械特性。同样，用这个方法也可以进行调速。图 3-17 所示为改变电枢电路串接电阻调速的特性。从图中可看出，在一定的负载转矩 $T_L$ 下，串接不同的电阻可以得到不同的转速，如在电阻分别为 $R_a$、$R_3'$、$R_2'$、$R_1'$ 的情况下，可以得到对应于点 $A$、$C$、$D$、$E$ 的转速 $n_A$、$n_C$、$n_D$、$n_E$、在不考虑电枢电路的电感时，电动机调速时的机电过程（如降低转速）沿图中 $A\rightarrow B\rightarrow C$ 的方向进行，即从稳定转速 $n_A$ 调至新的稳定转速 $n_C$。这种调速方法存在不少的缺点，如机械特性较软，电阻愈大，即特性愈软，稳定度愈低；在空载或轻载时调速范围不大；实现无级调速困难；在调速电阻上消耗大量电能等。值得特别注意的是，启动电阻不能当调速电阻用，否则将被烧坏。

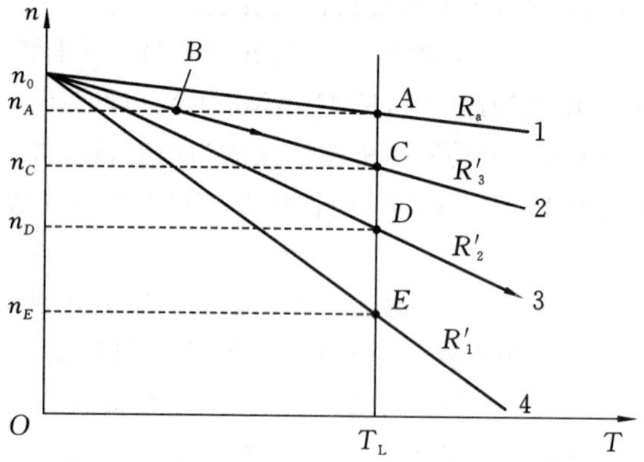


**图 3-17　改变电枢电路串接电阻调速的特性**

正因为缺点不少，这种调速方法目前已很少采用，仅在有些起重机、卷扬机等低速运转时间不长的传动系统中采用。

## 二、改变电动机电枢供电电压

改变电枢供电电压 $U$ 可得到人为机械特性（图 3-18），从图中可看出，在一定负载转矩 $T_L$ 下，加上不同的电压 $U_N$、$U_1$、$U_2$、$U_3$，可以得到不同的转速 $n_a$、$n_b$、$n_c$、$n_d$，即改变电枢电压可以达到调速的目的。

现以电压由 $U_1$ 突然升高至 $U_N$ 为例，说明其升速的机电过程。电压为 $U_1$ 时，电动机工作在 $U_1$ 特性的点 $b$，稳定转速为 $n_b$，当电压突然上升为 $U_N$ 的一瞬间，由于系统机械惯性的作用，转速 $n$ 不能突变，相应的反电动势 $E=K_e\Phi n$ 也不能突变，仍为 $n_b$ 和 $E_b$。在不考虑电枢电路的电感时，电枢电流将随 $U$ 的突然上升，由 $I_L=\dfrac{U_1-E_b}{R_a}$ 突然增至 $I_R=\dfrac{U_N-E_b}{R_a}$，则电动机的转矩由 $T'=T_g=K_T\Phi I_g$，即在 $U$ 突增的这一瞬间，电动机的工作点由 $U_1$ 特性的点 $b$ 过渡到 $U_N$ 特性的点 $g$（实际上平滑调节时，$I_g$ 是不大的），由于 $T_g>T_L$，所以系统开始加速，反电动势 $E$ 也随转速 $n$ 的上升而增大，电枢电流则逐渐减小，电动机转矩也相应减小，电动机的工作点将沿 $U_N$ 特性由点 $g$ 向点 $a$ 移动，直到 $n=n_a$ 时 $T$ 又下降到 $T=T_L$，此时电动机已工作在一个新的稳定转速 $n_a$。

由于调压调速过程中 $\Phi=\Phi_N$ 为常数，所以，当 $T_L$ 为常数时，稳定运行状态下的电枢电流 $I_a$ 也是一个常数，而与电枢电压 $U$ 的大小无关。

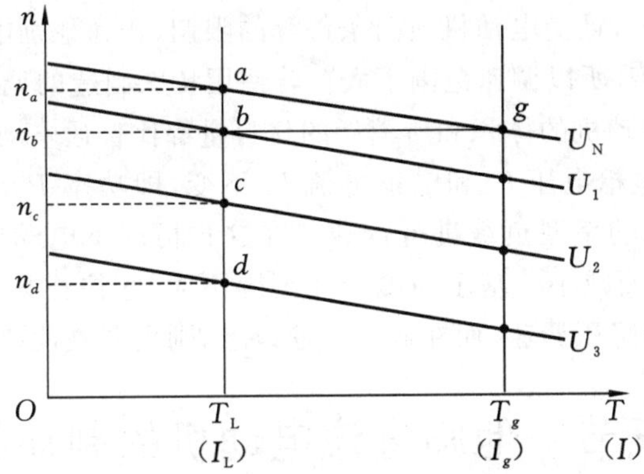


图 3-18　改变电枢供电电压调速的特性

这种调速方法的特点是：

(1) 当电源电压连续变化时，转速可以平滑无级调节，一般只能在额定转速以下调节；

(2) 调速特性与固有特性互相平行，机械特性硬度不变，调速的稳定度较高，调速范围较大；

(3) 调速时，因电枢电流与电压 $U$ 无关，且 $\Phi=\Phi_N$，故电动机转矩 $T=K_T\Phi_N I_a$ 不变，属恒转矩调速，适合于对恒转矩型负载进行调速；

(4) 可以靠调节电枢电压而不用启动设备来启动电动机。

## 三、改变电动机主磁通

改变电动机主磁通的机械特性表示于图 3-19 中，从图中可看出，在一定的负载功率 $P_L$ 下，不同的主磁通 $\Phi_N$、$\Phi_1$、$\Phi_2$，可以得到不同的转速 $n_a$、$n_b$、$n_c$，即改变主磁通 $\Phi$ 可以达到调速的目的。

在不考虑励磁电路的电感时，电动机调速时的机电过程如图 3-19 所示。降速时沿 $c\to d\to b$ 方向进行，即从稳定转速 $n_c$ 降至稳定转速 $n_b$；升速时沿 $b\to e\to c$ 方向进行，即从 $n_b$ 升至 $n_c$。

这种调速方法的特点是：

(1) 可以平滑无级调速，但只能弱磁调速，即在额定转速以上调节。

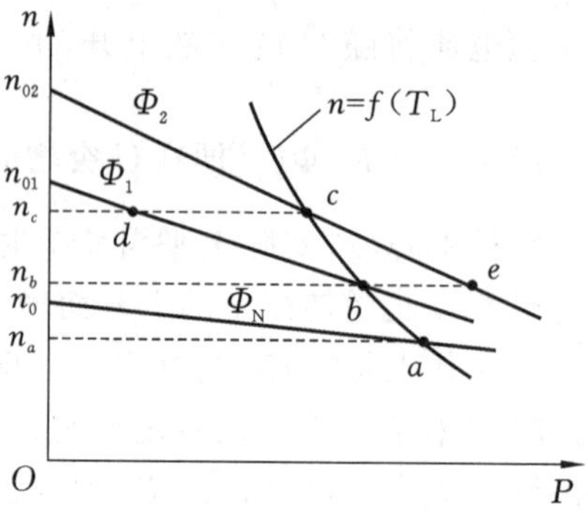


**图 3-19　改变电动机主磁通调速的特性**

(2) 调速特性较软，且受电动机换向条件等的限制，普通他励电动机的最高转速不得超过额定转速的 1.2 倍，所以调速范围不大。若使用特殊制造的调速电动机，调速范围可以增加，但这种调速电动机的体积和所消耗的材料量都比普通电动机大得多。

(3) 调速时维持电枢电压 $U$ 和电枢电流 $I_a$ 不变，即功率 $P=U_1$ 不变，属恒功率调速，所以它适合于对恒功率型负载进行调速。在这种情况下电动机的转矩 $T=K_T\Phi I_g$，要随主磁通 $\Phi$ 的减小而减小。基于弱磁调速范围不大，它往往是和调压调速配合使用，即在额定转速以下，用降压调速，而在额定转速以上，则用弱磁调速。

# 第五节　他励直流电动机的制动特性

所谓制动，就是使拖动系统从某一稳定转速很快减速停车(如可逆轧机)，或是为了限制电动机转速的升高(如起重机下放重物时、电车下坡时等)，使其在某一转速下稳定运行，以确保设备和人身安全。

制动的方法有以下几种：机械制动、电气制动和自由停车。而电气制动方法又分为能耗制动、反接制动和回馈制动三种。

电动机在运行时，如果切断电枢电源，系统的转速就会慢慢地降下来，最后停车。这种制动方法一般称为自由停车。这种制动是靠摩擦转矩实现的，所需时间较长。机械制动是采用机械抱闸进行制动，这种制动虽然可以加快制动过程，但闸皮磨损严重，增加了维修工作量。所以对需要频繁快速启动、制动和反转的生产机械，一般都不采用这两种制动方法，而采用电气制动的方法，即由电动机本身产生一个与转动方向相反的电磁转矩(即制动转矩)来实现制动。

电气制动的优点：制动转矩大，制动时间短，便于控制，容易实现自动化。

下面分别讨论各种电气制动的物理过程、机械特性及制动电阻计算等问题。

## 一、能耗制动

### 1. 制动原理

在图 3-20(a)中，开关 QS 合向上方时，电动机运行于电动状态。电枢电流 $I_a$ 的方向

与电动势 $E_a$ 的方向相反，转矩 $T$ 与转速 $n$ 方向相同。电动机工作在图 3-20(b)中的 $A$ 点。制动时，保持励磁不变，把开关 QS 合向下方，使电动机脱离电源，同时将电枢接到制动电阻 $R_n$ 上。

制动开始瞬间，由于机械惯性的影响，转速 $n$ 仍保持与原电动机运行状态相同的方向和大小，$E_a$ 的方向与大小亦与电动状态时相同，显然，因 $U=0$，则

$$I_a=-\frac{E_a}{R_a+R_n} \tag{3-27}$$

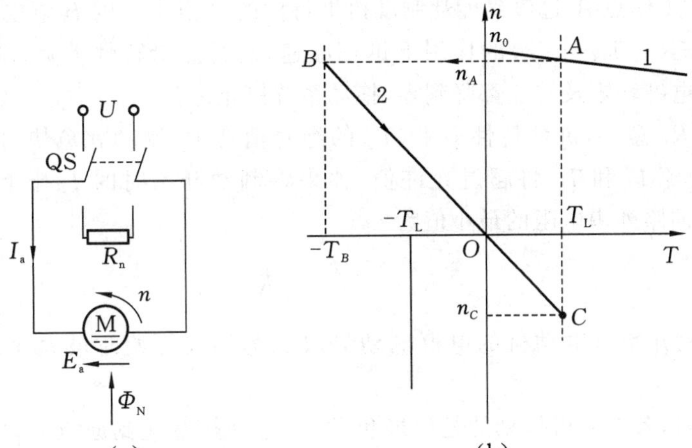


(a)　　　　(b)

**图 3-20　能耗制动过程**

(a) 原理图；(b) 机械特性

电枢电流为负值，说明其方向与电动状态的正方向相反，转矩 $T$ 也与电动状态相反，因此 $T$ 与 $n$ 方向相反，$T$ 为制动转矩，电动机工作在制动状态，使系统较快地减速。当 $n=0$ 时，$E_a=0$，$I_a=0$，$T=0$，制动过程结束。

能量关系：输入功率 $P_1=UI_a=0$，表明电动机与电源没有能量交换，输出功率 $P_2=T\omega$，空载损耗 $P_0$。电磁功率 $P_M=E_aI_a=P_2+P_0$，忽略 $P_0$，则 $P_M\approx T\omega<0$，表明电动机要从负载处吸收机械功率，而 $P_1=P_M+P_{Cu}$，则电枢回路的铜损耗 $P_{Cu}=I_a^2(R_a+R_n)=-P_M=|P_M|$，表明电动机从负载处吸收机械功率后，扣除空载损耗功率，其余的全部消耗在电枢回路的电阻上，因此称之为能耗制动。其功率流程图如图 3-21 所示。

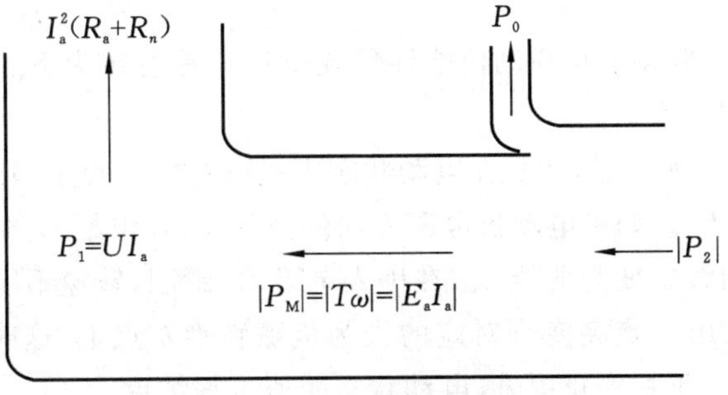


**图 3-21　能耗制动过程的功率流程图**

### 2. 机械特性及制动电阻计算

把 $U=0$、$R=R_a+R_n$ 代入式(3-4),便可得到能耗制动的机械特性方程式

$$n=-\frac{R_a+R_n}{K_e K_T \Phi_N^2}T \tag{3-28}$$

对应的机械特性曲线是一条通过坐标原点的直线,如图 3-20(b)所示。

如果制动前电动机在固有机械特性的 $A$ 点稳定运行。开始制动瞬间,转速 $n_A$ 不能突变,电动机从工作点 $A$ 过渡到能耗制动机械特性的 $B$ 点上。因 $B$ 点电磁转矩 $T_B<0$,拖动系统在转矩 $(-T_B-T_L)$ 的作用下迅速减速,运行点沿特性下降,制动转矩逐渐减小,直到原点,电磁转矩及转速都降到零,拖动系统停止运转。

制动电阻 $R_n$ 愈小,机械特性愈平,$T_B$ 的绝对值愈大,制动就愈快,但 $R_n$ 又不宜太小,否则电枢电流 $I_B$ 和 $T_B$ 将超过允许值,如果将制动开始时的 $I_B$ 限制在最大允许值 $I_{max}$,这时电枢回路外串电阻的最小值为

$$R_n=-\frac{E_a}{I_{max}}-R_a \tag{3-29}$$

式中,$E_a$ 为制动开始时电动机的电枢电动势;$I_{max}$ 为制动开始时最大允许电流,应代入负值。

能耗制动时,若电动机拖动的是位能负载,当电动机减速到原点时,由于 $n=0$,$T=0$,在位能负载作用下,$T-T_L<0$,电动机会继续减速,也就是开始反转。电动机的运行点沿着机械特性曲线 2 从 $O\rightarrow C$,$C$ 点处 $T=T_L$,系统稳定运行于 $C$ 点,恒速下放重物。

在 $C$ 点:电磁转矩 $T>0$,转速 $n_C<0$,$T$ 与 $n_C$ 方向相反,$T$ 为制动性转矩,这种稳态运行状态称为能耗制动运行。能耗制动运行时电枢回路串入的制动电阻不同,运行速度就不同,改变制动电阻 $R_n$ 的大小,可获得不同的下放速度。

## 二、反接制动

反接制动时,电压 $U$ 与电枢电动势 $E_a$ 变为同方向。所以实现反接制动有两种方法,即转速反向的反接制动和电压反接的反接制动。

### 1. 转速反向的反接制动

(1) 制动原理

这种制动方法一般发生在拖动位能性负载由提升重物转为下放重物的情况,其原理和机械特性如图 3-22 所示。

电动机在提升重物 $G$ 时,运行在电动状态下机械特性 $a$ 点上,转速为 $n_a$,负载转矩为 $T_L$,电磁转矩 $T_a=T_L$。如果电动机电源方向保持不变,在电枢回路中串入足够大的电阻 $R_f$,使机械特性由曲线 1 变为曲线 2。在串入电阻 $R_f$ 瞬间,转速不能突变,电枢电流和转矩突然减小,工作点由 $a$ 点突变到对应的人为机械特性 $b$ 点上,这时由于 $T_b<T_L$,电动机减速到 $c$ 点:$n=0$,重物停止提升,电动状态减速过程结束。

在 $c$ 点,电磁转矩 $T_c<T_L$,则在位能负载转矩 $T_L$ 的拖动下,电动机将反向加速,开

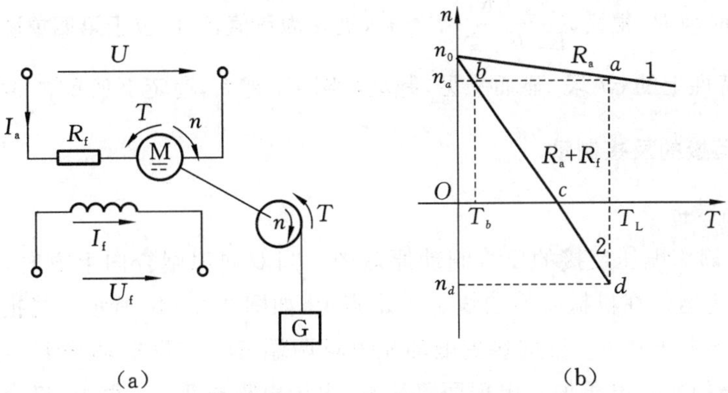


**图 3-22　转速反向的反接制动线路图及机械特性**

(a) 原理图；(b) 机械特性

始下放重物，机械特性进入第四象限。这时电磁转矩 $T$ 方向没有改变，但转速 $n$ 改变了方向，$T$ 与 $n$ 方向相反，$T$ 为制动转矩。电动机运行在制动状态。由于转速 $n$ 反向，电动势 $E_a$ 也反向，电枢电流为

$$I_a=\frac{U-(-E_a)}{R_a+R_f}=\frac{U+E_a}{R_a+R_f} \tag{3-30}$$

即电动机过 $c$ 点后，$I_a$ 和 $T$ 的方向仍为正，但电磁转矩 $T$ 仍小于 $T_L$，电动机继续反向加速，使 $E_a$ 值增大，$I_a$ 与 $T$ 也相应增加，直到 $d$ 点，$T_d=T_L$，电动机以恒定的转速 $n_d$ 下放重物。转速反向的反接制动发生在 $cd$ 段，电动势 $E_a$ 的方向变成与 $U$ 同方向，其能量关系为 $P_1=U_N I_a>0$，表明电动机仍从电源吸收电功率，$P_M=E_a I_a<0$，表明电动机要从位能负载处吸收机械功率并转换成电功率，电枢回路的铜损耗 $P_{Cu}=I_a^2(R_a+R_f)=P_1-(-P_M)=P_1+|P_M|$，表明从电源吸收的功率和从负载处吸收的机械功率都消耗在电阻 $R_a+R_f$ 上，并转换成热量散发掉。其功率流程图如图 3-23 所示。

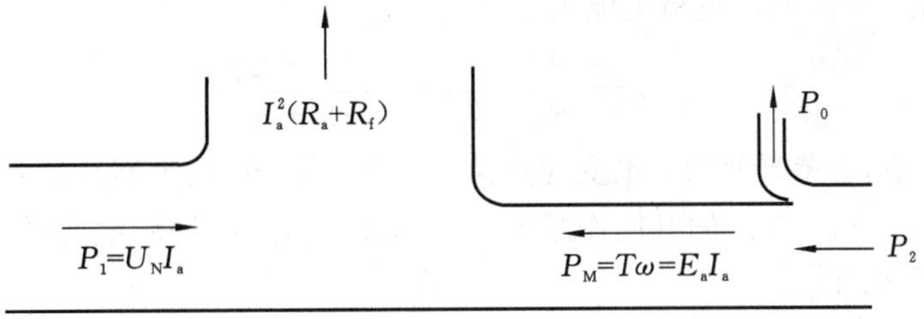


**图 3-23　转速反向反接制动过程中功率流程图**

(2) 机械特性

转速反向的反接制动状态，只是电枢回路中串入了大电阻 $R_f$，其他条件都没有变。所以其机械特性方程式与电动状态下电枢回路串电阻的人为特性方程式相同，即

$$n=n_0-\frac{R_a+R_f}{K_e K_T \Phi^2}T \tag{3-31}$$

注意，此时因 $R_f$ 很大，$\frac{R_a+R_f}{K_e K_T \Phi^2}T>n_0$，故 $n$ 为负值，特性位于第四象限，如图 3-22(b)中人为机械特性上的 $cd$ 段，显而易见，制动电阻 $R_f$ 越大，稳定下放重物的速度也越大。

**2. 电压反接的反接制动**

(1) 制动原理

图 3-24(a)为电压反接的反接制动原理图。当双向刀闸合向上方时，电动机工作在电动状态，稳定运行在机械特性曲线 1 的 $a$ 点上，如图 3-24(b)所示。当把双向刀闸合向下方时，即把电源电压 $U_N$ 反向接到电动机电枢两端，$U_N$ 与反电动势 $E_a$ 方向一致，此时几乎有近两倍的额定电压加到电枢回路两端，由于电枢电阻 $R_a$ 很小，将会产生很大的反向电流。为了限制过大的电流，电压反接的同时，在电枢回路中串入了反接制动电阻 $R_f$。

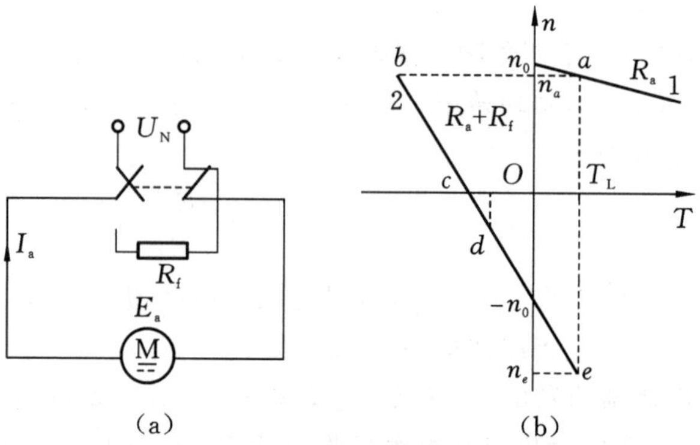


**图 3-24　电压反接的反接制动的原理图及机械特性**

(a) 原理图；(b) 机械特性

电压反接瞬间，转速 $n$ 不能突变，工作点从 $a$ 点过渡到电压反接的人为特性曲线 2 的 $b$ 点上，此时 $U=-U_N$，电枢电流为

$$I_a=\frac{-U_N-E_a}{R_a+R_f}=-\frac{U_N+E_a}{R_a+R_f} \tag{3-32}$$

$I_a$ 变为负值，电磁转矩 $T_b$ 也变为负值，$T_b$ 与 $n$ 反向，成为制动转矩，电动机工作在制动状态。在$(-T_b-T_L)$的共同作用下，电动机转速迅速下降，沿直线 2 变化，到 $c$ 点，$n=0$，制动状态结束。

(2) 机械特性及制动电阻的计算

电压反接制动的特点是 $U_N$ 反向，$\Phi=\Phi_N$，$R=R_a+R_f$。故理想空载转速为 $\frac{-U}{K_e\Phi}=-n_0$，其机械特性方程式为

$$n=-n_0-\frac{R_a+R_f}{K_e K_T \Phi^2}T \tag{3-33}$$

式中，$T$ 应以负值代入。$n$ 为正值，机械特性曲线位于第二象限，见图 3-24(b)中 $bc$ 段。

电压反接制动到达 $c$ 点时：$n=0$，电磁转矩 $T_c$ 为负值，此时：

① 如果要求停车,就必须马上断开电源,并施加机械抱闸。

② 如果负载是反抗性负载,当$|T_c|>|T_L|$时,$(-T_c+T_L)<0$,使$\frac{d(-n)}{dt}>0$,电动机将反向启动,并加速到 $d$ 点稳定运行$(-T_d=-T_L)$。这时,电动机工作在反向电动状态。

③ 如果负载是位能性负载,无论$|T_c|$多大,都有$(-T_c+T_L)<0$,$\frac{d(-n)}{dt}>0$,在位能负载和 $T_c$ 的共同作用下,电动机都将反向加速,并且加速到 $e$ 点稳定运行。这时,电动机工作在回馈制动状态。

为了保证反接制动最大电流不超过 $2I_N$,则应使:

$$R_a+R_f\geqslant\frac{U_N+E_a}{2I_N}\approx\frac{2U_N}{2I_N}=\frac{U_N}{I_N} \tag{3-34}$$

$$R_f\geqslant\frac{U_N}{I_N}-R_a \tag{3-35}$$

电压反接制动的能量转换关系与转速反向反接制动时相同,读者可自行分析。

## 三、回馈制动

当电动机转速高于理想空载转速,即 $n>n_0$ 时,$E_a>U$,迫使电枢电流 $I_a$ 改变方向,$I_a$ 由电枢流向电源,$UI_a<0$,电动机处于发电状态,向电源馈送电功率 $UI_a$。因 $I_a$ 反向,电磁转矩 $T$ 也改变方向,使 $T$ 与 $n$ 反向,$T$ 为制动转矩。电动机既工作在制动状态,又向电源回馈能量的工作状态称为回馈制动。回馈制动有正向回馈制动和反向回馈制动。

### 1. 正向回馈制动

如图 3-25 所示,电动机原来在固有机械特性曲线 1 的 $A$ 点上稳定运行,转速为 $n_A$。因调速突然把电源电压降到 $U_1$ 时,理想空载转速由 $n_0$ 降到 $n_{01}$,则电动机的人为机械特性向下平移,变为曲线 2。在降低电压瞬间,$n_A$ 不能突变,工作点将从 $A$ 点过渡到人为机械特性曲线 2 的 $B$ 点上。由于 $n_A>n_{01}$,所以 $E_a>U_1$,电枢电流将改变方向,$I_a<0$,电磁转矩 $T<0$,$T$ 与 $n$ 的方向相反,成为制动转矩,功率 $U_1I_a$、$E_aI_a$ 都为负值,表示此时电动机作发电机运行,电动机进入回馈制动状态。在 $T$ 与 $T_L$ 作用下,电动机减速,运行点沿机械特性曲线 2 变化。至 $C$ 点,$n=n_{01}$,$E_a=U_1$,$I_a$ 及 $T$ 均降到零,回馈制动结束。此后,系统在负载转矩的作用下继续减速,电动机的运行点进入第一象限,$n<n_{01}$,$E_a<U_1$,$I_a$ 及 $T$ 均变为正,电动机又恢复为正向电动状态,但由于 $T<T_L$,$n$ 将继续下降,直到 $D$ 点,$T=T_L$,$n=n_D$,电动机稳定运行。

### 2. 反向回馈制动

电动机带位能性负载下放重物时,若采用电压反接制动,则电动机将进入反向回馈制动状态,见图 3-24(b)。

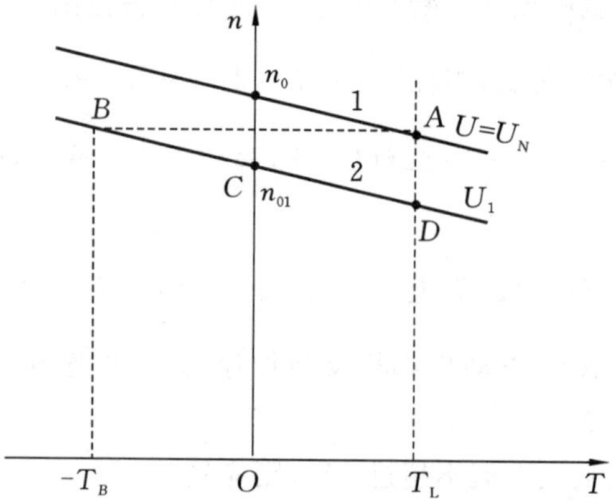


图 3-25　降低电源电压的回馈制动

前面曾介绍过，电压反接制动到 $c$ 点时，$n=0$，电磁转矩 $T_c$ 为负值，如图 3-24(b) 所示。此时如果电动机拖动的是位能性负载，无论 $|T_c|$ 多大，在位能负载和 $T_c$ 的共同作用下，电动机反向加速，这时 $T$ 与 $n$ 同方向，均为负，电动机运行于反向电动状态，直到 $n=-n_0$，$T=0$，反向电动状态结束。但在位能负载转矩 $T_L$ 作用下，电动机仍继续反向加速，电动机进入第四象限，出现 $|-n|>|-n_0|$ 的情况，此时，$|-E_a|>|-U_N|$，电动机向电网回送能量，电枢电流改变了方向，$I_a>0$，电磁转矩 $T$ 也变为正，与 $-n$ 的方向相反，成为制动转矩，电动机的运行状态变为回馈制动状态。随着 $|-n|$ 增加，电磁转矩 $T$ 不断增大，制动作用不断加强，直到 $e$ 点，$T=T_L$，电动机稳定运行，重物以恒定的转速 $n_e$ 下放。

综上所述，在电动机拖动位能负载进行电压反接制动，直到稳定运行的全过程中，电动机要经过电压反接制动、反向电动和回馈制动三种运行状态。

值得注意的是，电动机带位能性负载采用电压反接制动下放重物，当进入回馈制动状态稳定运行时，由于电枢回路中所串电阻 $R_f$ 很大(为了限制反接瞬间制动电流)，下放重物的转速很高，$|-n_e|>|-n_0|$。为了避免重物下放的速度过高，一般是在反向启动到 $|-n|$ 接近 $|-n_0|$ 时，切除制动电阻 $R_f$，使电动机回到固有特性上运行，如图 3-26 所示。这样，电动机进入回馈状态时，电枢回路中由于没有外串电阻，可以使 $g$ 点的转速低于 $e$ 点的转速。即使这样，电动机的转速 $|-n_g|$ 仍高于 $|-n_0|$。所以反向回馈制动方法仅仅在下放轻的物体或者空载时才采用。

**例 3-2**　一台他励直流电动机的铭牌数据为 $P_N=40$ kW，$U_N=220$ V，$I_N=210$ A，$n_N=1000$ r/min，电枢内阻 $R_a=0.07$。

(1) 在额定负载下进行能耗制动，欲使制动电流等于 $2I_N$ 时，电枢应外接多大电阻？

(2) 求出它的机械特性方程式。

(3) 如果电枢直接短接，制动电流应为多大？

(4) 当电动机拖动位能性负载，$T_L=0.8T_N$，要求在能耗制动中以 800 r/min 的稳定转速下放重物，求电枢回路中应串接的电阻值。

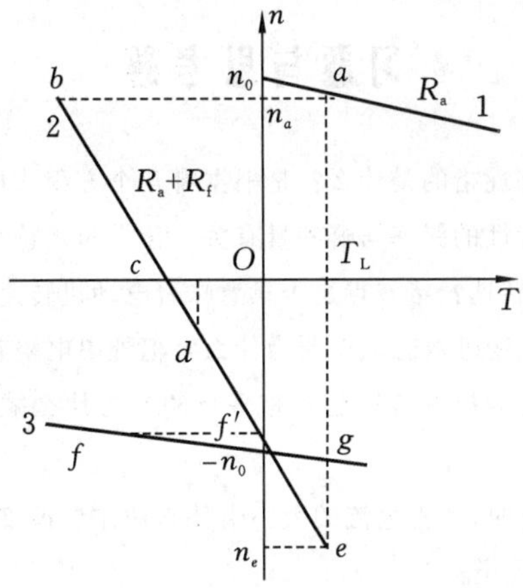


图 3-26　反向回馈制动机械特性

**解**　(1)额定负载时，电动机电动势

$$E_a=U_N-I_N R_N=220-210\times 0.07=205.3\ (\mathrm{V})$$

能耗制动时，电枢应外接电阻

$$R_n=\frac{E_a}{2I_N}=\frac{205.3}{420}=0.489\ (\Omega)$$

(2) 机械特性方程式

$$K_e\Phi_N=\frac{E_a}{n_N}=\frac{205.3}{1000}=0.2053$$

$$K_T\Phi_N=9.55K_e\Phi_N=9.55\times 0.2053=1.96$$

所以机械特性方程式为

$$n=-\frac{R_a+R_n}{K_eK_T\Phi_N^2}T=-\frac{0.07+0.489}{0.2053\times 1.96}T=-1.389T$$

(3) 如果电枢直接短接，则制动电流为

$$I_a=-\frac{E_a}{R_a}=-\frac{205.3}{0.07}=-2933\ (\mathrm{A})$$

此电流约为额定电流的 14 倍，因此能耗制动时，不许直接将电枢短接，必须接入一定数值的制动电阻。

(4) 当 $T_L=0.8T_N$ 时，电机稳定下放重物时，电枢电流为

$$I_a=\frac{T_L}{K_T\Phi_N}=\frac{0.8T_N}{K_T\Phi_N}=0.8I_N=0.8\times 210=168\ (\mathrm{A})$$

有关数据代入能耗制动机械特性方程式得

$$n=-\frac{R_a+R_n}{K_eK_T\Phi_N^2}T$$

$$T=K_T\Phi_NI_a$$

$$-800=-\frac{0.07+R_n}{0.2053}\times 168$$

$$R_n=0.9\ (\Omega)$$

# 习题与思考题

1. 他励直流电动机的机械特性指的是什么？是根据哪几个方程式推导出来的？

2. 他励直流电动机的机械特性的斜率与哪些量有关？什么叫硬特性？什么叫软特性？

3. 为什么 $n_0$ 称为理想空载转速？堵转点是否只意味着电动机转速为零？为什么？

4. 什么叫人为机械特性？从物理概念上说明为什么电枢外串电阻越大，机械特性越软。

5. 为什么降低电源电压的人为机械特性是互相平行的？为什么减弱气隙每极磁通后机械特性会变软？

6. 他励直流电动机稳定运行时，电枢电流的大小由什么决定？改变电枢回路电阻或改变电源电压的大小时，能否改变电枢电流的大小？

7. 他励直流电动机为什么不能直接启动？直接启动会引起什么不良后果？

8. 启动他励直流电动机前励磁绕阻断线，没发现就启动了，下面两种情况会引起什么后果？(1)空载启动；(2)负载启动，$T_L=T_N$。

9. 如何判断他励直流电动机是处于电动运行状态还是制动运行状态？

10. 电动机在电动状态和制动状态下运行时机械特性位于哪个象限？

11. 能耗制动过程和能耗制动运行有何异同点？

12. 电压反接制动与电动势反接制动有何异同点？

13. 什么叫电力拖动系统的过渡过程？在过渡过程中为什么电动机的转速不能突变？

14. 什么是机械过渡过程？推导他励直流电动机拖动系统机械过渡过程解析式时作了哪些假定？

15. 什么是他励直流电动机拖动系统机械过渡过程的三要素？机电时间常数的大小与哪些量有关？

16. 他励直流电动机有哪几种调速方法？各有什么特点？

17. 是否可以说他励直流电动机拖动的负载只要转矩不超过额定值，不论采用哪一种调速方法，电动机都可以长期运行而不致过热损坏？

18. 一台他励直流电动机，铭牌数据为 $P_N=60$ kW，$U_N=220$ V，$I_N=305$ A，$n_N=1000$ r/min，试求：

(1) 固有机械特性并画在坐标纸上。

(2) $T=0.75T_N$ 时的转速。

(3) 转速 $n=1100$ r/min 时的电枢电流。

19. 电动机的数据同上题，试计算并画出下列机械特性：

(1) 电枢回路总电阻为 $0.5R_N$ 时的人为机械特性。

(2) 电枢回路总电阻为 $2R_N$ 的人为机械特性。

(3) 电源电压为 $0.5U_N$，电枢回路不串电阻时的人为机械特性。

(4) 电源电压为额定电压，电枢不串电阻，$\Phi=0.5\Phi_N$ 时的人为机械特性。

注：$R_N=U_N/I_N$ 称为额定电阻，它相当于电动机额定运行时电枢两端的等效电阻。

20. 一台他励直流电动机的数据为 $P_N=22$ kW，$U_N=220$ V，$I_N=115$ A，$R_a=0.1$ Ω，$n_N=1500$ r/min，最大允许电流 $I_{max}\leqslant 2I_N$，原在固有特性上运行，负载转矩 $T_L=0.9T_N$，试计算：

(1) 电机拖动反抗性恒转矩负载，采用能耗制动停车，电枢回路应串入的最小电阻为多少？

(2) 电机拖动反抗性恒转矩负载，采用电源反接制动停车，电枢回路应串入的最小电阻为多少？

(3) 电机拖动位能性恒转矩负载,例如起重机。当传动机构的损耗转矩 $\Delta T=0.1T_N$,要求电动机以 $n=-200$ r/min 恒速下放重物,采用能耗制动运行,电枢回路应串入多大电阻?该电阻上消耗的功率是多少?

(4) 电机拖动同一位能性负载,电动机运行在 $n=-1000$ r/min,恒速下放重物,采用转速反向的反接制动,电枢回路应串入多大电阻?该电阻上消耗的功率是多少?

(5) 电机拖动同一位能性负载,采用反向回馈制动下放重物,稳定下放时电枢回路中不串电阻,电动机的转速是多少?

# 第四章 交流电动机的工作原理及特性

## 第一节 三相异步电动机的结构和工作原理

### 一、三相异步电动机的基本结构

三相异步电动机主要由定子和转子两个基本部分组成。三相笼形异步电动机的结构如图 4-1 所示。

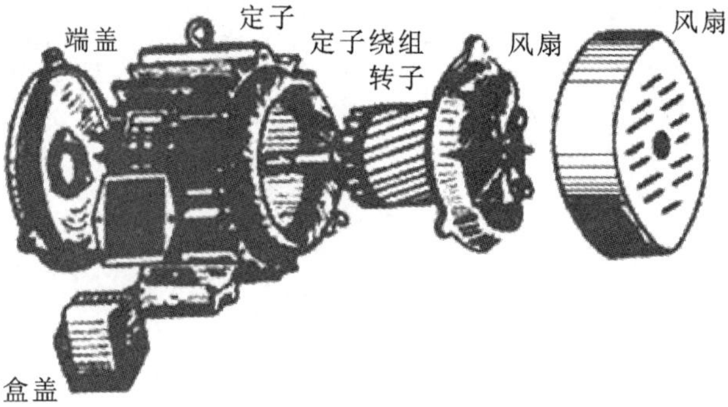


**图 4-1 三相笼形异步电动机的结构**

**1. 定子**

三相异步电动机的定子主要由机座、定子铁芯和定子绕组三个部分组成。机座充当电动机的外壳,它由铸铁或钢制成,如图 4-2(b)所示。定子铁芯安放在机座内部,是电动机磁路的一部分。为了减少涡流损失,它由 0.5 mm 厚的硅钢片叠合成筒形。在铁芯的内表面分布有与转轴平行的槽,用以安放定子绕组,如图 4-2(a)所示。

定子绕组是定子中的电路部分,它是用绝缘铜导线绕制成线圈,然后按照一定的规律嵌置在定子铁芯的槽孔内。

**2. 转子**

转子是电动机的转动部分,它是由转轴、转子铁芯和转子绕组组成。

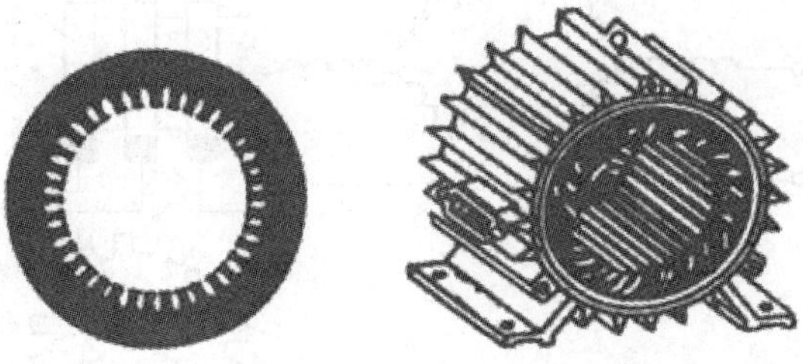

(a)　　(b)

**图 4-2　定子**

(a) 定子铁芯；(b) 机座

电动机转轴一般是用碳钢制成，用以支撑转子铁芯和传递功率，两端放置在电动机端盖内的轴承上。

转子铁芯也是采用 0～5 mm 厚的硅钢片叠合成圆柱体，并且片与片之间相互绝缘。在转子铁芯硅钢片的圆周上冲有凹槽，槽中用来嵌放转子绕组，硅钢片冲片如图 4-3 所示。

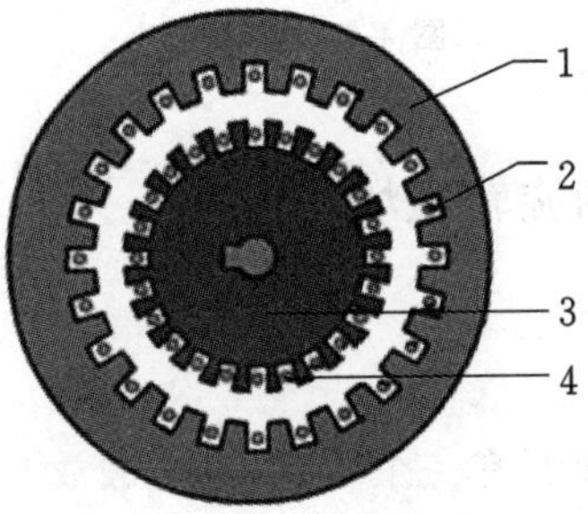


**图 4-3　定子和转子的钢片**

1—定子铁芯；2—定子绕组；3—转子铁芯；4—转子绕组

转子绕组的作用是产生感应电动势和电磁转矩。异步电动机转子绕组多采用笼形和线绕两种形式。因此异步电动机按绕组形式的不同分为笼形异步电动机和线绕异步电动机两种。线绕和笼形两种电动机的转子构造虽然不同，但工作原理是一致的。转子的作用是产生转子电流，即产生电磁转矩。

线绕异步电动机转子绕组是由线圈组成绕组放入转子铁芯槽内，并分为三相对称绕组，与定子产生的磁极数相同。线绕转子通过轴上的滑环和电刷在转子回路中接入外加电阻，用以改善启动性能与调节转速，如图 4-4 所示。

三相笼形异步电动机的转子是由安放在转子铁芯槽内的裸导体和两端的短路环连接而成的。转子绕组就像一个鼠笼形状，故称其为笼形绕组，如图 4-5 所示。

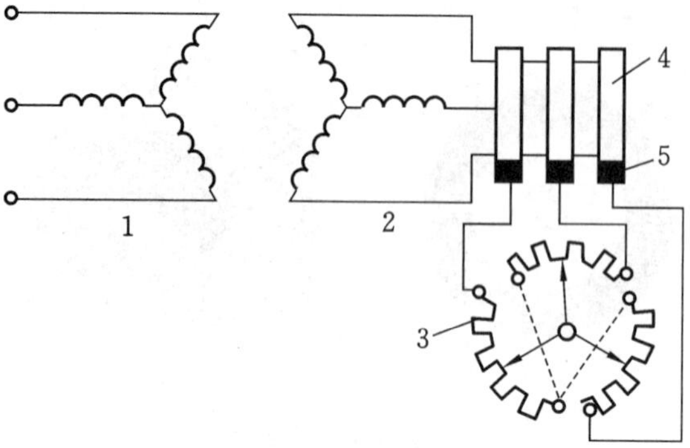


**图 4-4　线绕转子绕组与外加变阻器的连接**

1—定子绕组；2—转子绕组；3—电动变阻器；4—集电环；5—电刷

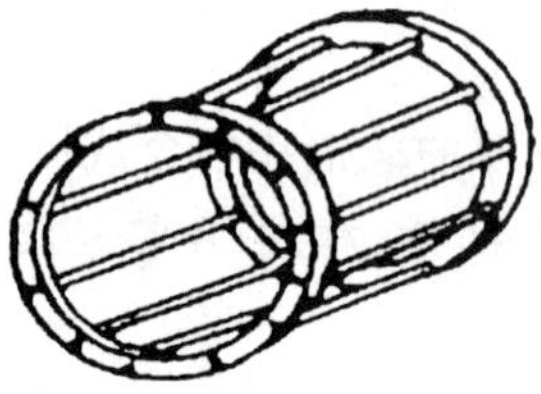

**图 4-5　笼形绕组**

## 二、三相异步电动机的旋转磁场

### 1. 定子旋转磁场

为简便起见，假设每相绕组只有一个线匝，分别嵌放在定子内圆周的 6 个凹槽之中。现将三相绕组的末端 X、Y、Z 相连，首端 A、B、C 接三相交流电源。三相绕组分别称为 A、B、C 相绕组，如图 4-6 所示。

定子绕组中电流的正方向规定为从首端流向末端，且 A 相绕组的电流 $i_A$ 作为参考正弦量，即 $i_A$ 的初相位为零，则三相绕组 A、B、C 的电流（相序为 A—B—C）的瞬时值为

$$i_A = I_m \sin\omega t \tag{4-1}$$

$$i_B = I_m \sin\left(\omega t - \frac{2\pi}{3}\right) \tag{4-2}$$

$$i_C = I_m \sin\left(\omega t - \frac{4\pi}{3}\right) \tag{4-3}$$

图 4-7 所示是这三相电流的波形。

下面分析不同时间的合成磁场。

在 $t=0$ 时：$i_A=0$；$i_B$ 为负，电流实际方向与正方向相反，即电流从 Y 端流到 B 端；$i_C$ 为正，电流实际方向与正方向一致，即电流从 C 端流到 Z 端。

按右手螺旋法则确定三相电流产生的合成磁场，如图 4-8(a)箭头所示。

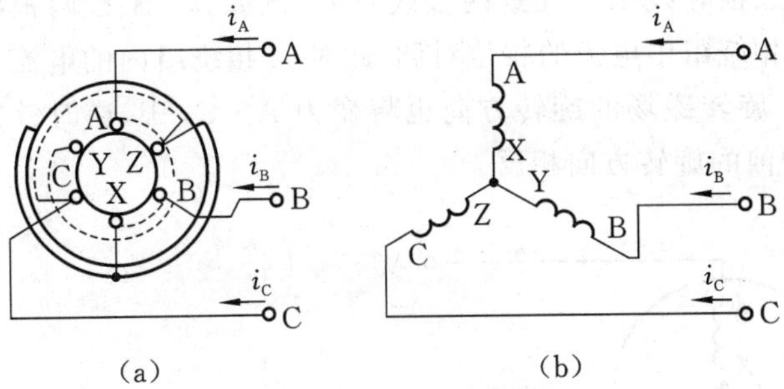


图 4-6　定子三相绕组图

(a) 嵌放情况;(b) 星形连接线图

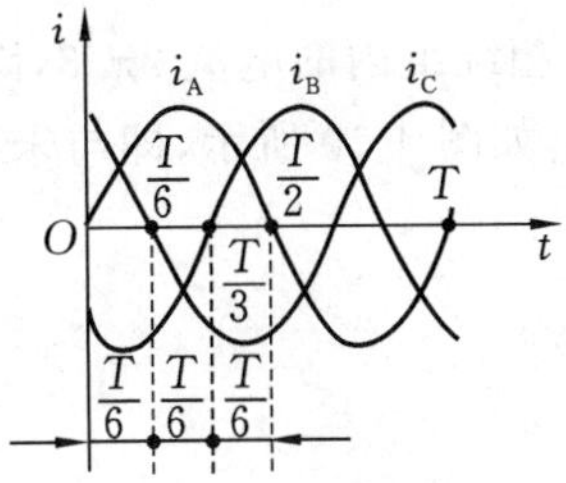


图 4-7　三相电流的波形

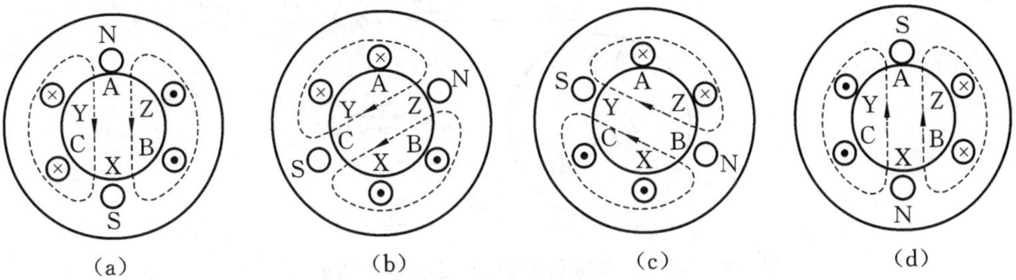


图 4-8　两极旋转磁场

(a) $t=0$;(b) $t=T/6$;(c) $t=T/3$;(d)$t=T/2$

在 $t=T/6$ 时:$\omega t=\dfrac{\omega T}{6}=\dfrac{\pi}{3}$,$i_A$ 为正,电流从 A 端流到 X 端;$i_B$ 为负,电流从 Y 端流到 B 端,$i_C=0$。此时的合成磁场如图 4-8(b)所示,合成磁场已从 $t=0$ 瞬间所在位置顺时针方向旋转了$\dfrac{\pi}{3}$。

在 $t=T/3$ 时:$\omega t=\dfrac{\omega T}{3}=\dfrac{2\pi}{3}$,$i_A$ 为正,$i_B=0$,$i_C$ 为负。此时的合成磁场如图 4-8(c)所示,合成磁场已从 $t=0$ 瞬间所在位置顺时针方向旋转了$\dfrac{2\pi}{3}$。

在 $t=T/2$:$\omega t=\dfrac{\omega T}{2}=\pi$,$i_A=0$,$i_B$ 为正,$i_C$ 为负。此时的合成磁场如图 4-8(d)所示,合成磁场从 $t=0$ 瞬间所在位置顺时针方向旋转了 π。

以上分析可以说明:当三相电流随时间的变化而不断变化时,合成磁场的方向在空间也不断旋转,这样就产生了旋转磁场。

**2. 旋转磁场的旋转方向**

从图 4-6 和图 4-7 可见,A 相绕组内的电流超前于 B 相绕组内的电流 $2\pi/3$,而 B 相绕组内的电流又超前于 C 相绕组内的电流 $2\pi/3$,同时图 4-8 所示旋转磁场的旋转方向也是 A—B—C,即顺时针方向旋转。所以,旋转磁场的旋转方向与三相电流的相序一致。

如果将定子绕组接至电源的三根导线中的任意两根线对调，例如，将 B、C 两根线对调，如图 4-9 所示，即使 B 相与 C 相绕组中电流的相位对调，此时 A 相绕组内的电流超前于 C 相绕组内的电流 $2\pi/3$，因此，旋转磁场的旋转方向也将变为 A—C—B，逆时针方向旋转，如图 4-10 所示，即与未对调前的旋转方向相反。

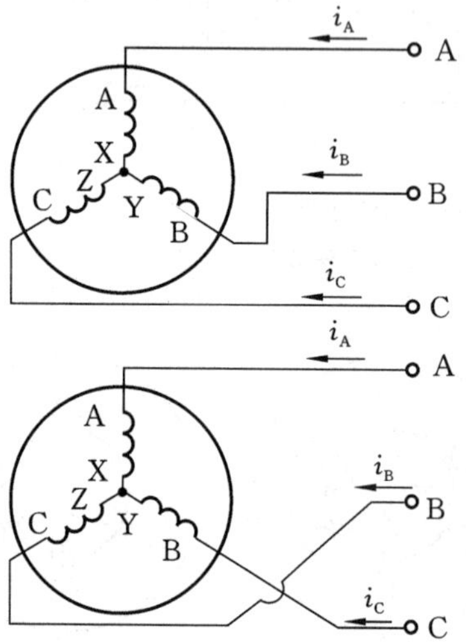


**图 4-9　将 B、C 两根线对调，改变绕组中的电流相序**

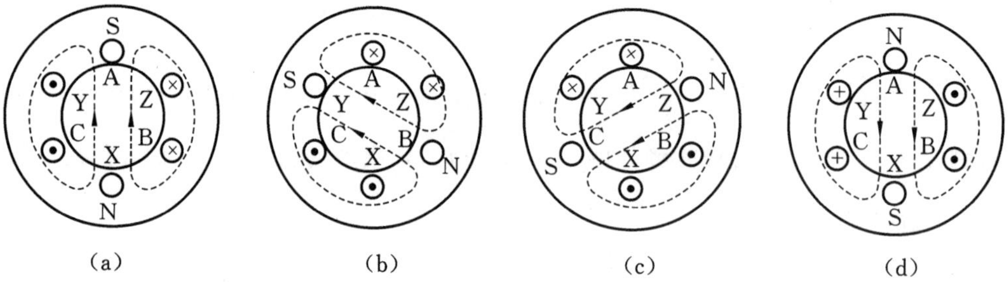


**图 4-10　逆时针方向旋转的两极旋转磁场**

(a) $t=0$;(b) $t=T/6$;(c) $t=T/3$; (d)$t=T/2$

由此可见，若要改变旋转磁场的旋转方向（亦即改变电动机的旋转方向），只要把定子绕组接到电源的三根导线中的任意两根对调即可。

### 3. 旋转磁场的极数与旋转速度

在交流电动机中，旋转磁场的旋转速度被称为同步转速。以上讨论的旋转磁场具有一对磁极（磁极对数用 $p$ 表示），即 $p=1$。从上述分析可以看出，电流变化经过一个周期（变化 360°电角度），旋转磁场在空间也旋转了一周（旋转了 360°机械角度）。若电流的频率为 $f$，旋转磁场每分钟将旋转 $60f$，以 $n_0$ 表示旋转磁场的转速，即

$$n_0=60f$$

如果把定子铁芯的槽数增加 1 倍（12 个槽），制成如图 4-11 所示的三相绕组，其中，

每相绕组由两个部分串联组成，再将这三相绕组接到对称三相电源，使其通过对称三相电流(见图 4-9)，便产生具有两对磁极的旋转磁场。从图 4-12 可以看出，对应于不同时刻，旋转磁场在空间转到不同位置，此情况下电流变化半个周期，旋转磁场在空间只转过了 $\pi/2$，即 1/4 转，电流变化一个周期，旋转磁场在空间只转了 1/2 周。

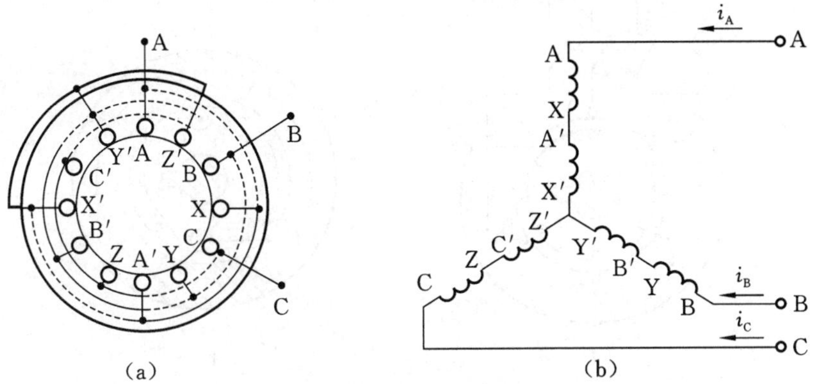


**图 4-11 产生四极旋转磁场的定子绕组嵌放情况和接线图**

(a) 嵌放情况；(b) 接线图

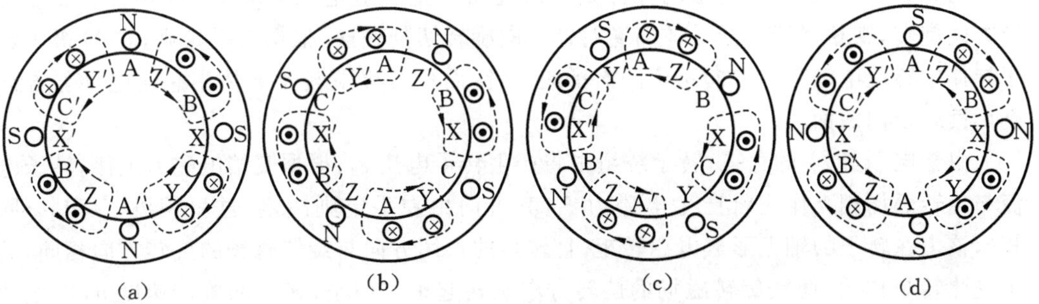


**图 4-12 四级旋转磁场**

(a) $t=0$；(b) $t=T/6$；(c) $t=T/3$；(d) $t=T/2$

由此可知，当旋转磁场具有两对磁极($p=2$)时，其旋转速度仅为一对磁极时的一半，即每分钟 $60f/2$。依此类推，当有 $p$ 对磁极时，其转速为

$$n_0=60f/p \tag{4-4}$$

所以，同步转速与电流的频率成正比而与磁极对数成反比。在我国，因为标准工业频率(即电流频率)为 50 Hz，所以，对应于 $p$ 等于 1、2、3、4 时，同步转速分别为 3000 r/min、1500 r/min、1000 r/min、750 r/min。

实际上，旋转磁场不仅可以由三相电流来获得，任何两相以上的多相电流，流过相应的多相绕组，都能产生旋转磁场。

## 三、三相异步电动机的工作原理

三相异步电动机的工作是基于定子旋转磁场(定子绕组内三相电流所产生的合成磁场)和转子电流(转子绕组内的电流)的相互作用。

如图 4-13(a)所示，当定子的对称三相绕组接到三相电源上时，绕组内将通过对称三相电流，并在空间产生旋转磁场，该磁场沿定子内圆周方向旋转。图 4-13(b)所示为具有一对磁极的旋转磁场，我们可以假想磁极位于定子铁芯内画有阴影线的部分。

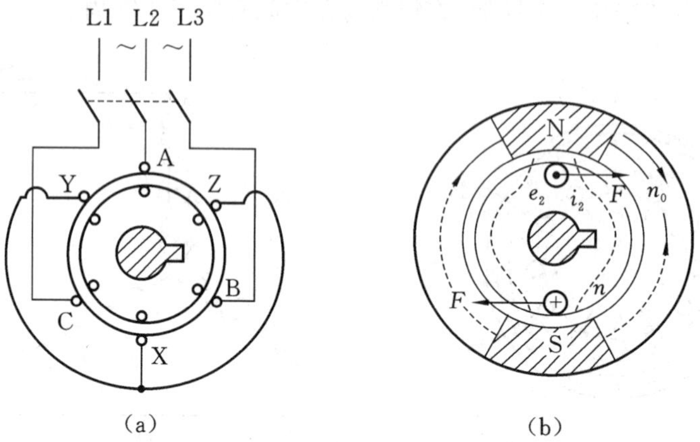


**图 4-13 三相异步电动机接线圈和工作原理图**

(a) 定子绕组与电源的接线图；(b) 工作原理图

当磁场旋转时，转子绕组的导体切割磁通将产生感应电动势 $e_2$，假设旋转磁场顺时针方向旋转，则相当于转子导体向逆时针方向旋转切割磁通，根据右手定则，在 N 极下转子导体中感应电动势的方向系由图面指向读者，而在 S 极下转子导体中感应电动势方向则由读者指向图面。

由于电动势 $e_2$ 的存在，转子绕组中将产生转子电流 $i_2$，根据安培电磁力定律，转子电流与旋转磁场相互作用将产生电磁力 $F$(其方向由左手定则决定，这里假设 $i_2$ 和 $e_2$ 同相)，该力在转子的轴上形成电磁转矩，且转矩的作用方向与旋转磁场的旋转方向相同，转子受此转矩作用，便按旋转磁场的旋转方向旋转起来。但是，转子的旋转速度 $n$(即电动机的转速)恒比同步转速 $n_0$ 小，因为如果两种转速相等，转子和旋转磁场没有相对运动，转子导体不切割磁通，便不能产生感应电动势 $e_2$ 和电流 $i_2$，也就没有电磁转矩，转子将不会继续旋转。因此，转子和旋转磁场之间的转速差是保证转子旋转的主要因素。

由于转子转速不等于同步转速，所以把这种电动机称为异步电动机，而把转速差 $n_0-n$ 与同步转速 $n_0$ 的比值称为异步电动机的转差率，用 $S$ 表示，即

$$S=\frac{n_0-n}{n_0} \tag{4-5}$$

转差率 $S$ 是分析异步电动机运行情况的主要参数。

当转子旋转时，如果在轴上加有机械负载，则电动机输出机械能。从物理本质上来分析，异步电动机的运行和变压器相似，即电能从电源输入定子绕组(原绕组)，通过电磁感应的形式，以旋转磁场作媒介，传送到转子绕组(副绕组)，而转子中的电能通过电磁力的作用变换成机械能输出。由于在这种电动机中，转子电流的产生和电能的传递是基于电磁感应现象的，所以异步电动机又称为感应电动机。

通常，异步电动机在额定负载时，$n$ 接近于 $n_0$，转差率 $S$ 很小，一般为 0.015～0.060。

# 第二节　三相异步电动机的额定参数

## 一、三相异步电动机定子绕组的接法

### 1. 两种接法

定子绕组的首端和末端通常都接在大电动机接线盒的接线柱上，一般按图 4-14 所示的方法排列。按照我国电工专业标准规定，定子绕组出线端的首端为 D1、D2、D3，末端为 D4、D5、D6。

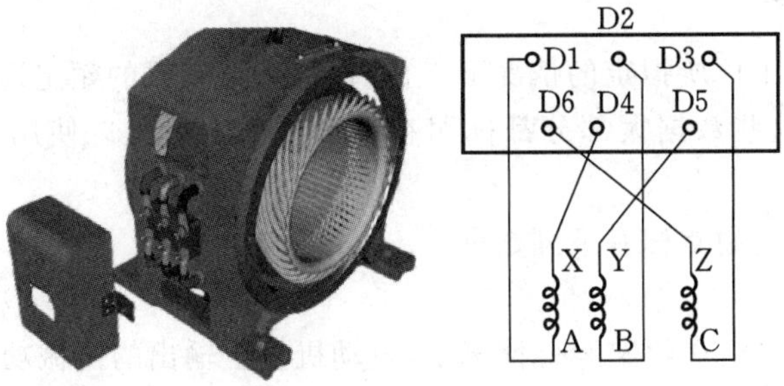


图 4-14　出线端的排列

三相电动机的定子绕组有星形（Y 形）和三角形（△形）两种不同的接法，如图 4-15 所示。

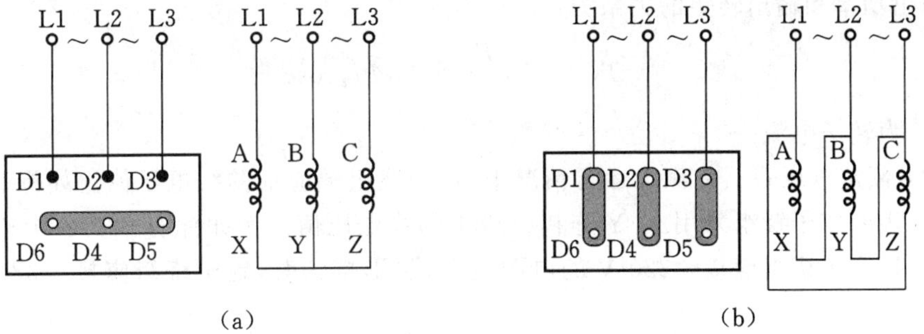


图 4-15　三相交流电动机的两种接法

(a) 星形接法；(b) 三角形接法

### 2. 线电压与相电压

① 线电压：两相绕组首端之间的电压，用 $U_1$ 表示；

② 相电压：一相绕组首、尾之间的电压，用 $U_{相}$ 表示。

对于星形接法，$U_1 = \sqrt{3}U_{相}$；对于三角形接法，$U_1 = U_{相}$。

**3. 线电流与相电流**

① 线电流：电网的供电电流，用 $I_1$ 表示；

② 相电流：每相绕组的电流，用 $I_{相}$ 表示。

对于星形接法，$I_1 = I_{相}$；对于三角形接法，$I_1 = \sqrt{3} I_{相}$。

**4. 电动机的输入功率**

$$P_1 = \sqrt{3} I_1 U_1 \cos\varphi_1$$

式中，$P_1$ 为电动机的输入功率；$\cos\varphi_1$ 为电动机的功率因素。

## 二、额定参数

电动机在制造工厂所拟定的情况下工作时，称为电动机的额定运行，通常用额定值来表示其运行条件，这些数据大部分都标明在电动机的铭牌上。使用电动机时，必须看懂铭牌。

电动机的铭牌上通常标有下列数据：

(1) 型号。

(2) 额定功率 $P_N$：在额定运行情况下，电动机轴上输出的机械功率。

$$P_N = \eta_N P_{1N}$$

输出功率的一般表达式为：

$$P_2 = \eta P_1$$

式中，$\eta$ 为效率；$P_1$ 为输入功率；$P_2$ 为输出功率。

输出功率和输出转矩的关系为：

$$T_2 = 9.55 \frac{P_2}{n} = K_M \Phi I_2 \cos\varphi$$

式中，$I_2$ 为转子电流。

(3) 额定电压 $U_N$：在额定运行情况下，定子绕组端应加的线电压值。如标有两种电压值，这表明定子绕组采用△/Y 连接时应加的线电压值。例如标有 220/380 V，即三角形接法时，定子绕组应接～220 V 的电源电压；星形接法时，定子绕组应接～380 V 的电源电压。

(4) 额定频率 $f$：在额定运行情况下，定子外加电压的频率($f = 50$ Hz)。

(5) 额定电流 $I_N$：在额定频率、额定电压和轴上输出额定功率时，定子的线电流值。如标有两种电流值(例如 10.35/5.9 A)，则对应于定子绕组为△/Y 连接的线电流值。

(6) 额定转速 $n_N$：在额定频率、额定电压和电动机轴上输出额定功率时，电动机的转速。与此转速相对应的转差率称为额定转差率 $S_N$。

(7) 工作方式(定额)。

(8) 温升(或绝缘等级)。

(9) 电动机质量。

一般不标在电动机铭牌上的几个额定值如下：

(1) 额定功率因数 $\cos\varphi_N$：在额定频率、额定电压和电动机轴上输出额定功率时，定子相电流与相电压之间相位差的余弦。

(2) 额定效率 $\eta_N$：在额定频率、额定电压和电动机轴上输出额定功率时，电动机输出机械功率与输入电功率之比，其表达式为

$$\eta_N=\frac{P_N}{\sqrt{3}U_N I_N\cos\varphi_N}\times 100\%$$

(3) 额定负载转矩 $T_N$：电动机在额定转速下输出额定功率时轴上的负载载矩。

(4) 线绕式异步电动机转子静止时的滑环电压和转子的额定电流。通常手册上给出的数据就是电动机的额定值。

## 三、定子绕组连线方法的选用

定子三相绕组的连接方式(Y形或△形)的选择，和普通三相负载一样，须视电源的线电压而定。如果电源的线电压等于电动机的额定相电压，那么，电动机的绕组应该接成三角形；如果电源的线电压是电动机额定相电压的$\sqrt{3}$倍，那么，电动机的绕组就应该接成星形。通常电动机的铭牌上标有符号 Y/△和数字 380/220，前者表示定子绕组的接法，后者表示不同接法时应加的线电压值。

**例 4-1**　电源线电压为 380 V，现有两台电动机，其铭牌数据如下，试选择定子绕组的连接方式。

(1) Y90S-4，功率 1.0 kW，电压 220/380 V，连接方法△/Y，电流 4.67/2.7 A，转速 1400 r/min，功率因数 0.79 。

(2) Y112M-4，功率 1.1 kW，电压 380/660 V，连接方法△/Y，电流 8.8/5.1 A，转速 1440 r/min，功率因数 0.82 。

**解**　Y90S-4 电动机应接星形(Y)，如图 4-16(a) 所示。

Y112M-4 电动机应接三角形(△)，如图 4-16(b) 所示。

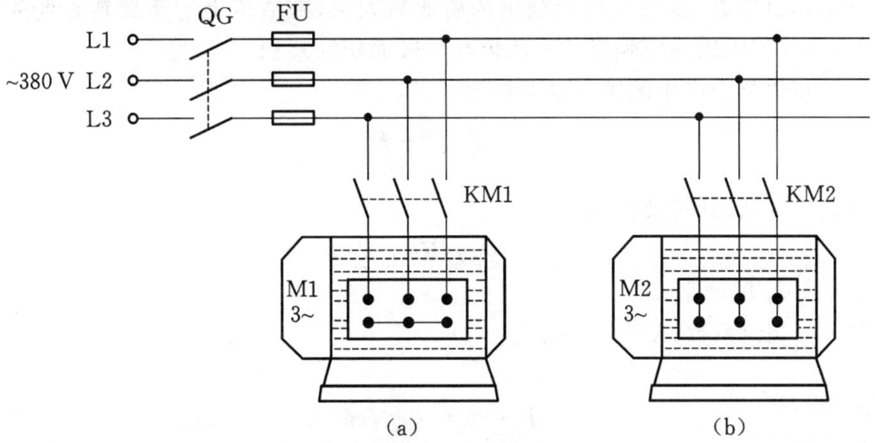


**图 4-16　电动机定子绕组的连接法**

(a) 星形接法；(b) 三角形接法

# 第三节　三相异步电动机的机械特性

## 一、三相异步电动机的定子电路与转子电路

### 1. 定子电路的分析

三相异步电动机与变压器的电磁关系类似，定子绕组相当于变压器的原绕组，转子绕组（一般是短接的）相当于副绕组。当定子绕组接上三相电源电压（相电压为 $u_1$）时，则有三相电流通过（相电流为 $i_1$），定子三相电流产生旋转磁场，其磁力线通过定子和转子铁芯而闭合，这磁场不仅在转子每相绕组中要产生感应电动势 $e_1$，而且在定子每相绕组中也要产生感应电动势 $e_2$（实际上三相异步电动机中的旋转磁场是由定子电流和转子电流共同产生的），如图 4-17 所示。定子和转子每相绕组的匝数分别为 $N_1$ 和 $N_2$，图 4-18 为三相异步电动机的一相电路图。

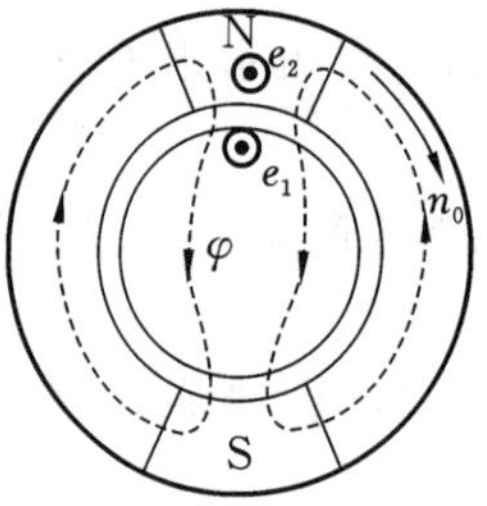


图 4-17　定子和转子电路的感应电势

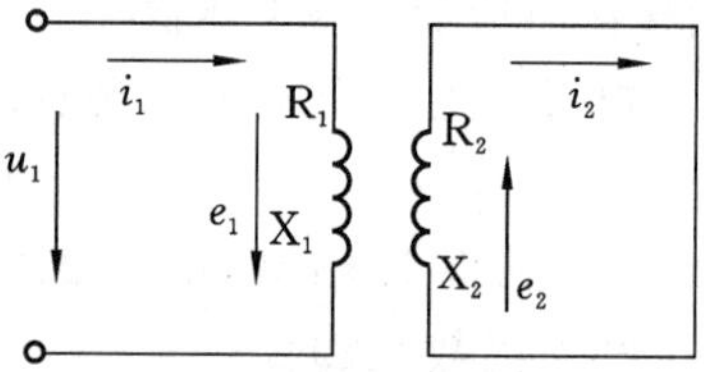


图 4-18　三相异步电动机的一相电路图

旋转磁场的磁感应强度沿定子与转子间空气隙的分布是近于按正弦规律分布的，因此，当其旋转时，通过定子每相绕组的磁通也是随时间的变化而按正弦规律变化的，即 $\varphi_1=\Phi_m\sin\omega t$，其中 $\Phi_m$ 是通过每相绕组的磁通最大值，在数值上等于旋转磁场的每极磁通力，即为空气隙中磁感应强度的平均值与每极面积的乘积。

定子每相绕组中产生的感应电动势为

$$e_1=N_1\frac{\mathrm{d}\varphi_1}{\mathrm{d}t}\tag{4-6}$$

它也是正弦量，其有效值为

$$E_1=4.44Kf_1N_1\Phi\tag{4-7}$$

式中　$f_1$——$e_1$ 的频率；

　　$K$——绕组系数，$K\approx1$，常略去。

因此

$$E_1=4.44f_1N_1\Phi\tag{4-8}$$

因为旋转磁场和定子间的相对转速为 $n_0$，所以

$$f_1=\frac{pn_0}{60}\tag{4-9}$$

它等于定子电流的频率，即 $f_1=f$。

定子电流除产生旋转磁通（主磁通）外，还产生漏磁通$\Phi_{L1}$。该漏磁通只围绕某一相的定子绕组，而与其他相定子绕组及转子绕组不交联。因此，在定子每相绕组中还要产生漏磁电动势 $e_{L1}$，有

$$e_{L1}=-L_{L1}\frac{di_1}{dt} \tag{4-10}$$

变压器原绕组的情况一样，加在定子每相绕组上的电压也分成三个分量，即

$$u_1=i_1R_1+(-e_{L1})+(-e_1)=i_1R_1+L_{L1}\frac{di_1}{dt}+(-e_1) \tag{4-11}$$

如用复数（相量式）表示，则为

$$\dot{U}_1=\dot{I}_1R_1+(-\dot{E}_{L1})+(-\dot{E}_1)=\dot{I}_1R_1+j\dot{I}_1X_1+(-\dot{E}_1) \tag{4-12}$$

式中　$R_1$——定子每相绕组的电阻；

$X_1$——定子每相绕组的漏磁感抗，$X_1=2\pi f_1L_{L1}$。

由于$R_1$ 和 $X_1$（或漏磁通$\Phi_{L1}$）较小，其上电压降与电动势 $E_1$ 常可忽略，于是

$$\dot{U}_1\approx-\dot{E}_1$$

$$U_1\approx E_1 \tag{4-13}$$

**2. 转子电路的分析**

如前所述，异步电动机之所以能转动，是因为定子接上电源后，在转子绕组中产生感应电动势，从而产生转子电流，而这电流同旋转磁场的磁通作用产生电磁转矩。因此，在讨论电动机的转矩之前，必须先弄清楚转子电路中的各个物理量——转子电动势 $e_2$、转子电流 $i_2$、转子电流频率 $f_2$、转子电路的功率因数 $\cos\varphi_2$、转子绕组的感抗 $X_2$ 以及它们之间的关系。

旋转磁场在转子每相绕组中感应出的电动势为

$$e_2=-N_2\frac{d\varphi_1}{dt} \tag{4-14}$$

其有效值为

$$E_2=4.44f_2N_2\Phi \tag{4-15}$$

式中　$f_2$——转子电动势 $e_2$ 或转子电流 $i_2$ 的频率。

因为旋转磁场和转子间的相对转速为 $n_0-n$，所以

$$f_2=\frac{p(n_0-n)}{60}=\frac{n_0-n}{n_0}\frac{pn_0}{60}=Sf_1 \tag{4-16}$$

可见转子频率 $f_2$ 与转差率 $S$ 有关，也就是与转速 $n$ 有关。

在 $n=0$，即 $S=1$（电动机开始启动瞬间）时，转子与旋转磁场间的相对转速最大，转子导体被旋转磁力线切割得最快，所以这时 $f_2$ 最高，即 $f_2=f_1$。异步电动机在额定负载时，$S=1.5\%\sim6\%$，则 $f_2=0.75\sim3$ Hz（$f_1=50$ Hz）。

将式(4-16)代入式(4-15)，得

$$E_2=4.44Sf_1N_2\Phi \tag{4-17}$$

在 $n=0$，即 $S=1$ 时，转子电动势为

$$E_{20}=4.44f_1N_2\Phi \tag{4-18}$$

这时，$f_2=f_1$，转子电动势最大。

由式(4-17)和式(4-18)得出

$$E_2=SE_{20} \tag{4-19}$$

可见转子电动势 $E_2$ 与转差率 $S$ 有关。

和定子电流一样，转子电流也要产生漏磁通 $\Phi_{L2}$，从而在转子每相绕组中还要产生漏磁电动势 $e_{L2}$，有

$$e_{L2}=-L_{L2}\frac{di_2}{dt} \tag{4-20}$$

因此，对于转子每相电路，有

$$e_2=i_2R_2+(-e_{L2})=i_2R_2+L_{L2}\frac{di_2}{dt} \tag{4-21}$$

如用复数表示，则为

$$\dot{E}_2=\dot{I}_2R_2+(-\dot{E}_{L2})=\dot{I}_2R_2+j\dot{I}_2X_2 \tag{4-22}$$

式中　$R_2$，$X_2$——转子每相绕组的电阻、漏磁感抗。

$X_2$ 与转子频率 $f_2$ 有关，即

$$X_2=2\pi f_2L_{L2}=2\pi Sf_1L_{L2} \tag{4-23}$$

在 $n=0$，即 $S=1$ 时，转子感抗为

$$X_{20}=2\pi f_1L_{L2} \tag{4-24}$$

这时 $f_2=f_1$，转子感抗最大。

由式(4-23)和式(4-24)得出

$$X_2=SX_{20} \tag{4-25}$$

可见转子感抗 $X_2$，与转差率 $S$ 有关。

转子每相电路的电流可由式(4-22)得出，即

$$I_2=\frac{E_2}{\sqrt{R_2^2+X_2^2}}=\frac{SE_{20}}{\sqrt{R_2^2+(SX_{20})^2}} \tag{4-26}$$

可见，转子电流 $I_2$ 也与转差率 $S$ 有关。当 $S$ 增大，即转速 $n$ 降低时，转子与旋转磁场间的相对转速 $n_0-n$ 增加，转子导体被磁力线切割的速度提高，于是 $E_2$ 增加，$I_2$ 也增加。$I_2$ 和 $\cos\varphi_2$ 与 $S$ 的关系可用图 4-19 所示的曲线表示。当 $S=0$，即 $n_0-n=0$ 时，$I_2=0$；当 $S$ 很小时，$R_2\gg SX_{20}$，$I_2\approx\frac{SE_{20}}{R_2}$，即与 $S$ 近似成正比；当 $S$ 接近于 1 时，$SX_{20}\gg R_2$，$I_2\approx\frac{E_{20}}{X_{20}}$为常数。

由于转子有漏磁通 $\Phi_{L2}$ 为 $X_2$，因此 $I_2$ 比 $E_2$ 滞后 $\varphi_2$ 角，因而转子电路的功率因数为

$$\cos\varphi_2=\frac{R_2}{\sqrt{R_2^2+X_2^2}}=\frac{R_2}{\sqrt{R_2^2+(SX_{20})^2}} \tag{4-27}$$

它也与转差率 $S$ 有关。当 $S$ 很小时，$R_2\gg SX_{20}$，$\cos\varphi_2\approx1$；当 $S$ 增大时，$X_2$ 也增大，

于是 $\cos\varphi_2$ 减小；当 $S$ 接近 1 时，$\cos\varphi_2 \approx R_2/X_{20}$。$\cos\varphi_2$ 与 $S$ 的关系也表示在图 4-19中。

由上可知，转子电路的各个物理量，如电动势、电流、频率、感抗及功率因数等都与转差率有关，亦即与转速有关。

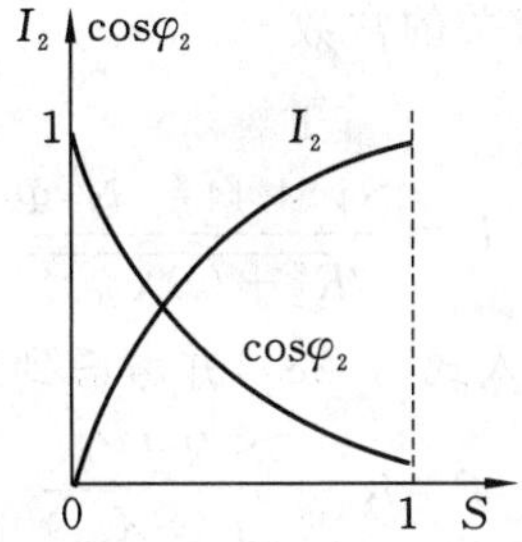


**图 4-19**　$I_2$ 和 $\cos\varphi_2$ 与转差率 $S$ 的关系

## 二、三相异步电动机的转矩

三相异步电动机的转矩是由旋转磁场的每极磁通 $\Phi$ 与转子电流 $I_2$ 相互作用而产生的，它与 $\Phi$ 和 $I_2$ 的乘积成正比。此外，它还与转子电路的功率因数 $\cos\varphi_2$ 有关，图 4-20 所示为 $\cos\varphi_2$ 对转矩的影响。图 4-20(a)所示是假设转子感抗与其电阻相比可以忽略不计，即 $\cos\varphi_2=1$ 的情况，在图中旋转磁场用虚线所示的磁极表示，根据右手定则不难确定转子导体中感应电动势 $e_2$ 的方向(用外层记号表示)。在这种情况下，$\dot{I}_2$ 与 $\dot{E}_2$ 同相，所以，$i_2$ 的方向(用内层的记号表示)与 $e_2$ 的方向一致，再应用左手定则确定转子各导体受力的方向。如图 4-20 所示，在 $\cos\varphi_2=1$ 的情况下，所有作用于转子导体的力将产生同一方向的转矩。

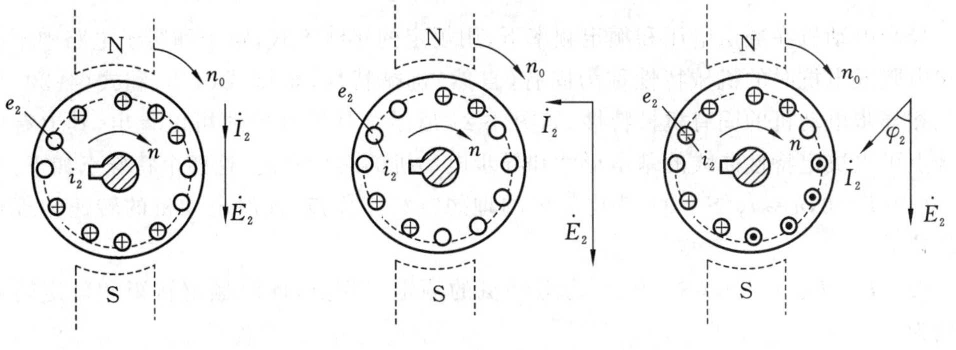


**图 4-20**　$\cos\varphi_2$ 对转矩的影响

(a) $\cos\varphi_2=1$；(b) $\cos\varphi_2=0$；(c) $\cos\varphi_2<1$

图 4-20(b)所示是假设转子电阻与其感抗相比可以忽略不计，即 $\cos\varphi_2=0$ 的情况，这时 $\dot{I}_2$ 比 $\dot{E}_2$ 滞后 90°。由图可见，在这种情况下，作用于转子各导体的力正好互相抵消，转矩为零。

图 4-20(c)所示是实际情况，电流 $\dot{I}_2$ 比电动势 $\dot{E}_2$ 滞后 $\varphi_2$，即 $\cos\varphi_2<1$。这时，各导体受力的方向不尽相同，在同样的电流和旋转磁通之下，产生的转矩较 $\cos\varphi_2=1$ 时的小。由此可以得出

$$T=K_T\Phi I_2\cos\varphi_2 \tag{4-28}$$

式中 $K_T$——仅与电动机结构有关的常数。

将式(4-18)代入式(4-26)得

$$I_2=\frac{S\times4.44f_1N_2\Phi}{\sqrt{R_2^2+(SX_{20})^2}} \tag{4-29}$$

再将式(4-29)和式(4-27)代入式(4-28)，并考虑到式(4-8)和式(4-13)，则得出转矩

$$T=K\frac{SR_2U^2}{R_2^2+(SX_{20})^2} \tag{4-30}$$

式中 $K$——与电动机结构参数、电源频率有关的一个常数，$K\propto1/f_1$；

$U$——电源电压；

$R_2$——转子每相绕组的电阻；

$X_{20}$——电动机不动($n=0$)时转子每相绕组的感抗。

## 三、三相异步电动机的机械特性

式(4-30)所表示的电磁转矩 $T$ 与转差率 $S$ 的关系 $T=f(S)$ 通常称为 $T$-$S$ 曲线。

在异步电动机中，转速 $n=(1-S)n_0$。为了符合习惯画法，可将 $T$-$S$ 曲线换成转速与转矩之间的关系 $n$-$T$ 曲线，即 $n=f(T)$ 称为异步电动机的机械特性。它有固有机械特性和人为机械特性之分。

### 1. 固有机械特性

异步电动机在额定电压和额定频率下，用规定的接线方式，定子和转子电路中不串联任何电阻或电抗时的机械特性称为固有（自然）机械特性，根据式(4-5)和式(4-30)可得到三相异步电动机的固有机械特性，如图 4-21 所示。从特性曲线可以看出，其上有四个特殊点可以决定特性曲线的基本形状和异步电动机的运行性能，这四个特殊点如下。

(1) $T=0$，$n=n_0(S=0)$，为电动机的理想空载工作点，此时电动机的转速为理想空载转速 $n_0$。

(2) $T=T_N$，$n=n_N(S=S_N)$，为电动机的额定工作点，此时额定转矩和额定转差率分别为

$$T_N=9.55\frac{P_N}{n_N} \tag{4-31}$$

$$S_N=\frac{n_0-n_N}{n_0} \tag{4-32}$$

式中 $P_N$——电动机的额定功率；

$n_N$——电动机的额定转速，$n_N=(0.94\sim0.985)n_0$；

$S_N$——电动机的额定转差率，$S_N=0.06\sim0.015$；

$T_N$——电动机的额定转矩。

(3) $T=T_{st}$，$n=0(S=1)$，为电动机的启动工作点。

将 $S=1$ 代入式(4-30)，可得

$$T_{st}=K\frac{R_2U^2}{R_2^2+X_{20}^2} \tag{4-33}$$

可见，异步电动机的启动转矩 $T_{st}$ 与 $U$、$R$ 及 $X_{20}$ 有关。当施加在定子每相绕组上的电压 $U$ 降低时，启动转矩会明显减小；当转子电阻适当增大时，启动转矩会增大；而转子电抗增大时，启动转矩则会大为减小，这是我们所不需要的。通常把在固有机械特性上启动转矩与额定转矩之比 $\lambda_{st}=T_{st}/T_N$ 作为衡量异步电动机启动能力的一个重要数据，一般 $\lambda_{st}=1.0\sim1.2$。

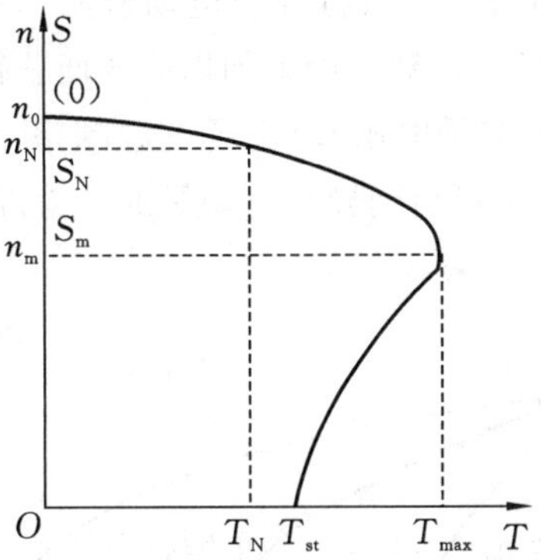


**图 4-21　异步电动机的固有机械特性**

(4) $T=T_{max}$，$n=n_m(S=S_m)$，为电动机的临界工作点。欲求转矩的最大值，可由式(4-30)令 $dT/dS=0$，而得临界转差率为

$$S_m=R_2/X_{20} \tag{4-34}$$

再将 $S_m$ 代入式(4-30)，即可得

$$T_{max}=K\frac{U^2}{2X_{20}} \tag{4-35}$$

从式(4-34)和式(4-35)可看出：最大转矩 $T_{max}$ 的大小与定子每相绕组上所加电压 $U$ 的二次方成正比，这说明异步电动机对电源电压的波动是很敏感的。电源电压过低，会使轴上输出转矩明显下降，甚至小于负载转矩，而造成电动机停转。最大转矩 $T_{max}$ 的大小与转子电阻 $R_2$ 的大小无关，但临界转差率 $S_m$ 却正比于 $R_2$，这对线绕式异步电动机而言，在转子电路中串接附加电阻，可使 $S_m$ 增大，而 $T_{max}$ 却不变。

异步电动机在运行中经常会遇到短时冲击负载，如果冲击负载转矩小于最大电磁转矩，电动机仍然能够运行，而且电动机短时过载也不会引起剧烈发热。通常把在固有机械特性上最大电磁转矩与额定转矩之比

$$\lambda_m=T_{max}/T_N \tag{4-36}$$

称为电动机的过载能力系数。它表征了电动机能够承受冲击负载的能力大小，是电动机

的又一个重要运行参数。各种电动机的过载能力系数在国家标准中有规定，如普通的 Y 系列笼形异步电动机的 $\lambda_m=2.0\sim2.2$，供起重机械和冶金机械用的 YZ 和 YZR 型绕线异步电动机的 $\lambda_m=2.5\sim3.0$。

在实际应用中，用式(4-30)计算机械特性非常麻烦，如把它化成用 $T_{max}$ 和 $S_m$ 表示的形式，则方便多了。为此，用式(4-30)除以式(4-33)，并代入式(4-34)，经整理后就可得到

$$T=2T_{max}\Big/\left(\frac{S}{S_m}+\frac{S_m}{S}\right) \tag{4-37}$$

式(4-37)为转矩-转差率特性的实用表达式，也叫规格化转矩-转差率特性。

**2. 人为机械特性**

由式(4-30)知，异步电动机的机械特性与电动机的结构参数有关，也与外加电源电压、电源频率有关，将关系式中的参数人为地加以改变而获得的特性称为异步电动机的人为机械特性(图 4-22)，即改变定子电压 $U$、定子电源频率 $f$、定子电路串入电阻或电抗、转子电路串入电阻或电抗等，都可得到异步电动机的人为机械特性。

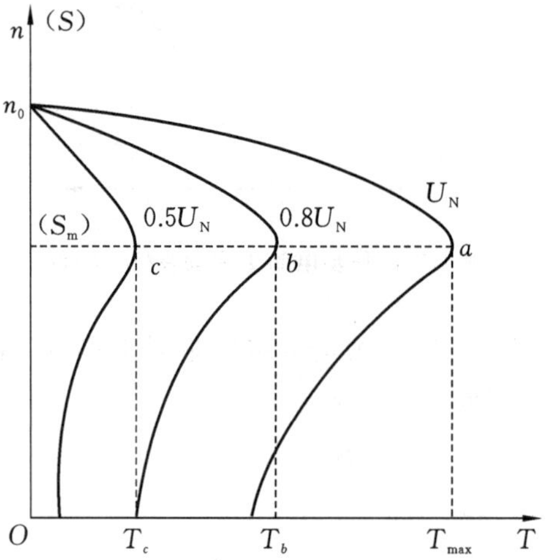


**图 4-22　改变电源电压时的人为特性**

1) 降低电动机电源电压时的人为机械特性

由式(4-4)、式(4-34)和式(4-35)可以看出，电压 $U$ 的变化对理想空载转速 $n_0$ 和临界转差率 $S_m$ 不产生影响，但最大转矩 $T_{max}$ 与 $U^2$ 成正比，当降低定子电压时，$n_0$ 和 $S_m$ 不变，而 $T_{max}$ 大大减小。在同一转差率情况下，人为机械特性与固有机械特性的转矩之比等于相对应电压的二次方之比。因此在绘制降低电压的人为机械特性时，是以固有机械特性为基础，在不同的 $S$ 处，取固有机械特性上对应的转矩乘以降低电压与额定电压比值的二次方，即可得到人为机械特性，如图 4-22 所示。当 $U_a=U_N$ 时，$T_a=T_{max}$；当 $U_b=0.8U_N$ 时，$T_b=0.64T_{max}$；当 $U_c=0.5U_N$ 时，$T_c=0.25T_{max}$ 可见，电压愈低，人为机械特性曲线愈往左移。异步电动机对电网电压的波动非常敏感，运行时，如电压降低太多，它的

过载能力与启动转矩会大大降低,电动机甚至会发生带不动负载或者根本不能启动的现象。例如,电动机运行在额定负载 $T_N$ 下,即使 $\lambda_m=2$,若电网电压下降到 $70\%U_N$,则由于这时

$$T_{max}=\lambda_m T_N\left(\frac{U}{U_N}\right)^2=2\times0.7^2T_N=0.98T_N$$

电动机也会停止转动。此外,电网电压下降,在负载转矩不变的条件下,将使电动机转速下降,转差率 $S$ 增大,电流增大,引起电动机发热甚至被烧坏。

2) 定子电路串接电阻或电抗时的人为机械特性

在电动机定子电路中串接电阻或电抗后,电动机端电压为电源电压减去定子串接电阻上或电抗上的压降,致使定子绕组相电压降低,这种情况下的人为机械特性与降低电源电压时的相似,如图 4-23 所示。图中,实线 1 为降低电源电压的人为机械特性,虚线 2 为定子电路串接电阻$R_{1s}$或电抗 $X_{1s}$的人为机械特性。可以看出,定子串入$R_{1s}$或 $X_{1s}$后的最大转矩要比直接降低电源电压时的最大转矩大一些,这是因为随着转速的上升和启动电流的减小,在$R_{1s}$或 $X_{1s}$上的压降减小,加到电动机定子绕组上的端电压自动增大,致使最大转矩较大;而降低电源电压的人为机械特性在整个启动过程中,定子绕组的端电压是恒定不变的。

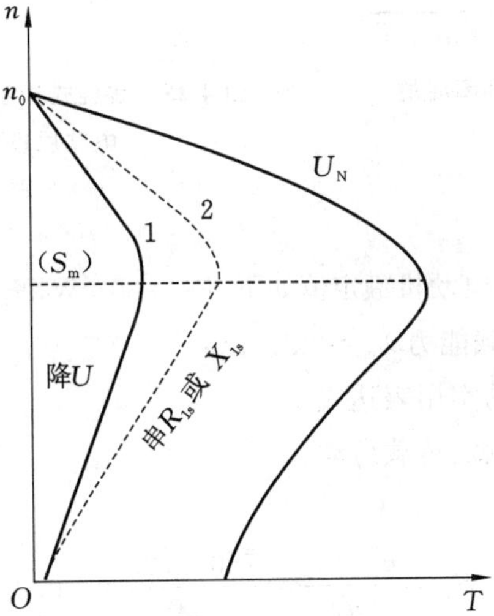


**图 4-23 定子电路串接电阻或电抗时的人为机械特性**

3) 改变定子电源频率时的人为机械特性

改变定子电源频率 $f$ 对三相异步电动机机械特性的影响是比较复杂的,下面仅定性地分析 $n=f(T)$的近似关系。根据式(4-4)、式(4-33)和式(4-35),并注意到上列式中 $X_{20}\propto f$,$K\propto 1/f$,且一般变频调速采用恒转矩调速,即希望最大转矩 $T_{max}$保持为恒值,为此在改变频率 $f$ 的同时,电源电压 $U$ 也要做相应的变化,使 $U/f$ 等于常数,这实质上是使电动机气隙磁通保持不变。在上述条件下就存在 $n_0\propto f$,$S_m\propto 1/f$,$T_{st}\propto 1/f$ 和 $T_{max}$

不变的关系，即随着频率的降低，理想空载转速 $n_0$ 要减小，临界转差率要增大，启动转矩要增大，而最大转矩基本维持不变，如图 4-24 所示。

4）转子电路串接电阻时的人为机械特性

在三相绕线异步电动机的转子电路中串接电阻$R_{2r}$[图 4-25(a)]后，转子电路中的电阻为$R_2+R_{2r}$。由式(4-5)、式(4-34)和式(4-35)可看出，$R_{2r}$的串接对理想空载转速 $n_0$、最大转矩 $T_{max}$没有影响，但临界转差率$S_m$ 则随着$R_2$ 的增大而增大，此时的人为机械特性将是比固有机械特性更软的一条曲线，如图 4-25(b)所示。

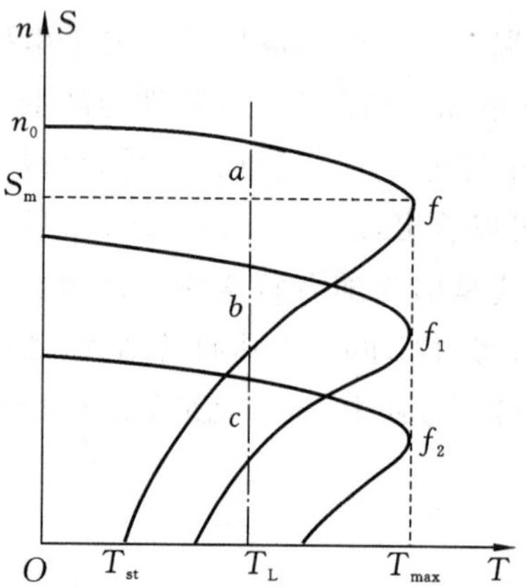


**图 4-24　改变定子电源频率时的人为机械特性**

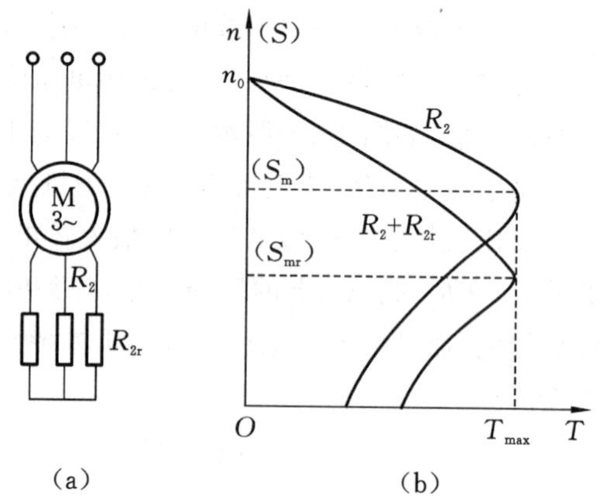


**图 4-25　线绕式异步电动机转子电路串电阻时的电路原理图和人为机械特性**

(a)原理接线图；(b)机械特性

**例 4-2**　一台三相异步电动机额定值如下，$P_N=30$ kW，$U_N=380$ V，$n_N=725$ r/min，理想空载 $n_1=750$ r/min，过载能力 $\lambda_m=2.2$。求：

(1) 电动机机械特性的实用表达式；

(2) 电动机能否带动额定负载启动。

**解**　(1) 额定转差率

$$S_N=\frac{n_1-n_N}{n_1}=\frac{750-725}{750}=0.033$$

额定转矩

$$T_N=9.55\frac{P_N}{n_N}=9.55\times\frac{30000}{725}=395\ (\text{N}\cdot\text{m})$$

最大转矩

$$T_{max}=\lambda_m T_N=2.2\times395=869\ (\text{N}\cdot\text{m})$$

临界转差率

$$S_m=S_N(\lambda_m+\sqrt{\lambda_m^2-1})=0.033\times(2.2+\sqrt{2.2^2-1})=0.137$$

机械特性的实用表达式

$$T=\frac{2T_{max}}{\frac{S}{S_m}+\frac{S_m}{S}}=\frac{2\times 869}{\frac{S}{0.137}+\frac{0.137}{S}}=\frac{1738}{\frac{S}{0.137}+\frac{0.137}{S}}$$

(2) 电机开始启动时，$S=1$ 代入实用表达式

$$T_{st}=\frac{1738}{\frac{1}{0.137}+\frac{0.137}{1}}=234\ \mathrm{N\cdot m}$$

因为 $T_{st}<T_N$，故电机不能带额定负载启动。

# 第四节　三相异步电动机的启动特性

三相异步电动机的启动是指电动机接通电源后，从静止状态加速到某一稳定转速的过程。电动机在启动的瞬间，因为转子转速 $n=0$，转差率 $S=1$，所以在转子导体上产生的感应电动势和感应电流是最大的，定子电流也最大，可达到额定值的 4～7 倍，即

$$\frac{I_{1st}}{I_N}=4\sim 7 \tag{4-38}$$

异步电动机启动时，过大的启动电流将产生不良影响，主要有两个方面：

(1) 产生较大的线路压降使电网电压波动过大，影响电网上其他用电设备的正常运行。

(2) 对那些惯性较大、启动时间较长或较频繁的电动机来说，过大的启动电流会使电动机绕组绝缘过热而老化，缩短电动机的使用寿命。

因此，对异步电动机启动性能有如下要求：

(1) 具有足够大的启动转矩 $T_{st}$，以保证生产机械能够正常地启动；

(2) 在保证一定大小的启动转矩的前提下，电动机的启动电流 $I_{1st}$ 越小越好；

(3) 启动设备力求结构简单，运行可靠，操作方便；

(4) 启动过程的能量损耗越小越好，启动时间越短越好。

以上启动性能中最主要的要求是在启动电流比较小的情况下得到较大的启动转矩，因为启动转矩小会延长启动时间。

## 一、异步电动机的固有启动特性

如果电动机不采取措施直接接入电源启动，称为直接启动，这时的启动特性称为固有启动特性，主要指标有启动电流和启动转矩。启动电流 $I_{1st}$ 可根据式(4-26)计算。略去励磁电流，令 $S=1$ 得

$$I_{1st}=\frac{U_1}{\sqrt{(R_1+R_2)^2+(X_1+X_2)^2}} \tag{4-39}$$

虽然启动电流大，但启动转矩却不大，启动转矩 $T_{st}=(0.9\sim 1.3)T_N$。这是因为启动时功率因数 $\cos\varphi_2$ 很低，大约在 0.2 左右；另一方面，$I_{1st}$ 大，定子漏阻抗压降大，电动势 $E_1$

减小，主磁通$\Phi_m$要相应减小，由机械特性的参数表达式$T=K_T\Phi_m I_2\cos\varphi_2$可知启动转矩并不大。综上所述，异步电动机的固有启动特性并不理想。

从式(4-33)及式(4-39)可见，如适当增加转子电阻，可以减小启动电流，增大启动转矩，改善启动特性。在绕线转子异步电动机的转子回路中能够通过集电环接入附加电阻，因此，绕线转子异步电动机的启动特性比笼形异步电动机的启动特性要好，在既要求限制启动电流又要求有较大启动转矩的场合，通常采用绕线转子异步电动机。笼形异步电动机转子回路无法外接附加电阻，考虑到运行效率，转子电阻也不能太大。为了改善启动性能又保留笼形电动机的结构优点，可以采用特殊结构形式的转子，深槽式和双笼形电动机就是具有这种特殊结构的笼形电动机。

## 二、笼形异步电动机的启动

### 1. 直接启动(全压启动)

所谓直接启动，就是不需要任何启动设备，利用刀开关或接触器将电动机直接投入具有额定电压的电网。这种启动方法简单，但启动电流大。

一般规定，额定功率低于 7.5 kW 的三相异步电动机允许直接启动；在用电单位有独立变压器且电动机容量小于变压器容量的 20%时，也允许直接启动。允许启动的电动机功率，应当根据具体条件和有关要求，在保证安全的条件下确定。随着电网容量的增大和电机制造工艺的发展，允许直接启动的电动机功率还将不断提高。一般可按经验公式判断，即

$$\frac{I_{st}}{I_N}\leqslant\frac{3}{4}+\frac{\text{共用变压器容量}}{4\times\text{启动电动机额定功率}} \tag{4-40}$$

式中 $I_{st}$——电动机的启动电流；

$I_N$——电动机的额定电流。

满足式(4-40)的，就可以直接启动，否则就要采取其他措施。

**例 4-3** 有一台要求经常启动的笼形异步电动机，其$P_N=20$ kW，$I_{st}/I_N=6.5$，如果供电变压器(电源)容量为 560 kV·A，且有照明负载，问可否直接启动？同样的$I_{st}/I_N$比值，功率为多大的电动机则不允许直接启动？

**解** 因为没有独立的变压器供电，且电动机经常启动，故应按经验公式计算来确定启动方法。根据经验公式算出

$$\frac{3}{4}+\frac{560}{4\times 20}=7.75\geqslant\frac{I_{st}}{I_N}=6.5$$

满足上述关系，故允许直接启动。

由$6.5\leqslant\frac{3}{4}+\frac{560}{4\times P_N}$可算出，额定功率大于 24 kW 的电动机不允许直接启动。

笼形异步电动机直接启动的经验数据见表 4-1。

**表 4-1　鼠笼式异步电动机直接启动的经验数据**

| 供电方式 | 电动机的启动情况 | 供电网络上允许的电压降 | 供电变压器容量/(kV·A) | | | | | |
|---|---|---|---|---|---|---|---|---|
| | | | 100 | 180 | 320 | 560 | 750 | 1000 |
| | | | 直接启动电动机的最大功率/kW | | | | | |
| 动力与照明混合 | 经常启动 | 2% | 4.2 | 7.5 | 13.3 | 23 | 31 | 42 |
| | 不经常启动 | 4% | 8.4 | 15 | 27 | 47 | 62 | 84 |
| 动力专用 | — | 10% | 21 | 37 | 66 | 116 | 155 | 210 |

直接启动因无须附加启动设备，且操作和控制简单、可靠，所以，在条件允许的情况下应尽量采用，考虑到目前在大中型厂矿企业中，变压器容量已足够大，因此，绝大多数中、小型笼形异步电动机都采用直接启动。

**2. 减压启动**

所谓减压启动，是利用启动设备将电压适当减小后，加到电动机定子绕组上进行启动，待电动机启动完毕后，再使电压恢复到额定值。减压启动电流随电压降低成正比例减小，但启动转矩随电压降低成二次方减小，所以减压启动只适用于空载或轻载下启动的电动机。异步电动机减压启动的方法主要有：自耦变压器减压启动、星-三角（Y-△）减压启动和在定子电路中串电阻（或电抗）减压启动。

（1）自耦变压器减压启动

图 4-26 所示为自耦变压器减压启动电路。电动机启动时，将开关 KM2 放在启动位置，由变压器的工作原理知，一次电压与二次电压之比 $K_a=u_1/u_2$，启动时加在电动机定子每相绕组的电压是压启动时的 $1/K_a$，电流 $I_2$ 也是全压启动时的 $1/K_a$，即 $I_2=I_{st}/K_a$（$I_2$ 为变压器二次电流，$I_{st}$为全压启动时的启动电流）。而变压器一次电流 $I_1=I_2/K_a=I_{st}/K_a^2$，即此时从电网吸取的电流 $I_1$ 是直接启动时电流 $I_{st}$的 $1/K_a^2$。待电动机转速稳定后，再将开关 KM2 很快转接到工作位置，电压恢复到电源电压，使电动机正常工作。

为了得到不同的启动转矩，自耦变压器二次绕组一般备有几个接头，可以根据容许的启动电流和需要的启动转矩选用。

自耦变压器减压启动的优点是自耦变压器的不同抽头可供不同负载启动时选择，适用于星形或三角形联结的电动机；缺点是体积大、价格高、质量大。

（2）星-三角（Y-△）减压启动

星-三角（Y-△）减压启动只适用于正常工作时定子绕组接成三角形联结的电动机，在启动时，把电动机的三相绕组接成星形联结，当转速接近额定转速时，再把电动机的三相绕组切换成三角形联结。

图 4-27 所示为星-三角（Y-△）减压启动电路。在启动阶段将 KM2 放在星形联结的启动位置，待启动完毕再将开关 KM2 很快转接到三角形联结的运行位置。这样电动机在星形联结启动时，定子绕组相电压降为电源电压的 $1/\sqrt{3}$，故电动机的启动电流为三角形联结时相电流的 $1/\sqrt{3}$，线电流的 1/3，即用星形联结启动时电源供给的启动电流减为

三角形联结直接启动的1/3，达到限制启动电流的目的。但启动转矩也同样地减少到1/3，故此方法不适宜重载启动。

星-三角(Y-△)减压启动的优点是设备简单、价格低；一般做成自动切换，应用极为广泛。

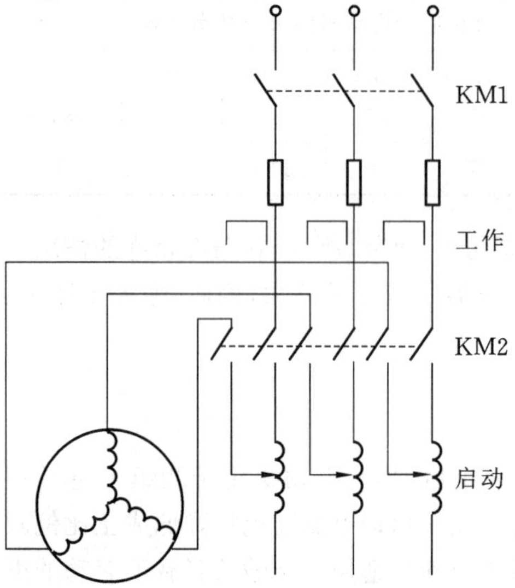


图 4-26　自耦变压器减压启动电路

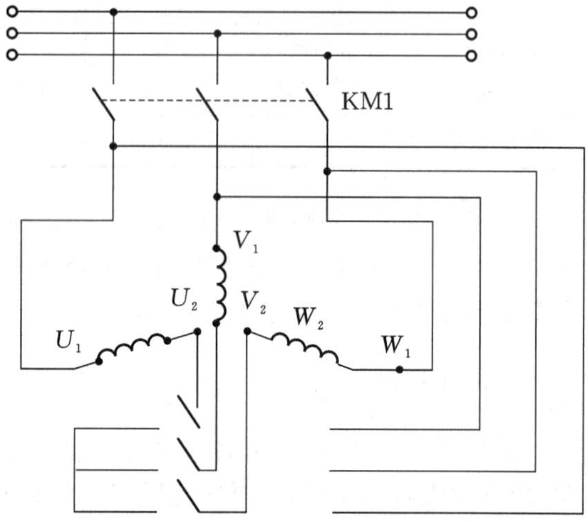


图 4-27　星-三角(Y-△)减压启动电路

(3) 定子电路串电阻(或电抗)减压启动

定子电路串入电阻或电抗器限制启动电流，待转速升高、电流下降后，再除去串接的电阻或电抗器，使电动机在额定电压下工作。这种减压启动方法适用于不频繁启动的电动机。

定子电路串入电阻(或电抗)减压启动，由于在串联电阻上有电能的损耗，一般使用电抗器以减少电能的损耗，但电抗器体积较大且成本较高，本方法已很少使用。

### 3. 各种启动方法的比较和选用

为了便于根据实际要求选择合理的启动方法，现将上述几种常用启动方法的启动电压、启动电流和启动转矩的相对值列于表4-2。

表 4-2　笼形异步电动机几种常用启动方法的比较

| 启动方法 | 启动电压相对值 $U'_{st}/U_N$ | 启动电流相对值 $I'_{st}/I_{st}$ | 启动转矩相对值 $T'_{st}/T_{st}$ | 优缺点 |
|---|---|---|---|---|
| 直接启动 | 1 | 1 | 1 | 启动最简单，但启动电流大，启动转矩小，只适用于小容量轻载启动 |
| 串电阻或电抗减压启动 | $\frac{1}{a}$① | $\frac{1}{a}$ | $\frac{1}{a^2}$ | 启动设备较简单，启动转矩较小，适用于轻载启动 |

续表 4-2

| 启动方法 | 启动电压相对值 $U'_{st}/U_N$ | 启动电流相对值 $I'_{st}/I_{st}$ | 启动转矩相对值 $T'_{st}/T_{st}$ | 优缺点 |
|---|---|---|---|---|
| 自耦变压器减压启动 | $\frac{1}{K_a}$ | $\frac{1}{K_a^2}$ | $\frac{1}{K_a^2}$ | 启动转矩较大，有三种抽头可选，启动设备较复杂，可带较大负载启动 |
| Y-△减压启动 | $\frac{1}{\sqrt{3}}$ | $\frac{1}{3}$ | $\frac{1}{3}$ | 启动设备简单，启动转矩较小，适用于轻载启动，只用于△联结电机 |

注：①表示额定电压与降压后电压的比值。

表中，$U_N$、$I_{st}$和 $T_{st}$为电动机的额定电压、全压启动时的启动电流和启动转矩，其数值可从电机的产品目录中查到；$U'_{st}$、$I'_{st}$和 $T'_{st}$为按各种方法启动时实际加在电动机上的线电压、实际启动电流（对电网的冲击电流）和实际的启动转矩，$a$、$K_a$是全压与减压后的比值。

**例 4-4**　一台三相笼形异步电动机，定子△连接 $P_N=75$ kW，$U_N=380$ V，$n_N=1470$ r/min，$I_{1N}=137.5$ A，过载能力系数 $\lambda_m=2.2$，启动电流倍数 $\lambda_1=6.5$，启动转矩倍数 $\lambda_{st}=1.0$，电动机直接启动时的功率因数 $\cos\varphi_{st}=0.3$，电源容量为 1000 kV·A，若空载启动采用定子串电阻的方法，求每相串入的电阻最少为多大？

**解**　电源允许电动机直接启动的条件是

$$\lambda'_1=\frac{I_{1st}}{I_{1N}}\leqslant\frac{1}{4}\left(3+\frac{\text{电源总容量}}{\text{电动机容量}}\right)=\frac{1}{4}\left(3+\frac{1000}{75}\right)\approx 4$$

从上面可知，电源允许该电动机的启动电流倍数

$$\lambda'_1=I'_{1st}/I_{1N}=4$$

而电动机直接启动的电流倍数

$$\lambda_1=I_{1st}/I_{1N}=6.5$$

定子串电阻减压满足启动电流条件时，对应的 $a$ 为：

$$a=\frac{I_{1st}}{I'_{1st}}=\frac{\lambda_1}{\lambda'_1}=\frac{6.5}{4}=1.625$$

$$z_1=\frac{U_{1N}}{I_{1st}/\sqrt{3}}=\frac{\sqrt{3}U_{1N}}{\lambda_1 I_{1N}}=\frac{\sqrt{3}\times 380}{6.5\times 137.5}=0.736\ (\Omega)$$

$$R_1=z_1\cos\varphi_{st}=0.736\times 0.3=0.221\ (\Omega)$$

$$X_1=z_1\sqrt{1-\cos\varphi_{st}^2}=0.736\times\sqrt{1-0.3^2}=0.702\ (\Omega)$$

$$R_{st}=\sqrt{a^2R_1^2+(a^2-1)X_1^2}-R_1$$

$$=\sqrt{1.625^2\times 0.221^2+(1.625^2-1)\times 0.702^2}-0.221=0.748\ (\Omega)$$

**例 4-5**　一台三相笼形异步电动机，定子△连接 $P_N=75$ kW，$U_N=380$ V，$n_N=1470$ r/min，$I_{1N}=137.5$ A，过载能力系数 $\lambda_m=2.2$，启动电流倍数 $\lambda_1=6.5$，启动转矩倍数 $\lambda_{st}=1.0$，电动机直接启动时的功率因数 $\cos\varphi_{st}=0.3$，电源容量为 1000 kV·A，拟带半载启动，请选择适当的启动方法。

**解** (1) 直接启动。电源允许电动机直接启动的条件是

$$\lambda_1'=\frac{I_{1st}}{I_{1N}}\leqslant\frac{1}{4}\left(3+\frac{电源总容量}{电动机容量}\right)=\frac{1}{4}\left(3+\frac{1000}{75}\right)\approx 4$$

$$\lambda_1=6.5>4$$

故该电机不能直接启动。

(2) 半载,指50%额定负载转矩,尚属轻载,拟用减压启动。

① 定子串电抗(电阻)启动

从例4-4可知,当 $a=1.625$ 时对应的启动转矩为 $T_{st}'$:

$$T_{st}'=\frac{1}{a^2}T_{st}=\frac{1}{a^2}\lambda_{st}T_N=\frac{1}{1.625^2}\times 1\times T_N=0.38T_N<0.5T_N$$

启动转矩不能满足要求,故不能用定子串电抗(或电阻)的启动方法。

② Y-△减压启动

$$I_{1st}'=\frac{1}{3}I_{1st}=\frac{1}{3}\lambda_1 I_{1N}=\frac{1}{3}\times 6.5\times I_{1N}=2.17I_{1N}<4I_{1N}$$

$$T_{st}'=\frac{1}{3}T_{st}=\frac{1}{3}\lambda_{st}T_N=\frac{1}{3}\times 1\times T_N=0.33T_N<0.5T_N$$

启动电流可满足启动要求,而启动转矩不满足,故不能用Y-△减压启动法。

③自耦变压器启动

设选用QJ2系列,其电压抽头为55%、64%、73%。

选用64%一挡抽头时,变比:

$$K_a=1/0.64=1.56$$

$$I_{1st}'=\frac{1}{K_a^2}I_{1st}=\left(\frac{1}{1.56}\right)^2\times 6.5\times I_{1N}=2.66I_{1N}<4I_{1N}$$

$$T_{st}'=\frac{1}{K_a^2}T_{st}=\left(\frac{1}{1.56}\right)^2\times 1\times T_N=0.41T_N<0.5T_N$$

启动转矩不能满足要求。

选用73%一挡抽头时,变比:

$$K_a=\frac{1}{0.73}=1.37$$

$$I_{1st}'=\left(\frac{1}{1.37}\right)^2\times 6.5I_{1N}=3.46I_{1N}<4I_{1N}$$

$$T_{st}'=\left(\frac{1}{1.37}\right)^2\times 1T_N=0.53T_N>0.5T_N$$

根据计算结果,可以选用电压抽头为73%的自耦变压器减压启动。

**例4-6** 有台拖动空气压缩机的鼠笼式异步电动机,$P_N=40$ kW,$\Delta n_N=1465$ r/min,启动电流倍数 $\lambda_1=5.5$,启动转矩倍数 $\lambda_{st}=1.6$,运行条件要求启动转矩必须大于 $0.9T_N$,电网允许电动机的启动电流不得超过 $3.5I_N$,试问应选用何种启动方法。

**解** 按要求,启动转矩的相对值应保证为

$$K_{st}=\frac{T_{st}'}{T_{st}}\geqslant\frac{0.9T_N}{\lambda_{st}T_N}=\frac{0.9}{1.6}=0.56$$

启动电流的相对值应保证为

$$K_a=\frac{I'_{st}}{I_{st}}\leqslant\frac{3.5I_N}{\lambda_1 I_N}=\frac{3.5}{5.5}=0.64$$

只有当自耦变压器降压比为 0.8 时，才可满足以上条件。

## 三、三相绕线转子异步电动机的启动

笼形异步电动机的启动转矩小，启动电流大，因此不能满足某些生产机械需要大启动转矩、低启动电流的要求。绕线异步电动机由于能在转子电路中串电阻，因此具有较大的启动转矩和较小的启动电流，即具有较好的启动特性。在转子电路中串电阻的启动方法常用的有两种：逐级切除启动电阻法和频敏变阻器启动法。

### 1. 逐级切除启动电阻法

采用逐级切除启动电阻的方法，其目的和启动过程与第三章中他励直流电动机采用逐级切除启动电阻的方法相似，主要是为了使整个启动过程中电动机能保持较大的加速转矩。启动过程如下：

如图 4-28(a)所示，启动开始时，触点 KM1，KM2，KM3 均断开，启动电阻全部接入，KM 闭合，将电动机接入电网。电动机的机械特性如图 4-28(b)中曲线Ⅲ所示，初始启动转矩为 $T_A$，加速转矩 $T_{a1}=T_A-T_L$，这里 $T_L$为负载转矩。

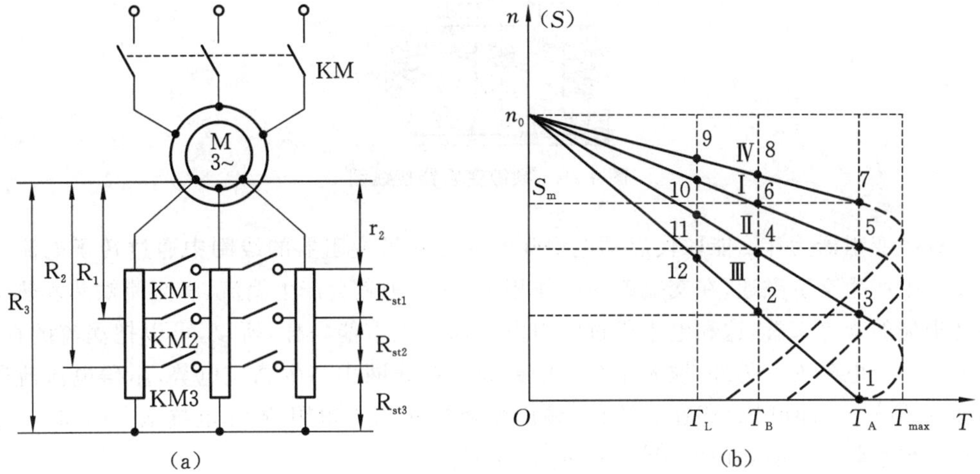


**图 4-28　逐级切除启动电阻的启动过程**

(a) 原理接线图；(b) 启动特性图

在加速转矩的作用下，转速沿曲线Ⅲ上升，轴上输出转矩相应下降，当转矩下降至 $T_B$ 时，加速转矩下降到 $T_{a2}=T_B-T_L$，这时，为了使系统保持较大的加速度，让 KM3 闭合，使各相电阻中的 $R_{st3}$ 被短接(或切除)，启动电阻由 $R_3$减小为 $R_2$，电动机的机械特性曲线由曲线Ⅲ变化到曲线Ⅱ，只要 $R_2$的大小选择合适，并掌握好切除时间，就能保证在电阻刚被切除的瞬间电动机轴上输出转矩重新回升到 $T_A$，即电动机重新获得最大的加速转矩。

以后各段电阻的切除过程与上述相似，直到转子电阻全部被切除，电动机稳定运行在固有机械特性曲线上，即图中曲线Ⅳ上相应于负载转矩 $T_L$的点 9，启动过程结束。

### 2. 频敏变阻器启动法

采用逐级切除启动电阻法来启动绕线式异步电动机时，可以由手动操作“启动变阻器”或“鼓形控制器”来切除电阻，也可以用继电器-接触器自动切换电阻，前者很难满足启动要求，且对提高劳动生产率、减轻劳动强度不利；后者则增加附加设备等费用，且维修较麻烦。因此，单从启动而言，逐级切除启动电阻的方法不是很好。若采用频敏变阻器来启动绕线式异步电动机，则既可自动切除启动电阻，又不需要控制电器。

频敏变阻器实质上是一个铁芯损耗很大的三相电抗器，铁芯由一定厚度的几块实心铁板或钢板叠成，一般做成三柱式，每柱上绕有一个线圈，三相线圈连成星形，然后接到绕线式异步电动机的转子电路中，如图 4-29 所示。

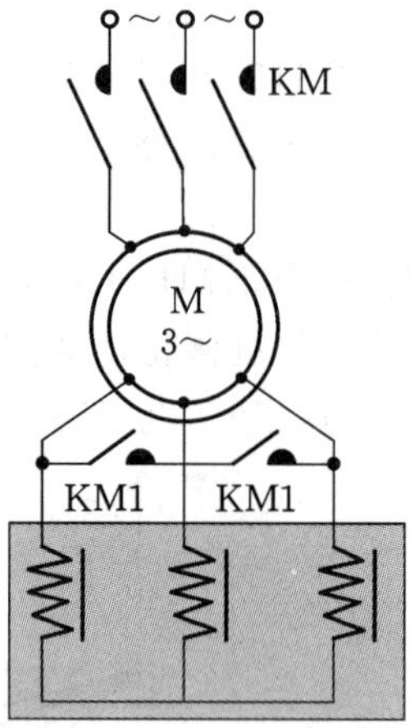


**图 4-29　频敏变阻器接线图**

频敏变阻器为什么能取代启动电阻呢？因在频敏变阻器的线圈中通过转子电流，它在铁芯中产生交变磁通，在交变磁通的作用下，铁芯中就会产生涡流，涡流使铁芯发热，从电能损失的观点来看，这和电流通过电阻发热而损失电能一样，所以，可以把涡流的存在看成是一个电阻 $R$。另外，铁芯中交变的磁通又在线圈中产生感应电势，阻碍电流流通，因而有感抗 $X$（即电抗）存在。所以，频敏变阻器相当于电阻 $R$ 和电抗 $X$ 的并联电路。启动过程中频敏变阻器内的实际电磁过程如下：

启动开始时，$n=0$，$S=1$，转子电流的频率（$f_2=f_1$）高，铁损大（铁损与 $f_2^2$ 成正比），相当于 $R$ 大，且 $X\propto f_2$，所以，$X$ 也很大，即等效阻抗大，从而限制了启动电流。另一方面由于启动时铁损大，频敏变阻器从转子取出的有功电流也较大，从而增大了转子电路的功率因数，增大了启动转矩。

随着转速的逐步上升，转子电流频率 $f_2$ 逐渐下降，从而使铁损减少，感应电势也减小，即由 $R$ 和 $X$ 组成的等效阻抗逐渐减小，这就相当于启动过程中自动逐渐切除电阻和电抗。当转速 $n=n_N$时，$f_2$很小，$R$ 和 $X$ 近似为零，这相当于转子被短路，启动完毕，进入正常运行。

这种电阻和电抗对频率的“敏感”作用，就是“频敏”变阻器名称的由来。

和逐级切除启动电阻的启动方法相比，采用频敏变阻器的主要优点是：具有自动平滑调节启动电流和启动转矩的良好启动特性，且结构简单，运行可靠，无须经常维修。它的缺点是：功率因数低（一般为 0.3～0.8），因而启动转矩的增大受到限制，且不能用作调速电阻。因此，频敏变阻器用于对调速没有什么要求、启动转矩要求不大、经常正反向运转的线绕式异步电动机的启动是比较合适的。它广泛应用于冶金、化工等传动设备上。

我国生产的频敏变阻器系列产品，有不经常启动和重复短时工作制启动的两类，前者在启动完毕后要用接触器 KM 短接（见图 4-29 中虚线所示部分），后者则不需要。

频敏变阻器的铁芯和铁轭间设有气隙，在绕组上留有几组抽头，改变气隙大小和绕组匝数，用以调整电动机的启动电流和启动转矩，匝数少、气隙大时启动电流和启动转矩都大。为了使单台频敏变阻器的体积、质量不要过大，当电动机容量较大时，可以采用多台频敏变阻器串联使用。

## 第五节 三相异步电动机的制动特性

所谓制动，是指使电动机产生的电磁转矩与转子的旋转方向相反。异步电动机拖动生产机械时，经常要求电动机处于制动状态。例如，当切断电动机电源时，要求电动机快速停车；当起重机下放重物时，为了安全，需要控制重物下放速度等。在制动状态下，电动机吸收轴上的机械能，将其转变为电能。

三相异步电动机常用的制动方式有三种：能耗制动、反接制动和反馈制动。现分别对它们进行介绍。

### 一、能耗制动

三相异步电动机的能耗制动的方法是将正在电动状态下运行的电动机的定子绕组在电源断开的同时，换接在一个直流电源上，如图 4-30 所示。直流电源通入定子绕组，在气隙中建立一个静止不动的磁场，而转子由于惯性而继续沿原方向旋转，根据右手定则和左手定则不难断定，这时电磁转矩的方向与电动机转动的方向相反，因而起制动作用。这时转子的动能全部消耗于转子铜耗和铁耗中，故称为能耗制动。

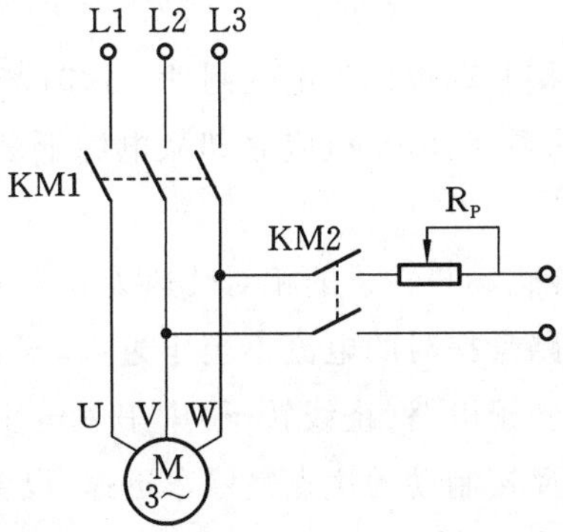


图 4-30 三相异步电动机能耗制动电路

能耗制动的优点是制动较强，能耗低，制动平稳，对电网及机械设备冲击小；缺点是低速时制动力矩也小，不易制停，需要直流电源。直流电源可以用二极管整流供给，三相异步电动机半波整流能耗制动电路如图 4-31 所示。

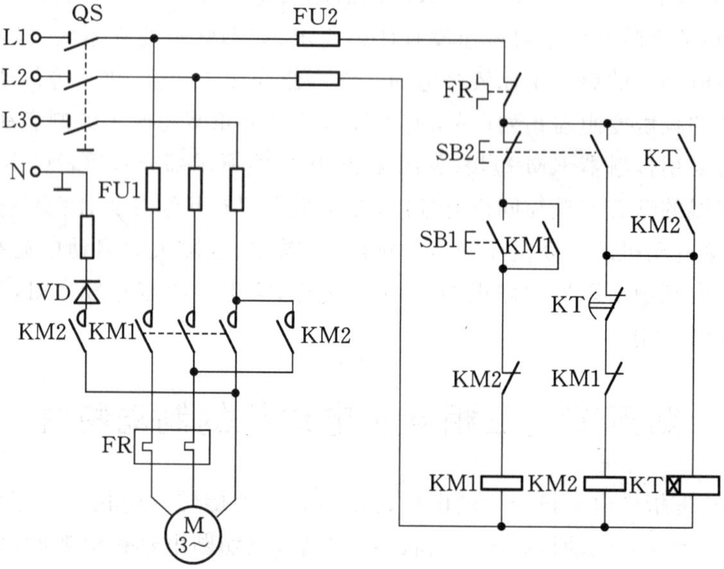


图 4-31　三相异步电动机半波整流能耗制动电路

其制动原理为，KM1 断开后，KM2 闭合，三相异步电动机定子绕组的 V、W 两相流过半波整流电流，变阻器 $R_p$ 可调节电流的大小，制动结束，KM2 也断开。该电路常用于机床设备中。

## 二、反接制动

三相异步电动机的反接制动的方法是把正在运行中的异步电动机三相供电线的任意两相互换改接。此时，由于相序相反，因此磁场的转向也相反，但转子因机械惯性，此时仍按原转向转动。这时的转差率 $S=\frac{-n_0-n}{-n_0}>1$，因此电磁转矩方向与转子相反，电动机工作在电磁制动状态。故反接制动也称为电磁制动。这时产生的电磁制动转矩使转子转速降下来，在转子停止转动的瞬间，电动机应立即从电源上断开，否则它将会向着反方向重新启动。

由于在反接制动时，旋转磁场与转子的相对转速为 $n_0+n$，转差率 $S\approx2$，为了使三相异步电动机相序反接制动电路反接时的电流不至于过大，对功率较大的电动机进行制动时必须在定子电路（笼形）或转子电路（绕线转子）中串入电阻。图 4-32 所示为三相异步电动机相序反接制动电路。反接制动的优点是停车迅速，设备简易；缺点是对电动机及负载冲击大。反接制动一般只用于小型电动机，且不经常停车制动的场合。

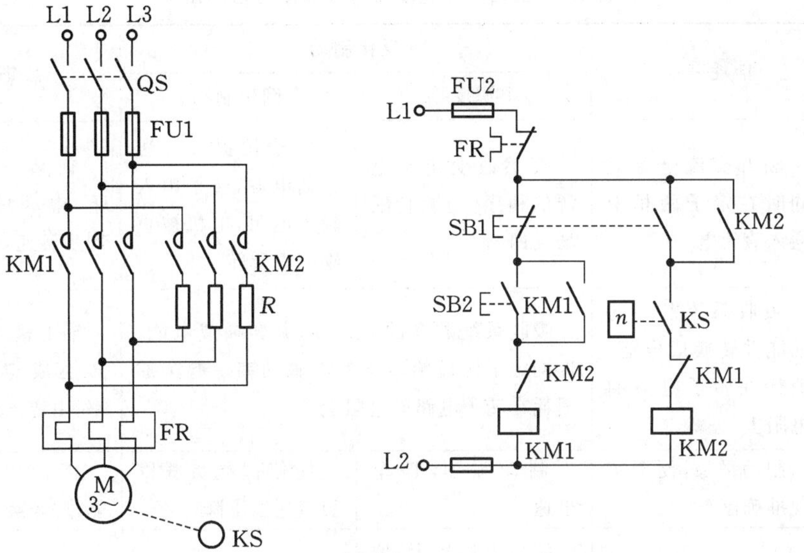


图 4-32　三相异步电动机相序反接制动电路

## 三、反馈制动

所谓反馈制动，是指三相异步电动机转子实际转速超过同步转速的一种制动状态。实现反馈制动的条件是，在电动机轴上的机械能使其转速大于旋转磁场的转速，这时电磁转矩方向与转速相反，电动机处于制动状态。反馈制动又称为再生制动或发电反馈制动。

例如，当起重机下放重物时，转子转向与定子旋转磁场转向相同，在电动机电磁转矩和重物的重力矩双重作用下，重物以越来越快的速度下降，当转子转速由于重力的作用而超过同步转速，即 $n>n_0$ 时，电动机就进入回馈制动状态，电磁转矩改变方向，变为制动转矩，当电磁转矩与重力矩相平衡时，使重物恒速下降，这时将重物下降失去的位能转换成电能反馈给电网。另外，当电动机进行变极调速，从少极数(高速)过渡到多极数(低速)时，电动机也运行于回馈制动状态。

反馈制动的优点是，这种制动不是把转速下降到零，而是使转速受到限制，不需要任何设备装置，还能向电网送电，经济性较好；缺点是只有在不易发生故障的稳定电网电压(电网电压波动不大于 10%)下，才可以采用这种回馈制动方式。因为在回馈制动运行时，若电网电压故障时间大于 2 ms，则可能发生换相失败，损坏器件；另外其控制复杂，成本较高。

以上介绍了三相异步电动机的三种制动方法。为了便于掌握，现将三种制动方法及其能量关系、优缺点以及应用场合作比较，如表 4-3 所示。

表 4-3　三相异步电动机各种制动方法的比较

| 比较 | 能耗制动 | 反接制动 | | 反馈制动 |
|---|---|---|---|---|
| | | 电源反接 | 倒拉制动 | |
| 方法（条件） | 断开交流电源的同时在定子两相中通入直流电 | 突然改变定子电源的相序，使旋转磁场反向 | 定子按提升方法接通电源，转子串入较大电阻，电机被重物拖着反转 | 在某一转矩作用下，电动机转速超过同步转速，即 $n>n_0$ |
| 能量关系 | 吸收系统贮存的动能并转换成电能，消耗在转子电路的电阻上 | 吸收系统贮存的机械能，并转换成电能，连同定子传递给转子的电磁功率一起全部消耗在转子电路的电阻上 | | 轴上输入机械功率转换成定子的电功率，由定子反馈给电网 |
| 优点 | 制动平稳，便于实现准确停车 | 制动强烈，停车迅速 | 能使位能负载以稳定速度下降 | 能向电网反馈电能，比较经济 |
| 缺点 | 制动较慢，需增设一套直流电源 | 能量损耗较大，控制较复杂，不易实现准确停车 | 能量损耗大 | 在 $n<n_0$ 时，不能实现反馈制动 |
| 应用场合 | ①要求平稳、准确停车的场合；②限制位能性负载的下降速度 | 要求迅速停车和要求反转的场合 | 限制位能性负载的下降速度，并在 $n<n_0$ 的情况下采用 | 限制位能性负载的下降速度，并在 $n>n_0$ 的情况下采用 |

# 第六节　三相异步电动机的调速方法与特性

一般来说，三相异步电动机的转速调节性能比直流电动机差，但异步电动机结构简单，运行可靠，应用极为广泛。三相异步电动机的调速方法大致分为如下几种：变转差率调速、变极调速和变频调速三种。

## 一、变转差率调速

三相异步电动机通过改变转差率 $S$ 可以达到调节转子转速的目的，具体调速方法包括改变定子电压调速、转子绕组串电阻调速和电磁滑差离合器调速等。

### 1. 改变定子电压调速

改变定子电压调速又称为变压调速，它适合于笼形异步电动机的调速。电动机的转矩与电压的二次方成正比，对于不同的定子电压，可以得到一组不同的机械特性，如图 4-33 所示。对于恒转矩负载，可得到不同的稳定转速 $n_1$、$n_2$、$n_3$，可见恒转矩负载的调速变化很小，实用价值不大。但是风机、泵类负载转矩与转速的二次方成正比，随着转速的上升，其负载转矩急剧增大，可得 $A$、$B$、$C$ 工作点，调速范围显著。而对于高转子电阻笼形异步电动机，则可得到较宽的调速范围，如图 4-34 所示。但其机械特性太软，低电压时的过载能力也较差，为此常采用带转速负反馈的控制系统来解决转速的稳定问题。

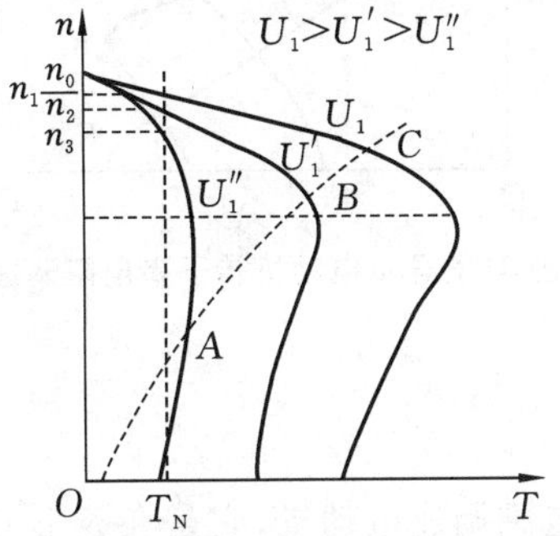


**图 4-33　笼形异步电动机改变定子电压调速的机械特性**

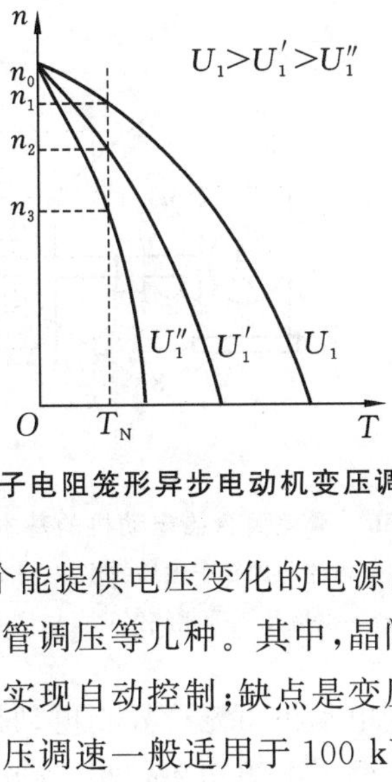


**图 4-34　高转子电阻笼形异步电动机变压调速的机械特性**

变压调速的主要装置是一个能提供电压变化的电源，目前常用的调压方式有串联饱和电抗器、自耦变压器以及晶闸管调压等几种。其中，晶闸管调压方式为最佳。变压调速的优点是变压调速电路简单，易实现自动控制；缺点是变压过程中转差功率以发热形式消耗在转子电阻中，效率较低。变压调速一般适用于 100 kW 以下的生产机械。

**2. 转子绕组串电阻调速**

转子绕组串电阻调速又称为变阻调速，它适合于绕线转子异步电动机的调速。将绕线转子异步电动机转子串入附加电阻，可使电动机的转差率加大，电动机在较低的转速下运行。串入的电阻越大，电动机的转速越低。

图 4-35 所示为绕线转子异步电动机转子串电阻调速的机械特性。由图可知，对应一定的负载转矩，就有不同的转速 $n_1$、$n_2$、$n_3$。它属有级调速，机械特性较软。

转子绕组串电阻调速方式的优点是设备简单、投资少、控制方便；缺点是转差功率以发热的形式消耗在电阻上。该调速方法广泛应用于起重设备中。

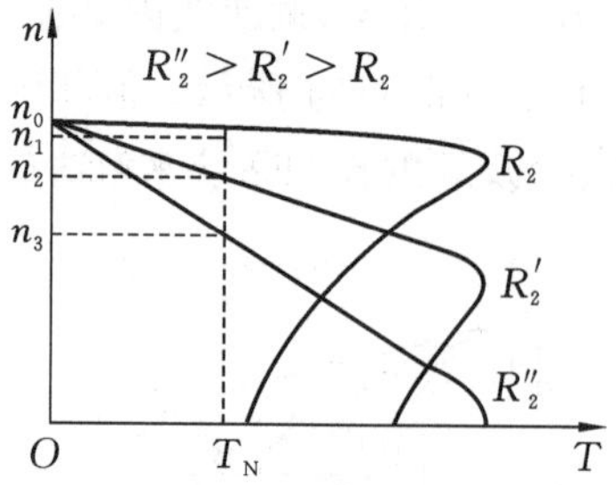


图 4-35 绕线转子异步电动机转子串电阻调速的机械特性

### 3. 电磁滑差离合器调速

滑差离合器电动机又称电磁调速电动机，它是在笼形异步电动机的转子机械轴上装一电磁滑差离合器，通过调节离合器的励磁电流来调节离合器的输出转速，最终实现调速。滑差离合器电动机的基本结构如图 4-36 所示。

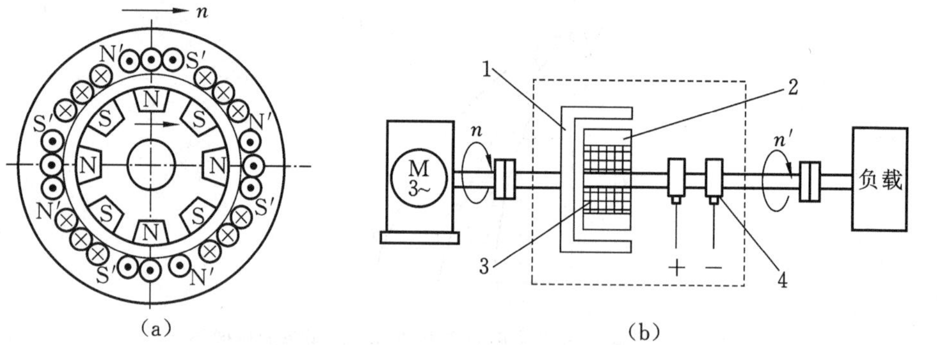


图 4-36 滑差离合器电动机的基本结构

(a) 电枢上产生感应电流与内转子磁场的作用；(b) 滑差离合器示意

1—电枢；2—磁极；3—励磁绕组；4—电刷和集电环

由图 4-36 可见，滑差离合器电动机由笼形异步电动机、电磁滑差离合器和直流励磁电源(控制器)三部分组成。直流励磁电源功率较小，通常由单相半波或全波晶闸管整流器组成，改变晶闸管的导通角，可以改变励磁电流的大小。电磁滑差离合器由电枢和磁极两部分组成。电枢和磁极没有机械联系，都能自由转动。电枢与电动机转子同轴连接，称主动部分，由电动机带动；磁极用联轴节与负载轴对接，称从动部分。通常，电枢是由整块铸铁组成，相当于笼形异步电动机的转子，可以认为是电枢由无数根鼠笼导条并联而成，其内产生涡流；磁极上装有励磁绕组，外加电源通过集电环、电刷可以控制其直流励磁，改变负载转速。

电磁滑差离合器调速的原理如下：当电枢与磁极均为静止时，如励磁绕组通以直流电，则沿气隙圆周表面将形成若干对 N、S 极性交替的磁极，其磁通经过电枢。当电枢随拖动电动机旋转时，电枢与磁极间相对运动，从而使电枢感应产生涡流，此涡流与磁通相互作用产生转矩，带动有磁极的转子按同一方向旋转，但其转速恒低于电枢的转速 $n$，这是一种转差调速方式，变动转差离合器的直流励磁电流，便可改变离合器的输出转矩和转速。

电磁调速电动机的机械特性很软，如图 4-37 所示。在一定励磁电流下，负载稍有波动转速变化就很大，往往满足不了生产机械的要求，为此通常采用测速发电机进行速度负反馈，来控制速度的稳定。当转速降低时，增大直流励磁电流，以保持转速的相对稳定，所以电磁调速异步电动机一般都装有测速发电机。

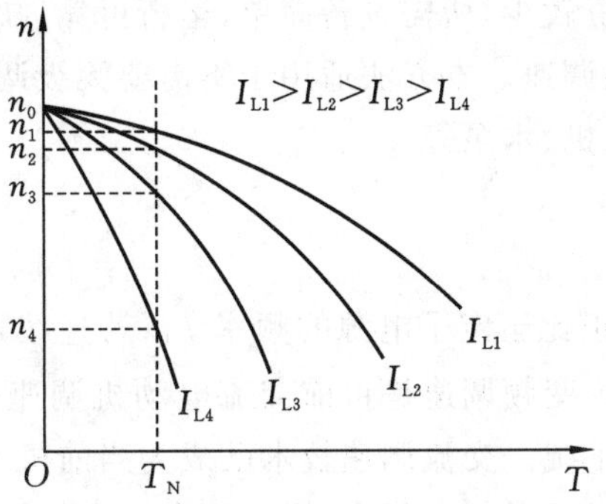


**图 4-37　电磁调速电动机的机械特性**

电磁调速电动机不能长时间低速运行，这是因为滑差离合器是依靠涡流工作的，而涡流使电枢发热，电动机低速运行时，电枢的涡流发热更大，时间过长将烧毁电动机。

电磁调速电动机的优点是装置结构及控制电路简单、运行可靠、维修方便；调速平滑、无级调速。该电动机适用于中小功率、要求短时低速运行的生产机械。

## 二、变极调速

三相异步电动机的变极调速是一种通过改变定子绕组极对数来实现转子转速调节的调速方式。在一定电源频率下，由于同步转速与极对数成反比，因此，改变定子绕组极对数便可以改变转子转速。

原则上，定子可以通过两套独立的绕组来实现极对数的改变。但实际应用中，定子绕组极对数的改变大都是通过一套定子绕组、几种不同的接线方式来实现的，如图 4-38 所示。将定子绕组中每相绕组的两组线圈串联，如图 4-38(a)所示，能产生四极磁场($p=2$)；如果改变成并联绕组，如图 4-38(b)所示，可成为两极磁场($p=1$)。于是，这台电动机有两种速度。

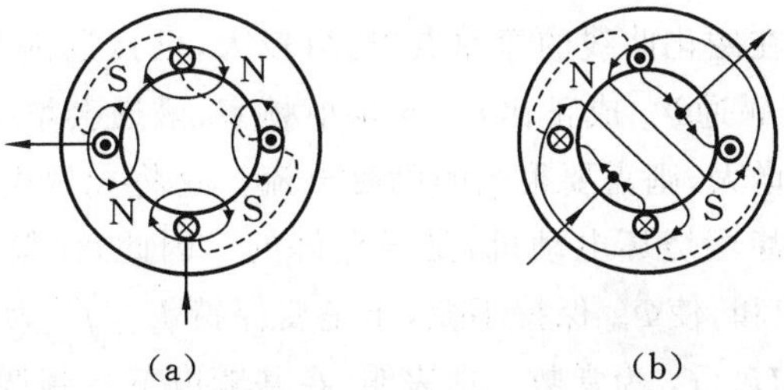


**图 4-38　变极调速**

(a) 四极磁场；(b) 两极磁场

这种磁极对数可以改变的电动机，称为多速电动机。常见的有双速电动机(其规格为4/2、8/4、6/4)和三速电动机(其规格为 8/6/4)等多种形式。当定子绕组变极时，转子绕组也要相应地改接。因此，变极调速只用于笼形异步电动机，因为定子变极时，笼形异步电动机的转子也能做相应的变极；而绕线转子异步电动机的转子绕组极数是固定不变的，所以不能进行变极调速。

变极调速的优点是投资较少，所需设备简单，运行可靠；缺点是电动机绕组引出头多，转速只能成倍变化，为有级调速。本方法适用于不需要无级调速的生产机械，如金属切削机床、升降机、起重设备、风机、水泵等。

## 三、变频调速

异步电动机的转速 $n$ 正比于定子电源的频率 $f_1$，若连续调节定子电源频率 $K$，即可连续地改变电动机的转速。变频调速是目前交流电动机调速的一种主要方法，它在许多方面已经取代了直流调速系统。交流调速技术已成为当前机电传动控制系统研究的主要内容之一。变频调速的方案现在已有很多，下面仅介绍变频调速的基本方法。

### 1. 变压变频调速

变压变频调速适合于基频(额定频率)以下调速。

在基频以下调速时，需要调节电源电压，否则电动机将不能正常运行，其理由如下。

由式(4-12)知，三相异步电动机每相定子绕组的电压方程(相量式)为

$$\dot{U}_1=-\dot{E}_1+\dot{I}_1R_1+\mathrm{j}\,\dot{I}_1X_1=-\dot{E}_1+\dot{I}_1(R_1+\mathrm{j}X_1)=-\dot{E}_1+\dot{I}_1\dot{Z}_1LZ$$

为定子电流在绕组阻抗上产生的电压降。

电动机在额定运行时，$I_1Z_1\ll U_1$，所以有下式：

$$U_1\approx E_1=4.44f_1N_1\Phi_m \tag{4-41}$$

由式(4-41)有

$$\Phi_m\approx\frac{1}{4.44N_1}\frac{U_1}{f_1}=K\frac{U_1}{f_1} \tag{4-42}$$

由于电源电压通常是恒定的，即 $S$ 恒定，可见，当电压频率变化时，磁极下的磁通也将发生变化。

在电动机设计时，为了充分利用铁芯通过磁通的能力，通常将铁芯额定磁通 $\Phi_{mN}$(或额定磁感应强度 $B$)选在磁化曲线的弯曲点(选得较大，已接近饱和)，以使电动机产生足够大的转矩(转矩 $T$ 与磁通 $\Phi_m$ 成正比)。若减小频率，磁通会增大，将使铁芯饱和；当铁芯饱和时，要使磁通再增大，则需要很大的励磁电流。这将导致电动机绕组的电流过大，造成电动机绕组过热，甚至烧坏电动机，是不允许的。因此，比较合理的方案是，当降低 $f_1$ 时，为了防止磁路饱和，使 $\Phi_m$ 保持不变，于是要保持 $E_1/f_1$ 为常数。但因 $E_1$ 难以直接控制，故近似地保持 $U_1/f_1$ 为常数。这表明，在基频以下变频调速时，要实现恒磁通调速，应使电压和频率按比例地配合调节，这相当于直流电动机的调压调速，也称恒压频比控制方式。

**2. 恒压弱磁调速**

恒压弱磁调速适合于基频(额定频率 $f_{1N}$)以上调速。

在基频以上调速时,要按比例升高电压是很困难的。这是因为当频率调节到超过基频(即 $f_1 > f_{1N}$)时,若仍能保持$\Phi_m = \Phi_{mN}$,则电压 $U_1$ 将超过额定电压 $U_m$,而这在电动机的运行中是不允许的(会损坏绝缘层)。因此在基频以上,只好保持电压不变(不超过电动机绝缘要求的额定电压),即 $U_1 = U_m$ 为常数。这时,$f_1$ 越高,$\Phi_m$ 越弱,这相当于直流电动机的弱磁调速,也称恒压弱磁升速控制方式。

把基频以下和基频以上两种情况合起来,可得如图 4-39 所示的异步电动机变频调速控制特性。如果电动机在不同转速下都具有额定电流,则电动机都能在温升允许范围内长期运行。基频以下属于"恒转矩调速",而基频以上基本上属于"恒功率调速"。综上所述,异步电动机的变压变频调速是进行分段控制的:基频以下,采取恒磁恒压频比控制方式;基频以上,采取恒压弱磁升速控制方式。

变频调速时的机械特性 $n = f(T)$ 如图 4-40 所示。

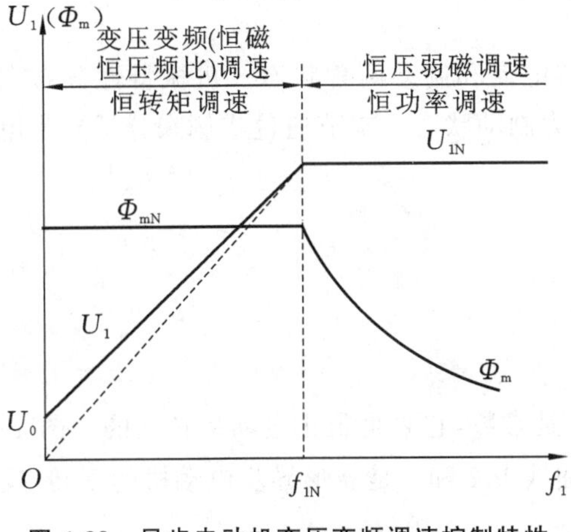


**图 4-39　异步电动机变压变频调速控制特性**

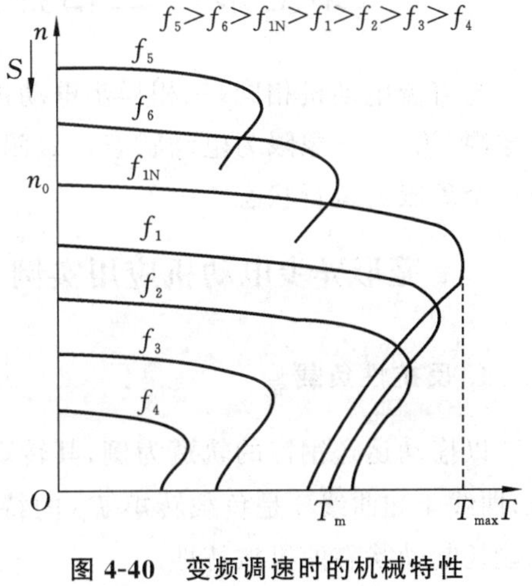


**图 4-40　变频调速时的机械特性**

需要指出的是,上述在基频以下分析的依据$\Phi_m \approx KU_1/f_1$,是在略去 $I_1Z_1$ 的情况下得出的。事实上,在负载不变的情况下,随着 $f_1$ 减小,$U_1$ 将成比例地减小,$I_1Z_1$ 的影响实质上就是 $E_1$ 减小,也就是在$\Phi_m < \Phi_{mN}$条件下,$f_1$ 与 $U_1$ 减小得越多,$I_1Z_1$ 的影响就越大。为了补偿 $I_1Z_1$ 对 $E_1$ 的影响,在减小 $f_1$ 时使 $U_1$ 减小得少一些,也就是相当于用增大 $U_1$ 来补偿 $I_1Z_1$ 的影响,这样 $U_1/f_1$ 就不等于常数了。控制特性 $U_1/f_1$ 曲线将为图 4-39 中 $f < f_{1N}$段的实直线。当然此时机械特性 $n = f(T)$也要做相应的改变。

迄今为止,变频调速所达到的性能指标已能和直流电动机的调速性能媲美,并具有极大的经济效益。其主要优点如下。

(1) 调速范围广。通用变频器的最低工作频率为 0.5 Hz,如额定频率 $f_{1N} = 50$ Hz,则在额定转速以下,调速范围可达到 $D \approx 50/0.5 = 100$。$D$ 实际是同步转速的调节范围,与实际转速的调节范围略有出入。有些变频器的最低工作频率仅为 0.1 Hz,则额定转速以下的调速范围可达到 $D\approx 50/0.1=500$。

(2) 调速平滑性好。在频率给定信号为模拟量时，其输出频率的分辨率大多为 0.05 Hz，以四极电动机（$p=2$）为例，每两挡之间的转速差为

$$\varepsilon_n \approx \frac{60\times 0.05}{2}\ \text{r/min}=1.5\ \text{r/min}$$

如频率给定信号为数字量，则输出频率的分辨率可达 0.002 Hz，每两挡间的转速差为

$$\varepsilon_n \approx \frac{60\times 0.002}{2}\ \text{r/min}=0.06\ \text{r/min}$$

(3) 工作特性（静态特性与动态特性）都能达到和直流调速系统不相上下的程度。

(4) 经济效益高。例如，带风机、水泵等离心式通风型负载的三相交流异步电动机，每年要消耗大量的电力。如果改用变频调速，全国范围内节省的电力将是十分可观的。这也是变频调速技术发展得十分迅速的主要原因之一。

# 第七节　三相异步电动机的四象限运行

与直流电动机相同，三相异步电动机也有电动和制动两种状态。机械特性分布在四个象限，第一、三象限为电动状态，二、四象限为制动状态。本节通过实例来分析异步电动机四个象限的运行状态

## 一、笼形异步电动机应用实例

### 1. 反抗性负载

以拖动运送钢锭的轨道为例，其转矩 $T_L$ 是常数，它总是阻止电动机转动的。图 4-41(a)曲线 4 和曲线 5 是负载转矩 $T_L$ 的特性；曲线 1、2 和 3 是笼形异步电动机的正转、反转和能耗制动状态的机械特性。

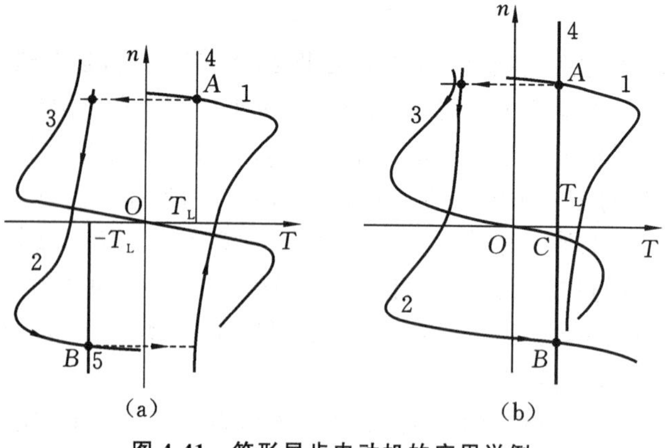


**图 4-41　笼形异步电动机的应用举例**

(a) 反抗性负载；(b) 位能性负载

(1) 快速正反向转辊道在快速来回运送钢锭时，对电动机的要求是：正向启动→恒速正转→快速停转→反向启动→恒速反转→快速停转→重新正向启动……。利用图 4-41(a)正转特性 1 和反转特性 2 就可满足上述要求，工作点 $A$ 和 $B$ 所对应的转速，即为恒定正转和恒定反转时的转速。

(2) 正向转辐道单方向运送钢锭时电动机的要求是：正向启动→恒速转动→快速停转。利用图 4-41(a)的正转特性 1 和能耗制动特性 3 可满足要求；如要求电动机以更快的速度停转，则可利用正转特性 1 和反转特性 2 来实现，为使系统能准确停车，应由自动控制装置配合。

### 2. 位能性负载

图 4-41(b)所示的三条特性曲线和图 4-41(a)的相同，曲线 4 为位能性负载转矩特性曲线。

以起重机提升和下降重物为例。提升重物时，使电动机正转运行，以 $A$ 点转速恒速提升重物。下放重物有两种方法：

(1) 如要求高速下放重物，则将电动机定子两相反接，工作点将沿曲线 2 经反接制动过程、反向电动加速并过负同步转速点后进入回馈制动状态到 $B$ 点，以 $B$ 点转速快速下放重物。

(2) 如果要求低速下放重物，可采用能耗制动方法，即将定子绕组改接直流电源。工作点将沿特性曲线 3，经能耗制动过程到坐标原点，转速下降为零，电动机的电磁转矩也等于零，但此时位能性负载转矩将迫使转子反转，提升变成了下放。工作点由第二象限过渡到第四象限，随着下放转速的升高，能耗制动转矩又逐渐加大。直到 $C$ 点，制动转矩等于位能负载转矩，拖动系统将以 $C$ 点的转速恒速运行，重物则以较低的速度下放。

## 二、绕线转子异步电动机应用实例

### 1. 反抗性负载

绕线转子异步电动机在拖动反抗性负载时，与笼形异步电动机的情况相似，由于绕线转子异步电动机的转子中可串入附加电阻，故机械特性曲线除固有特性外，还有若干条人为特性，电动机相应的工作点也有若干个，以获得不同的运行速度。

### 2. 位能性负载

以桥式起重机提升与下放重物的主钩的拖动系统为例。起重机提升机构的工艺要求是：空钩下放→负载提升→负载下放→空钩提升。"提升"和"下放"都要求有几级速度，所以只能选用转子可串入电阻的绕线转子异步电动机。从图 4-42(a)主电路接线图可知，转子串入四段电阻，对应有四条人为机械特性。曲线 5 为位能性负载转矩特性曲线。

(1) 提升重物

提升重物时，电动机始终处于电动状态。图 4-42(b)中展示了当负载为 $T_L$ 时逐级提升过程的机械特性。逐级提升过程为 $a \to b \to c \to d \to e \to f \to g$(最后稳定运行于 $A$ 点)，

即以 $A$ 点对应的速度提升重物。$b$、$d$、$f$ 各点对应着不同的提升速度。

(2) 下降重物

下降重物时,电动机均处于制动状态。

若下降速度较低,则电动机采用转子反转的反接制动状态。如图 4-42(b)中的 $B$ 点,机械特性曲线 1 对应着转子电路串入所有附加电阻时的人为特性。

若要求以较高速度下放重物,电动机通常都采用回馈制动状态工作。如图 4-42(b)中的 $C$ 点,其对应的转速超过反向的同步转速,转子串入电阻越大,则对应的下降速度越高。$C$ 点是位能负载转矩 5 和反向机械特性曲线 4 的交点。反向机械特性曲线 4 与电动机械特性曲线 4 转子中串入的电阻均为 $A$,只不过前者的定子两相做了反接。

(3) 空钩升降

起重机的主钩不挂重物,则为空钩。提升空钩与提升重物一样,电动机运行于正向电动状态。下放空钩时,因为系统的摩擦力产生的反抗性转矩大于空钩本身的位能转矩,靠空钩本身不能下放。因此,应使电动机运行于反向电动状态,强迫空钩下放。图 4-42(b)中的曲线 6 和 7,分别为空钩提升和空钩下放负载转矩特性曲线。显然,提升空钩和下放空钩的运行工作点分别在第一和第三象限。

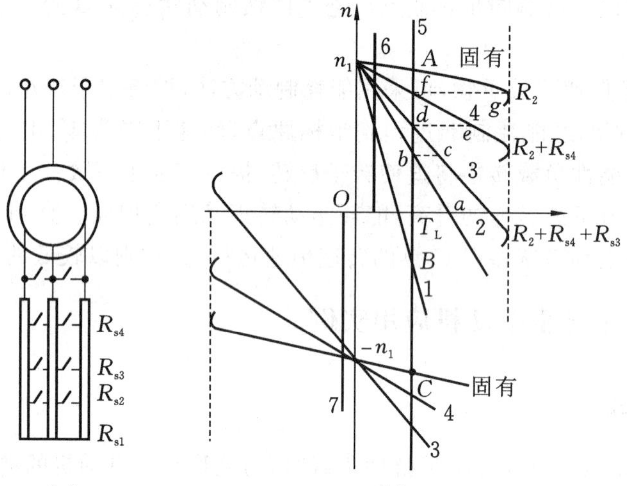


**图 4-42　异步电动机拖动主钩时的应用举例**

(a) 主电路接线图;(b) 机械特性

## 三、绕线转子异步电动机在各运动状态下转子附加电阻的计算

附加电阻计算的目的,是要决定一个适当值的电阻在绕线转子异步电动机的启动、调速及制动时串入转子电路,以保证获得电动机在各种运转状态下所需要的特性。计算的方法是按已知条件,利用机械特性的实用表达式来计算。

计算时要注意在不同运转状态下方程中各参量的正、负符号。

**1. 根据铭牌数据计算异步电动机的有关参数**

（1）额定转差率

$$S_N=\frac{n_1-n_N}{n_1}$$

（2）额定转矩

$$T_N=9.55\frac{P_N}{n_N}$$

（3）固有特性上的临界转差率

$$S_m=S_N(\lambda_T+\sqrt{\lambda_T^2-1})$$

（4）转子绕组每相电阻

$$R_2=\frac{S_N E_{2N}}{\sqrt{3}I_{2N}}$$

式中，$E_{2N}$表示额定转速下，转子的感应电动势；$I_{2N}$表示额定转速下，转子的额定电流。

**2. 计算人为机械特性上的临界转差率$S'_m$**

转子串附加电阻时，最大转矩与固有特性上的最大转矩 $T_{max}$相同，但对应的临界转差率将增大至$S'_m$。人为机械特性的实用式应为

$$T=\frac{2T_{max}}{\frac{S'_m}{S}+\frac{S}{S'_m}}$$

如果已知人为特性上某点 $x$ 的转差率为$S_x$，转矩为 $T_x$，代入式(4-37)即可求得$S'_m$

$$T_x=\frac{2T_{max}}{\frac{S'_m}{S_x}+\frac{S_x}{S'_m}}=\frac{2\lambda_T T_N}{\frac{S'_m}{S_x}+\frac{S_x}{S'_m}}$$

整理后得

$$S'^2_m-\left(\frac{2\lambda_T T_N}{T_x}\right)S_m+S_x^2=0$$

解得

$$S'_m=S_x\left[\frac{\lambda_T T_N}{T_x}\pm\sqrt{\left(\frac{\lambda_T T_N}{T_x}\right)^2-1}\right]$$

式中，$\lambda_T T_N=T_{max}$，其正负号由机械特性所处的象限决定。

**3. 计算转子每相附加电阻 $R$**

临界转差率与转子电阻成正比，所以

$$\frac{S'_m}{S_m}=\frac{R_2+R}{R_2}$$

$$R=R_2\left(\frac{S'_m}{S_m}-1\right)$$

# 第八节　同步电动机

## 一、同步电动机的基本结构

同步电动机的结构也分定子和转子两大基本部分。定子与异步电动机一样，由铁芯、定子绕组（又称电枢绕组，通常是三相对称绕组，并通有对称三相交流电流）、机座以及端盖等主要部件组成。转子则包括主磁极、装在主磁极上的直流励磁绕组、特别设置的鼠笼式启动绕组、电刷以及集电环等主要部件。

同步电动机按转子主磁极的形状分为隐极式和凸极式两种，它们的结构如图 4-43 所示。隐极式转子的优点是转子圆周的气隙比较均匀，适用于高速电动机；凸极式转子呈圆柱形，转子有可见的磁极，气隙不均匀，但制造较简单，适用于低速（转速低于 1000 r/min）运行。

同步电动机中作为旋转部分的转子只通以较小的直流励磁功率（一般为电动机额定功率的 0.3%～2%），故特别适用于大功率高电压的场合。

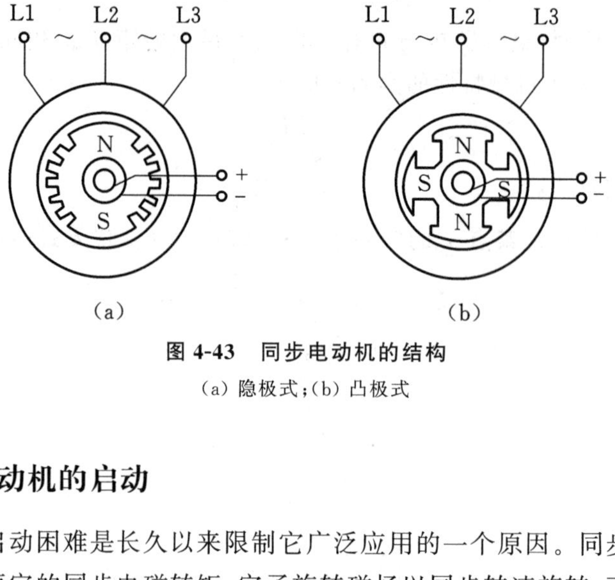


**图 4-43　同步电动机的结构**

（a）隐极式；（b）凸极式

## 二、同步电动机的启动

同步电动机启动困难是长久以来限制它广泛应用的一个原因。同步电动机仅在同步转速时才能产生恒定的同步电磁转矩，定子旋转磁场以同步转速旋转，而转子磁场静止不动，定子、转子磁场之间具有相对运动，所以作用在转子上的电磁转矩快速地正、负交变，平均转矩为零，电动机不能自行启动。上述情况可用图 4-44 来说明。为了清晰起见，图中仅标出 A 相电流。设在启动初瞬间，定子电流和转子磁场的方向如图 4-44(a)所示，则按左手定则，定子导体上将受到一个由右向左的转矩，定子不动，就相当于转子上受到一个自左向右的转矩，但因转子有转动惯量，对于这一转矩尚不能立即响应，可是在半个周期以后启动时，若把定子直接投入电网，转子加上直流励磁，则（即 1/100 s 以后）定子电流方向已反向，如图 4-44(b)所示，转子上就将受到一个由右向左的转矩，如此变化不已，可见转子上受到的平均转矩为零，故同步电动机不能启动。因此，要把同步电动机启动起来，必须借助于其他方法。

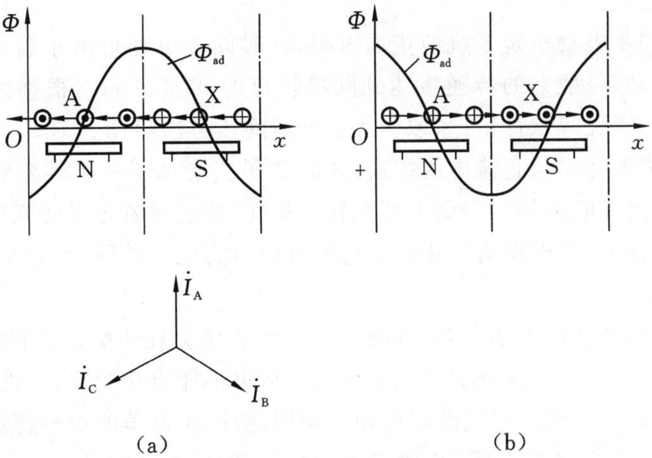


图 4-44　相隔半周同步电动机的定子电流、转子磁场和转矩间的关系

**1. 异步启动法**

异步启动法是同步电动机常用的一种启动方法。它是借助于在同步电动机转子上装置阻尼绕组的方法来获得启动转矩的。阻尼绕组和异步电动机的笼形绕组相似，只是它装在转子磁极的极靴上，两极之间的空隙处没有装阻尼条，是一个不完整的笼形绕组，有时就称同步电动机的阻尼绕组为启动绕组。

异步启动时的原理线路图如图 4-45 所示。启动方法如下：

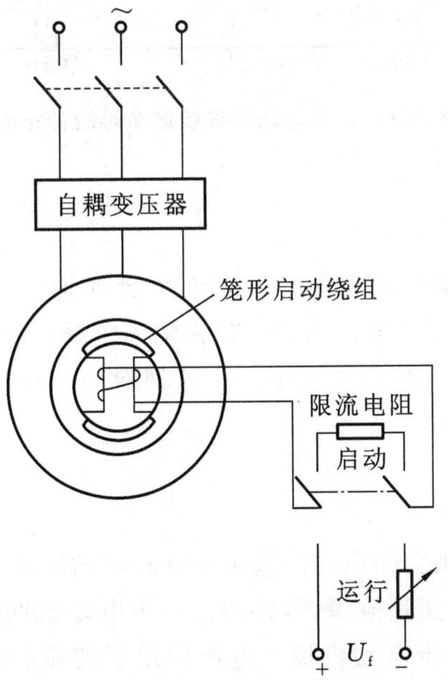


图 4-45　同步电动机异步启动时的线路图

第一步，把同步电动机的励磁绕组经过一个电阻短接，电阻的阻值约为励磁绕组本身电阻值的10倍左右。

第二步，将同步电动机定子绕组接通电源，这时同步电动机由于启动绕组的作用，产生异步转矩而启动，一般它的转速将达到同步转速的95%左右。根据电动机的容量、负载的性质、电源的情况等条件，可采取全压启动或降压方法启动。

第三步，将励磁绕组与直流电源接通，这时转子上增加了一个转差频率的交变转矩，转子磁场与定子磁场间的相互吸引力便把转子拉住，使它跟着定子磁场以同步转速旋转，即所谓牵入同步，故同步电动机异步启动过程可以分为两个阶段：①异步启动至接近同步速度；②牵入同步。

异步启动时励磁绕组不能开路，否则定子旋转磁场会在匝数较多的励磁绕组中感应出高电压，易使励磁绕组击穿或引发人身事故。但也不能直接短路，否则励磁绕组相当于一个单相绕组中的感应电流与气隙磁场相互作用，会产生显著的单轴转矩，使合成电磁转矩在 $0.5n_0$ 附近产生明显的下凹，从而使电动机的转速停止在 $0.5n_1$ 附近而不能继续上升，这就是在第一步中励磁绕组要经过一个电阻短接的原因所在。图4-46给出了考虑单轴转矩时同步电动机异步启动时的转矩曲线。

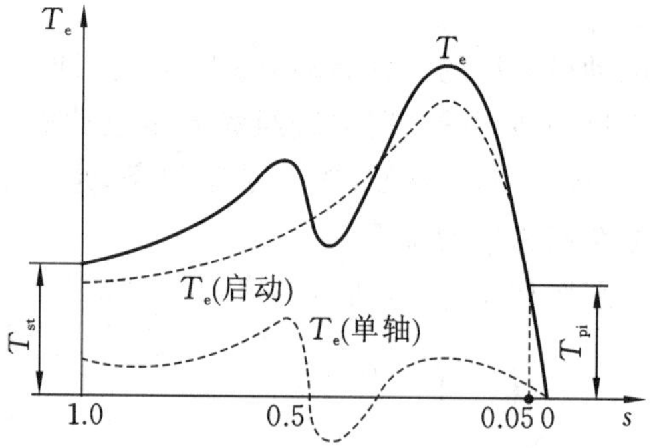


**图4-46 同步电动机异步启动时的转矩曲线**

**2. 辅助电动机启动**

同步电动机也可以用辅助电动机拖动而启动，此时通常选用与同步电动机极数相同的异步电动机（容量为主机的10%～15%）作为辅助电动机，当辅助电动机把主机拖动到同步转速时，再用自整步法把主机投入电网。这种启动方法投资大、占地面积大，不适合带负载启动，所以用得不多。

**3. 变频启动**

同步电动机也可以采用变频启动。这是一种较好的启动方法，启动电流小，对电网冲击小，但要求有一个专门的变频电源。启动时，同步电动机的转子加上励磁，把变频装置的输出频率调得很低，使同步电动机投入电源后定子的旋转磁场转得很慢，这样依靠定子、转子旋转磁场之间相互作用所产生的同步电磁转矩，即可使同步电动机开始转动，并在很低的转速下运转，然后逐步提高电源的频率，使定子旋转磁场和转子的转速逐步加快，一直到额定转速为止。当电动机投入电网后变频电源即被切除。因此可以用一台变频电源分时启动多台同步电动机，并且由于变频电源只在启动短时应用，所以它的容量也可以较小。目前有些容量达数万千瓦的高速同步电动机就专门配上变频装置作为软启动设备。

## 三、同步电动机的调速

采用电力电子变频装置可以实现电压频率的协调控制，从而可以方便地对同步电动机进行速度调节，使得同步电动机的应用领域变得十分广阔，功率覆盖范围为从瓦级的无刷直流电动机（自控式同步电动机）到万千瓦级的大型同步电动机。近年来永磁同步电动机的迅速发展使同步电动机变频调速技术的应用越来越广泛。

### 1. 变频调速系统中应用的同步电动机

根据调速系统不同的容量，所用同步电动机在结构形式上有所不同。对于大中容量的调速系统，一般采用普通的电励磁形式结构，通过电刷和集电环将励磁电流引入转子。如果希望做成无接触式以利维修，则中小容量电动机可以采用爪极式结构。容量较大的电动机采用无刷励磁方式，即励磁电流是利用旋转变压器把交流电引入转子，然后经过装在电动机转子上的旋转二极管整流装置变成直流，供给电动机的励磁绕组。对于小型调速装置，特别是多级传动系统，多采用结构更为简单的磁阻式和永磁式同步电动机。永磁同步电动机的磁极结构形式随永磁材料性能的不同和应用领域的差异，具有多种方案，读者可查阅有关资料。

### 2. 同步电动机变频调速控制方式

同步电动机变频调速系统分为他控式和自控式两类。他控式变频调速系统利用同步电动机转速与气隙旋转磁场严格的同步关系，通过改变变频装置的输出频率实现对同步电动机调速。

他控式变频调速系统中所用的变频装置是独立的，其输出频率直接由速度给定信号决定，属于转速开环控制系统。由于这种系统没有解决同步电动机的失步、振荡等问题，所以在实际需要调速的场合很少使用。

同步电动机变频调速系统一般采用自控式运行。自控式变频调速系统是通过调节电动机输入电压进行调速的，变频装置的输出频率直接受同步电动机自身转速的控制。每当电动机转过一对磁极，控制变频器的输出电流正好变化一周期，电流周期始终与转子保持同步，不会出现失步现象。

如图 4-47 所示，同步电动机变频调速系统由同步电动机 MS、变频器、转子位置检测器 BG 和控制装置组成。其中，控制装置的作用主要是分析转子磁极位置检测器的信号，判断转子的真实位置和转速，按一定的控制策略产生控制信号，控制变频器输出的频率、幅值和相位，从而达到同步跟踪转子转速的目的。

常见的自控式同步电动机调速系统可分为三种：

（1）交-直-交电压型同步电动机调速系统

交-直-交电压型同步电动机调速系统主电路由二极管不可控整流器、滤波电容、

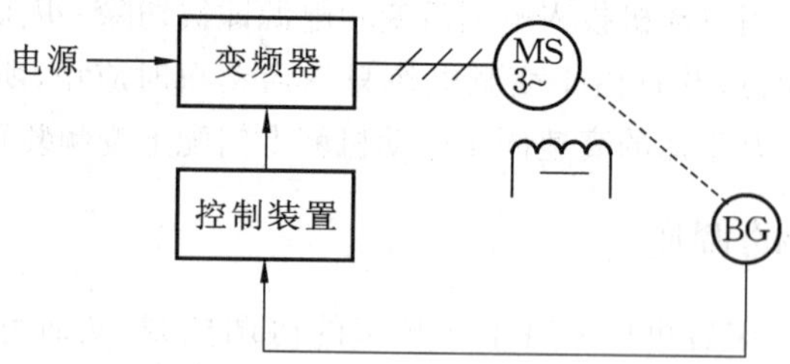


图 4-47　自控式同步电动机调速系统结构原理图

PWM 控制的逆变器和同步电动机组成。逆变器元件可以采用 GTO、IGBT、MOS 管等，此类型的变频器常与小容量的永磁同步电动机组合成永磁同步电动机伺服系统。由于永磁同步电动机采用自控式，其原理和直流电动机伺服系统相似，但无电刷，故把它称为无刷直流电动机系统。

该系统的特点有：

① 调速范围宽；

② 永磁同步电动机转子没有损耗，系统效率高；

③ 可采用矢量控制或直接转矩控制等高性能的控制理论使调速系统性能得到很大的提高；

④ 由于永磁同步电动机减小磁通很难，所以不适合基频以上的恒功率调速。

(2) 交-直-交电流型同步电动机调速系统

交-直-交电流型同步电动机调速系统主电路由整流器、平波电抗器、逆变器和同步电动机组成。整流器和逆变器采用的都是晶闸管。变频器输出电流的幅值由整流器中晶闸管的触发延迟角控制，而输出频率根据转子磁极位置检测器信号由逆变器控制。由于逆变器中晶闸管的换相方式是负载换相，所以这种系统又称为交-直-交电流型负载换相同步电动机调速系统。又由于该调速方式类似于直流电动机，其转子磁极位置检测器和逆变器实现了直流电动机换向器和电刷的功能，所以这种系统也被称为无换向器电动机。

该系统的特点有：

① 能实现无级调速，并能实现四象限运行。

② 低速时换相困难，转矩脉动大，运行性能差。

③ 逆变器采用负载换相，使用的晶闸管少，控制方便；但负载换相要求电动机工作在超前功率因数下，导致变频器要求容量大、过载能力低。

(3) 交-交变频同步电动机调速系统

交-交变频同步电动机调速系统主电路中的变频器每一相都是由正、反两组反并联的晶闸管组成。正、反两组按一定周期相互切换工作，就会输出电压和频率都可变化的交流电。

该系统的特点有：

① 变频器由 36 只晶闸管组成，结构复杂；

② 变频器输出的最高频率不大于(1/3～1/2)电源频率，当电源频率为 50 Hz 时，变频器输出的最高频率不超过 20 Hz，同步电动机只能在低频下运行；

③ 采用电源电压换相，同步电动机可在高功率因数下运行，电动机的过载能力较大。

## 习题与思考题

1. 有一台四极三相异步电动机，电源电压的频率为 50 Hz，满载时电动机的转差率为 0.02，求电动机的同步转速、转子转速和转子电流频率。

2. 将三相异步电动机接三相电源的三根引线中的两根对调，此电动机是否会反转？为什么？

3. 有一台三相异步电动机，其 $n_N=1470$ r/min，电源频率为 50 Hz。设在额定负载下运行，试求：

① 定子旋转磁场相对于定子的转速；

② 定子旋转磁场相对于转子的转速。

4. 当三相异步电动机负载增加时，为什么定子电流会随转子电流的增大而增大？

5. 三相异步电动机带动一定的负载，运行时，若电源电压降低了，此时电动机的转矩、电流及转速有无变化？如何变化？

6. 有一台三相异步电动机，其技术数据如题 6 表所示。

① 线电压为 380 V 时，三相定子绕组应如何接法？

② 求 $n_0$，$p$，$S_N$，$T_N$，$T_{st}$，$T_{max}$ 和 $I_{st}$；

③ 额定负载时电动机的输入功率是多少？

**题 6 表**

| 型号 | $P_N$/kW | $U_N$/V | 满载时 | | | | $\frac{I_{st}}{I_N}$ | $\frac{T_{st}}{T_N}$ | $\frac{T_{max}}{T_N}$ |
|---|---|---|---|---|---|---|---|---|---|
| | | | $N_N$/(r/min) | $I_N$/A | $\eta_N$/% | $\cos\varphi_N$ | | | |
| Y132S-6 | 3 | 220/380 | 960 | 12.8/7.2 | 83 | 0.75 | 6.5 | 2.0 | 2.0 |

7. 三相异步电动机断了一根电源线后，为什么不能启动？而在运行时断了一线，为什么仍能继续转动？这两种情况对电动机将产生什么影响？

8. 三相异步电动机在相同电源电压下，满载和空载启动时，启动电流是否相同？启动转矩是否相同？

9. 一台三相异步电动机的铭牌数据如下表所示。

**题 9 表**

| $P_N$/kW | $n_N$/(r/min) | $U_N$/V | $\eta_N$/% | $\cos\varphi_N$ | $\frac{I_{st}}{I_N}$ | $\frac{T_{st}}{T_N}$ | $\frac{T_{max}}{T_N}$ | 接法 |
|---|---|---|---|---|---|---|---|---|
| 40 | 1470 | 380 | 90 | 0.9 | 6.5 | 1.2 | 2.0 | △ |

① 当负载转矩为 250 N·m 时，在 $U=U_N$ 和 $U'=0.8U_N$ 两种情况下电动机能否启动？

② 欲采用 Y-△换接启动，当负载转矩为 0.45 $T_N$ 和 $0.35T_N$ 两种情况时，电动机能否启动？

③ 若采用自耦变压器降压启动，设降压比为 0.64，求电源线路中通过的启动电流和电动机的启动转矩。

10. 绕线异步电动机采用转子串接附加电阻启动时，所串接的电阻愈大，启动转矩是否也愈大？

11. 为什么绕线异步电动机在转子串接附加电阻启动时，启动电流减小而启动转矩反而增大？

12. 异步电动机有哪几种调速方法？这些调速方法各有何优缺点？

13. 什么是恒功率调速？什么是恒转矩调速？

14. 简述异步电动机在下面三种不同的电压-频率协调控制时的机械特性比较：

① 恒压恒频正弦波供电时异步电动机的机械特性；

② 基频以下电压-频率协调控制时异步电动机的机械特性；

③ 基频以上恒压变频控制时异步电动机的机械特性。

15. 试分析交流电动机与直流电动机在调速方法上的异同点。

16. 异步电动机有哪几种制动状态？各有何特点？

17. 试说明笼形异步电动机定子极对数突然增加时，电动机的降速过程。

18. 试说明异步电动机定子相序突然改变时，电动机的降速过程。

19. 单相罩极式异步电动机是否可以用调换电源的两根线端来使电动机反转？为什么？

20. 同步电动机的工作原理与异步电动机的有何不同？

21. 一般情况下，同步电动机为什么要采用异步启动法？

# 第五章　机电系统中电动机的选择

在机电传动系统中，为生产机械选配电动机，首先应满足生产机械的要求，例如对工作环境、工作制、启动、制动、减速或调速以及功率的要求。依据这些要求，合理地选择电动机的类型、运行方式、额定转速及额定功率，使电动机在高效率、低损耗的状态下可靠地运行，以达到节能和提高综合经济效益的目的。

为了达到这个目的，正确选择电动机的额定功率十分重要。如果额定功率选小了，电动机经常在过载状态下运行，会因过热而过早损坏，还有可能承受不了冲击负载或造成启动困难。额定功率选得过大也不合理，此时不仅增加了设备投资，而且由于电动机经常在欠载运行，其效率及功率因数等性能指标变差，浪费了电能，增大了供电设备的容量，使综合经济效益下降。

确定电动机额定功率时，要考虑电动机的发热、允许过载能力与启动能力等因素。一般情况下，发热问题最重要，所以我们首先要研究电动机的发热和冷却的一般规律，然后再根据负载运行的不同情况选择电动机的容量。

## 第一节　电动机发热和冷却规律

电动机工作时有些部件产生热量（如绕组、铁芯、轴承等），有些部分则不产生热量（如机座、绝缘材料、轴等），它们的热容量不同，传热系数也不同，各部件的热量传到周围介质中去的方式与路径也各不相同。在研究电动机发热时，如果把这些因素都加以考虑，将使问题变得十分复杂。为方便下面的分析，同时又保证所得到的结论基本符合工程实际，特作如下假定：

（1）电动机为一个均匀物体，各部分的温度相同，并具有恒定的散热系数和热容量；

（2）电动机长期运行，负载不变，总损耗不变；

（3）周围环境温度不变。

### 一、电动机的发热过程

电动机在运行过程中，随着能量的相互转换总是有一定能量损失，这些能量损耗转变为热能使电动机的温度升高。电动机温度比环境温度高出的值称为温升。当电动机的温度高于周围环境温度时，电动机就要向周围散热；温升越高，散热越快。当单位时间内产生的热量与单位时间内散发到周围介质中的热量相等时，电动机的温度不再升高，达到了所谓的热稳定状态，此时的温升为稳定温升 $\tau_w$，其大小取决于电动机的负载。

设单位时间内电动机损耗所产生的热量为 $Q$，则在 $dt$ 时间内产生的热量为 $Qdt$，$Q$ 的单位为 cal/s(1 cal≈4.2 J，后同)。$Qdt$ 这部分热量，一部分被电动机吸收，使电动机温度升高，用$Q_1$ 表示这部分热量；另一部分是电动机向周围介质散发出的热量，用$Q_2$ 表示。

$$Q_1 = Cd\tau \tag{5-1}$$

式中，$C$ 为电动机的热容量，即电动机温度升高 1 ℃所需的热量(cal/℃)；$d\tau$ 为电动机在此 $dt$ 时间内温升的增量。

$$Q_2 = A\tau dt \tag{5-2}$$

式中，$A$ 为电动机的散热系数，即电动机的温度高出环境温度 1 ℃时，单位时间内向周围介质散发出去的热量(cal/℃ · s)；$\tau$ 为电动机的温升(℃)。

根据能量守恒原理，在任何时间内电动机产生的热量总是等于电动机本身温度升高所吸收的热量与散发到周围环境中的热量之和。即

$$Qdt = Cd\tau + A\tau dt \tag{5-3}$$

这就是热平衡方程式。整理后得到

$$\tau + \frac{Cd\tau}{Adt} = \frac{Q}{A}$$
$$\frac{C}{A} = T_H, \frac{Q}{A} = \tau_w \tag{5-4}$$

式中，$T_H$ 为发热时间常数(s)；$\tau_w$ 为稳态温升。

上式可写成

$$\tau + T_H \frac{d\tau}{dt} = \tau_w \tag{5-5}$$

这是一阶常系数非齐次线性微分方程。当初始条件为 $t=0$，$\tau=\tau_0$ 时，其特解为

$$\tau = \tau_w + (\tau_0 - \tau_w)e^{-t/T_H} \tag{5-6}$$

式中，$\tau_0$ 为 $t=0$ 时的温升，即电动机初始温升。

若 $t=0$ 时，$\tau_0=0$，则上式可写为

$$\tau = \tau_w(1 - e^{-t/T_H}) \tag{5-7}$$

上式为电动机的温升曲线方程式。电动机的发热过程的温升曲线如图 5-1 中曲线 1、2 所示。

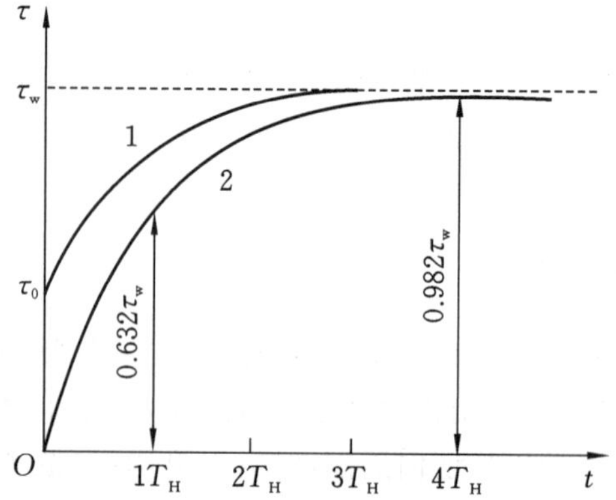


**图 5-1　电动机发热过程的温升曲线**

由温升曲线可以看出：发热过程开始时，由于温升小，散发出去的热量较少，大部分热量被电动机所吸收，所以温升上升较快。随着温升的升高，散发的热量逐渐增加，电动机吸收的热量则逐渐减少，使温升的变化缓慢了。当发热量与散热量相等时，电动机的温升不再升高，达到一稳定值 $\tau_w$。

由电动机温升变化的规律可知，只要电动机的稳定温升 $\tau_w$ 不超过绝缘材料的最高允许温升 $\tau_{max}$，电动机就能长期可靠地运行。因此，$\tau \leqslant \tau_{max}$ 是校验电动机发热的主要依据。

电动机的稳定温升 $\tau_w = Q/A$，由于 $Q$ 与电动机的损耗功率 $\Delta p$ 成正比，当电动机的负载增大时，$\Delta p$ 随之增大，因而 $Q$ 增加。若散热系数 $A$ 不变，则 $\tau_w$ 将随负载的增加而升高。如果电动机的负载恒定，那么，$\Delta p$ 及 $Q$ 都是常数，这时 $\tau_w$ 与 $A$ 成反比关系，设法改善散热条件，使 $A$ 增大，即可降低 $\tau_w$。

当 $t = 4T_H$ 时，温度不再升高，趋于稳定值 $\tau_w$，因此，可以认为电动机发热过程已经结束，所以发热过渡过程时间的长短决定于发热时间常数 $T_H$。

## 二、电动机的冷却过程

式(5-6)也适用于电动机冷却情况。冷却过程可分成两种情况讨论。

### 1. 电动机负载减小时的冷却过程

负载运行的电动机，如果减小它的负载，其内部的损耗功率 $\Delta p$ 减小，产生的热量 $Q$ 也随之减少，原来的热平衡状态被破坏，变成了发热少于散热，电动机的温度就要下降，温升降低，单位时间内散出的热量 $A\tau$ 逐渐减少。直到重新达到 $Q = A\tau$(即发热等于散热)时，温升不再变化，电动机达到了一个新的稳定状态，我们把温升下降的过程称为冷却。

仿照发热过程对温升曲线方程的推导，可得冷却过程的温升曲线方程

$$\tau = \tau'_w + (\tau'_0 - \tau'_w)e^{-t/T'_H} \tag{5-8}$$

式中，$\tau'_0$ 为冷却开始时电动机的初始温升；$\tau'_w$ 为电动机新的稳定温升，$\tau'_w = \dfrac{Q'}{A}$；$T'_H$ 为冷却时间常数，在负载减小时，冷却时间常数 $T'_H$ 与发热时间常数 $T_H$ 相等。

冷却过程的温升曲线如图 5-2 中曲线 1 所示。

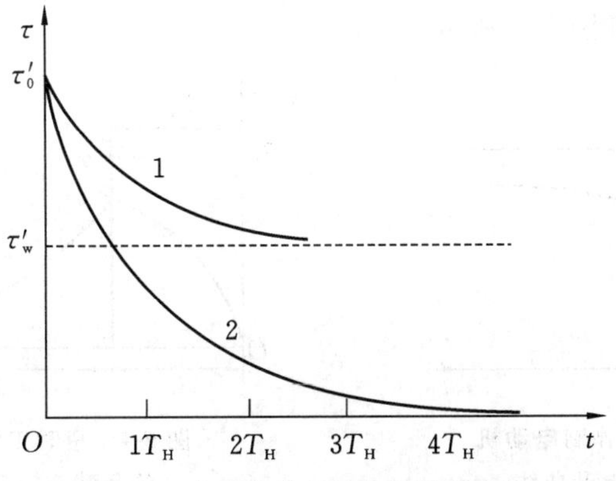


图 5-2　电动机冷却过程的温升曲线

**2. 电动机脱离电源时的冷却过程**

电动机脱离电源后，电动机的损耗为零，不再产生热量，电动机的温升逐渐下降，直到与周围环境温度相同为止。此时，稳定温升 $\tau'_w=0$，因此

$$\tau=\tau'_0 e^{-t/T'_H} \tag{5-9}$$

此时冷却过程的温升曲线如图 5-2 中曲线 2 所示。

对于他冷式电动机，此时冷却时间常数 $T'_H$ 仍与发热时间常数 $T_H$ 相等。

对于风扇自冷式电动机，电动机断电后，装在电动机轴上的风扇停转，冷却条件恶化，散热系数 $A$ 减小为 $A'$，使冷却时间常数加大到 $T'_H$。一般可达 $(2\sim3)T_H$。

电动机的发热与冷却情况不仅与其所拖动的负载有关，而且还与负载持续工作时间的长短有关。所以，还要对电动机的工作方式进行分析。

# 第二节　电动机工作方式的分类

电动机带负载运行情况可能是多种多样的，例如空载、满载和停机等，其持续的时间和顺序也有所不同。电动机的温升不仅依赖于负载的大小，而且与负载持续的时间有关。同一台电动机，如果运行时间长短不同，电动机能够输出的功率也不同，所产生的温升也就不同。为了便于电动机的系列生产和用户的选择使用，按发热观点，将电动机分成三种工作方式或称三种工作制。

## 一、连续工作制(长期工作制)

电动机连续工作时间很长，工作时间 $t_g>(3\sim4)T_H$，可达几小时，甚至几昼夜，在工作时间内，电动机的温升可以达到稳定值 $\tau_w$。其典型负载图 $P=f(t)$ 及温升曲线 $\tau=f(t)$ 如图 5-3 所示。

通风机、水泵、纺织机和造纸机等生产机械使用的电动机都属于连续工作制电动机。

## 二、短时工作制

电动机工作时间较短，$t_g<(3\sim4)T_H$，在工作时间内，电动机的温升达不到稳定值 $\tau_w$。而停歇时间 $t_0$ 很长，$t_0>(3\sim4)T'_H$，电动机的温升可以降到零，短时工作制电动机的负载图和温升曲线如图 5-4 所示。

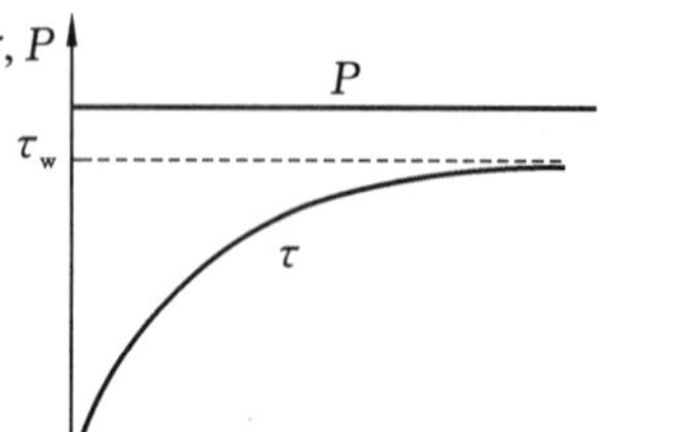


**图 5-3　连续工作制电动机的负载图与温升曲线**

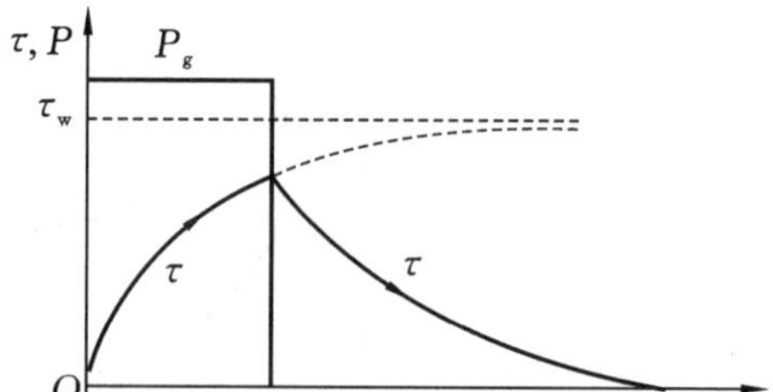


**图 5-4　短时工作制电动机的负载与温升曲线图**

我国规定的短时工作制的标准时间为 15 min、30 min、60 min、90 min 四种。

属于这种工作制的电动机，有水闸闸门、车床的夹紧装置、转炉倾动机构等的拖动电动机。

## 三、断续周期工作制(重复短时工作制)

在这种工作制下，电动机的工作时间 $t_g$ 和停歇时间 $t_0$ 轮流交替，两段时间都较短，$t_g<(3\sim4)T_H$，$t_0<(3\sim4)T'_H$。在 $t_g$ 期间，电动机温升达不到稳定值，而在 $t_0$ 期间电动机温升也降不到零。这样经过一个周期时间($t_g+t_0$)，温度有所上升，经过若干个周期后，温升在最高温升 $\tau_{max}$ 和最低温升 $\tau_{min}$ 点之间波动，达到周期性变化的稳定状态。其负载图和温升曲线如图 5-5 所示。按国标规定，周期时间 $t_g+t_0\leqslant10$ min。

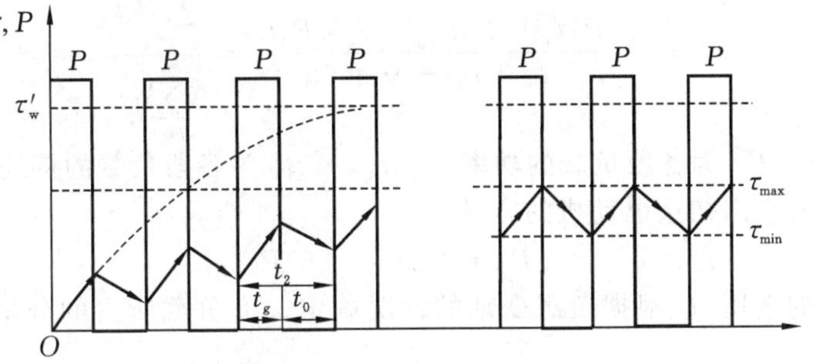


图 5-5　断续周期工作制电动机的负载图与温升曲线

在断续周期工作制中，负载工作时间与整个周期之比称为负载持续率，用 ZC%表示。

$$ZC\%=\frac{t_g}{t_g+t_0}\times100\% \tag{5-10}$$

我国规定的负载持续率有 15%、25%、40%、60%四种，起重机、电梯和轧钢机辅助机械等使用的电动机均属于这种工作制。

电动机的工作方式不同，其发热和温升情况就不同，因此，从发热观点选择电动机容量的方法也就不同。

# 第三节　电动机容量的选择

## 一、连续工作制下电动机容量的选择

连续工作制下电动机的负载基本上可分成两大类，即

① 恒定负载：负载长时间不变或变化不大。

② 变动负载：负载长期施加，但大小变化，其变化具有周期性。

### 1. 恒定负载下的容量选择

这类生产机械电动机容量的选择非常简单，只要根据负载的功率 $P_L$，在产品目录中选一台额定容量等于或略大于 $P_L$ 且转速合适的电动机即可。

**2. 变动负载下的容量选择**

电动机在变动负载下运行的特点是:输出功率不断地变化,因而电动机内部的损耗及温升也在不断变化,但经过一段时间后,电动机的温升达到一种稳定波动状态。

显然,在此情况下,如按最大负载功率选择电动机容量,电动机将不能充分利用;如果按最小负载功率选择,电动机会过载,会引起电动机温升过高。可以推知,电动机容量只能在最大负载和最小负载之间适当选择,因此,变动负载下电动机容量选择比较复杂些,一般分为两个步骤:

(1) 初选电动机容量

根据生产机械负载图求出其平均功率

$$P_j = \frac{P_1 t_1 + P_2 t_2 + \cdots + P_n t_n}{t_1 + t_2 + \cdots + t_n} = \frac{\sum_{i=1}^{n} P_i t_i}{\sum_{i=1}^{n} t_i} \tag{5-11}$$

式中,$P_1, P_2, \cdots, P_n$ 为各段负载的功率.;$t_1, t_2, \cdots, t_n$ 为各段负载的持续时间。

然后按下式求出初选电动机的容量

$$P_N = (1.1 \sim 1.6) P_j \tag{5-12}$$

对于系数的选用,应根据负载变动的情况确定。大负载所占的分量多时,选较大的系数。

(2) 校验电动机的容量

校验电动机容量时,首先要校验电动机的发热,然后校验过载能力,必要时校验启动能力。

用上面平均功率法初选了电动机容量,虽然在理论上是合理的,但它没有考虑到电动机在过渡过程中可变损耗与电流平方成比例,尤其是在负载变化较大时,可变损耗变化大,这将影响到电动机的温升。因此,要进行电动机的发热校验。

要进行发热校验,一般采用下述几种方法进行校验。

① 平均损耗法

按式(5-13) 初选好电动机功率以后,根据该电动机的额定数据按下式计算出电动机的额定损耗功率

$$\Delta P_N = \frac{P_N}{\eta_N} - P_N \tag{5-13}$$

然后,根据生产机械负载图上的各段功率,从预选电动机的效率曲线上查出各段功率所对应的效率,按下式求出每一段负载的损耗

$$\Delta P_i = \frac{P_i}{\eta_i} - P_i \tag{5-14}$$

电动机在一个工作周期的平均损耗为

$$\Delta P_{pj} = \frac{\Delta P_1 t_1 + \Delta P_2 t_2 + \cdots + \Delta P_n t_n}{t_1 + t_2 + \cdots + t_n} = \frac{\sum_{i=1}^{n} \Delta P_i t_i}{\sum_{i=1}^{n} t_i} \tag{5-15}$$

由于电动机的发热是由其内部损耗所决定，所以电动机损耗的大小直接反映了电动机的温升情况。将上式计算出的平均损耗与电动机的额定损耗相比较，应该满足

$$\Delta P_{N} \geqslant \Delta P_{pj} \tag{5-16}$$

则预选电动机的发热校验通过。若 $\Delta P_{N} < \Delta P_{pj}$，则表明实际发热量比预选电动机允许的发热量大，即电动机容量选小了，应再选大点的电动机，重新进行发热校验。如果 $\Delta P_{N} \gg \Delta P_{pj}$，则表明电动机选得太大，应重选一台小些的电动机再进行发热校验，直到满足式(5-16)为止。

发热校验合适后，还应当校验它的过载能力。要求负载图中最大转矩 $T_{Lm} \leqslant$ 电动机产生的最大电磁转矩 $T_{m}$。对于交流异步电动机，考虑到电网电压可能发生波动，要求

$$T_{Lm} 0.85^2 \lambda T_{m} = 0.72 \lambda T_{m} \tag{5-17}$$

如果过载能力不能满足，就应当按过载能力来选择容量较大的电动机。

当选用笼形异步电动机时，还要校验它的启动能力。

用平均损耗法对电动机进行热校验比较准确，并能应用于任何一种电动机。但是这种方法在使用中要求预知初选电动机的效率曲线，并求出各段负载下电动机的损耗。计算过程比较麻烦，而且有时不易得到电动机的效率曲线。

因此，在工程上常采用精确度稍差，但很方便的等效法来校验电动机的容量。

② 等效电流法

等效电流法的原则是用一个恒值的等效电流 $I_{dx}$ 来代替实际变动的负载电流，而两者在电动机中产生的损耗相等，即发热相同。

电动机的损耗是由不变损耗与可变损耗即铜耗组成。变动负载下第 $i$ 段的损耗可以写成

$$\Delta P_{i} = P_{0i} + P_{Cui} = P_{0i} + I_{i}^{2} r \tag{5-18}$$

式中，$P_{0i}$ 为第 $i$ 段损耗中的不变损耗；$P_{Cui}$ 为第 $i$ 段损耗中的铜损耗。

电动机总的平均损耗用等效电流 $I_{dx}$ 来表示即为

$$\Delta P_{pj} = P_{0} + I_{dx}^{2} r \tag{5-19}$$

将式(5-18)与式(5-19)所表示的 $\Delta P_{pj}$ 和 $\Delta P_{i}$ 之值代入式(5-12)可得

$$P_{0} + I_{dx}^{2} r = \frac{\sum_{i=1}^{n} (P_{0i} + I_{i}^{2} r) t_{i}}{\sum_{i=1}^{n} t_{i}} = \frac{P_{0} \sum_{i=1}^{n} t_{i} + r \sum I_{i}^{2} t_{i}}{\sum_{i=1}^{n} t_{i}} = P_{0} + r \frac{\sum I_{i}^{2} t_{i}}{\sum_{i=1}^{n} t_{i}} \tag{5-20}$$

由于不变损耗 $P_{0}$ 与负载无关，且认为电动机绕组电阻 $r$ 近似不变，于是得等效电流

$$I_{dx} = \sqrt{\frac{I_{1}^{2} t_{1} + I_{2}^{2} t_{2} + I_{3}^{2} t_{3} + \cdots + I_{n}^{2} t_{n}}{t_{1} + t_{2} + t_{3} + \cdots + t_{n}}} = \sqrt{\frac{\sum_{i=1}^{n} I_{i}^{2} t_{i}}{\sum_{i=1}^{n} t_{i}}} \tag{5-21}$$

求出等效电流以后，将等效电流与初选电动机的额定电流比较，应该满足

$$I_{N} \geqslant I_{dx} \tag{5-22}$$

则发热校验通过，所选电动机合适，否则应重选电动机。

从上面分析可以看到，在 $I_{dx}$ 的推导过程中，认为不变损耗 $p_{0}$ 和电阻 $r$ 是不变的，这

对一般电动机是适用的，而对于深槽式和双笼式异步电动机，在启动和制动时，其转子电阻 $r$ 变化很大，所以不能用等效电流法校验发热，此时必须改用平均损耗法。

③ 等效转矩法

实际应用中，有时已知的不是负载电流图，而是转矩图，此时应使用等效转矩法。

等效转矩法是由等效电流法推导出来的。当电动机转矩与电流成正比时（直流电动机励磁不变、异步电动机电源电压与 $\cos\varphi_2$ 不变时），可用等效转矩 $T_{dx}$ 来代替等效电流 $I_{dx}$，则式(5-21)可改写成等效转矩公式

$$T_{dx}=\sqrt{\frac{T_1^2t_1+T_2^2t_2+T_3^2t_3+\cdots+T_n^2t_n}{t_1+t_2+t_3+\cdots+t_n}}=\sqrt{\frac{\sum_{i=1}^{n}T_i^2t_i}{\sum_{i=1}^{n}t_i}} \tag{5-23}$$

如果计算出等效转矩 $T_{dx}\leqslant T_N$，则发热校验通过，所选电动机合适，否则应重选电动机。

④ 等效功率法

如果已知的是负载功率图，当电动机的转速基本不变时，因 $P=Tn/9.55$，$P$ 与 $T$ 成正比，由等效转矩引出等效功率的公式

$$P_{dx}=\sqrt{\frac{P_1^2t_1+P_2^2t_2+P_3^2t_3+\cdots+P_n^2t_n}{t_1+t_2+t_3+\cdots+t_n}}=\sqrt{\frac{\sum_{i=1}^{n}P_i^2t_i}{\sum_{i=1}^{n}t_i}} \tag{5-24}$$

如果计算出等效功率 $P_{dx}\leqslant P_N$，则发热校验通过，所选电动机合适，否则应重选电动机。

注意，在应用等效电流法、等效转矩法、等效功率法进行发热校验合适后，还必须校验电动机的过载能力。

## 二、短时工作制下电动机容量的选择

短时工作制的负载，应选用专用的短时工作制电动机。在没有专用电动机的情况下，也可以选用连续工作制电动机。

### 1. 直接选用短时工作制电动机

电动机制造厂专门为短时工作制的生产机械设计制造了短时工作制电动机，其时间规格有 15 min、30 min、60 min、90 min 四种。

当工作时间接近上述标准时间时，可以按生产机械的功率、工作时间及转速的要求，从产品目录上直接选取。

如果短时工作制负载也是一种变动负载，则应先算出其等效的负载功率，然后初选电动机，最后校验电动机的过载能力。

有时，生产机械的工作时间不一定恰好符合上述四种标准工作时间，即实际工作时间 $t_{sj}$ 与标准短时工作时间 $t_g$ 不相同，这时，应进行功率折算，即把实际工作时间 $t_{sj}$ 下算出的功率 $P_{sj}$ 换算为在标准工作时间 $t_g$ 下所需的功率 $P_g$，再按 $P_g$ 的大小选择合适规格的电动机。

换算的原则是两种情况下发热相同即损耗相等。假设在 $t_{sj}$ 下损耗为$\Delta P_{sj}$，在 $t_g$ 下损耗为$\Delta P_{sj}$，两者均由不变损耗和可变损耗两部分组成，且不变损耗相同。则有

$$(P_0 + P_{csj})t_{sj} = (P_0 + P_{Cug})t_g \tag{5-25}$$

因为

$$P_{csj}/P_{Cug} = I_{sj}^2/I_g^2 = P_{sj}^2/P_g^2 \tag{5-26}$$

则可写出

$$[P_0 + P_{Cug}(P_{sj}/P_g)^2]t_{sj} = (P_0 + P_{Cug})t_g$$

令在标准工作时间 $t_g$ 下不变损耗与可变损耗的比值为 $k = P_0/P_{Cug}$，代入上式得

$$[k + (P_{sj}/P_g)^2]t_{sj} = (k+1)t_g \tag{5-27}$$

解出 $P_g$ 与 $P_{sj}$ 的关系为

$$P_g = \frac{P_{sj}}{\sqrt{t_g/t_{sj} + k(t_g/t_{sj} - 1)}}$$

当 $t_{sj}$ 与 $t_g$ 相差不大时，可将 $k(t_g/t_{sj} - 1)$ 忽略不计，因而得到功率换算公式为

$$P_g \approx P_{sj}\sqrt{t_{sj}/t_g} \tag{5-28}$$

换算时，应选取 $t_{sj}$ 与最相近的 $t_g$ 值代入上式。

计算出 $P_g$ 后，按 $P_g$ 所对应的 $t_g$，预选电动机的额定功率 $P_N \geqslant P_g$，则发热校验通过。

当没有合适的短时工作制电动机时，可采用专为断续周期性工作制设计的电动机来代替。短时工作时间与负载持续率 ZC% 之间的换算关系，可近似认为：30 min 相当于 ZC% = 15%；60 min 相当于 ZC% = 25 %；90 min 相当于 ZC% = 40%。

**2. 选用连续工作制电动机**

在前面已经讲过短时工作制下电动机的功率负载图及温升曲线如图 5-6 所示，$P_g$ 为短时负载功率，$t_g$ 为工作时间。

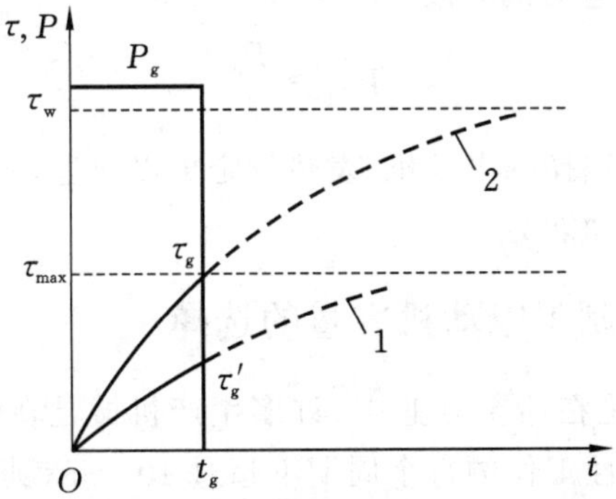


**图 5-6　短时工作制功率负载图及温升曲线**

如果选择一台连续工作制电动机，使 $P_N \geqslant P_g$，那么，电动机要工作$(3 \sim 4)T$ 时间后才会达到最高允许温升$\tau_{max}$，温升曲线为图 5-6 曲线 1。显然 $t = t_g$ 时，温升 $\tau_g'$ 低于 $\tau_{max}$，电动机在发热上没有被充分利用。

为此，可选用一台容量较小的电动机，使 $P_N < P_g$，让电动机在工作时间内过载运行（如长期过载运行，则稳定温升 $\tau_w$ 会超过 $\tau_{max}$，温升曲线为图中曲线 2）。

这时，如能在 $t = t_g$ 时，使温升 $\tau_g = \tau_{max}$，则电动机在发热上正好得到充分利用。

可见，选择 $P_N$ 的依据为：在短时工作时间 $t_g$ 内，电动机过载运行所达到的温升恰好等于电动机所允许的最高温升，即 $\tau_g = \tau_{max}$。

$$\begin{cases} \tau_g = \tau_w(1 - e^{-t_g/T}) = \dfrac{\Delta P_g}{A}(1 - e^{-t_g/T}) \\ \tau_{max} = \dfrac{\Delta P_N}{A} \end{cases} \tag{5-29}$$

式中，$\Delta P_g$ 是功率为 $P_g$ 时的功率损耗；$\Delta P_N$ 是功率为 $P_N$ 时的功率损耗。

因此有

$$\frac{\Delta P_g}{A}(1 - e^{-t_g/T}) = \frac{\Delta P_N}{A} \tag{5-30}$$

令 $k = P_0 / P_{CuN}$ 得

$$\Delta P_N = P_0 + P_{CuN} = (k+1)P_{CuN}$$

$$\Delta P_g = P_0 + P_{Cug} = (k + P_{Cug}/P_{CuN})P_{CuN} = (k + P_g^2/P_N^2)P_{CuN}$$

将$\Delta P_g$、$\Delta P_N$ 代入式，解出 $P_N$ 与 $P_g$ 的关系，得

$$P_N = P_g\sqrt{\frac{1 - e^{-t_g/T}}{1 + k e^{-t_g/T}}} \tag{5-31}$$

式(5-31)是按发热条件为短时工作负载选择连续工作制电动机时其额定功率的计算公式。

按发热条件选择电动机额定功率后，还需校验电动机过载能力和启动能力。

设电动机工作时的实际过载倍数为 $\lambda' = P_g / P_N$，电动机允许的过载倍数为 $\lambda$。

当$\lambda' < \lambda$，则过载能力通过。否则，说明电动机的过载能力不能通过，此时，应按电动机允许的过载倍数来选择电动机的额定功率，即

$$P_N \geqslant \frac{P_g}{\lambda} \tag{5-32}$$

一般按允许过载倍数选择的电动机，发热肯定可以通过，所以不必再进行发热校验。

最后校验电动机的启动能力。

## 三、断续周期工作制下电动机容量的选择

在工业企业中，特别是在冶金企业中，许多生产机械是在断续周期性工作制下工作的，按标准规定，断续周期性工作的每个周期不超过 10 min，其中包括启动、运行、制动和停歇各阶段。普通形式的电动机往往难以胜任这样频繁的启动、制动工作，因此，专为它设计了断续周期工作制的电动机。这类电动机的共同特点是：启动和过载能力强、惯性小（飞轮力矩小）、机械强度大、绝缘材料等级高。

标准负载持续率有 ZC%＝15%、25%、40%、60% 四种。同一台电动机，在不同 ZC% 下，其额定输出功率不同，ZC% 越小，额定功率就越大，即

$$P_{15\%} > P_{25\%} > P_{40\%} > P_{60\%}$$

断续周期工作制电动机功率选择的步骤与连续工作制变动负载下的功率选择是相似的。要经过预选电动机和校验等步骤，一般情况下，应根据生产机械的负载持续率来预选电动机。

如果生产机械的实际负载持续率 $ZC_{sj}\%$ 与标准持续率 $ZC\%$ 相同或相近，平均负载功率和转速也已知，便可以从产品目录中直接选取，最后校验。

如果实际负载持续率 $ZC_{sj}\%$ 与标准持续率 $ZC\%$ 不同，就需要把实际负载持续率 $ZC_{sj}\%$ 下的实际功率 $P_{sj}$ 换算成标准 $ZC\%$ 下的负载功率 $P_g$，然后再预选电动机容量和校验发热。

换算的原则是实际负载持续率 $ZC_{sj}\%$ 下与标准持续率 $ZC\%$ 下损耗相等，即发热相同。

$$(P_0 + P_{csj})ZC_{sj}\% = (P_0 + P_{Cug})ZC\%$$

将 $k = P_0 / P_{Cug}$ 代入上式，可得

$$[k + (P_{csj}/P_{Cug})]ZC_{sj}\% = (k+1)ZC\%$$

考虑到 $P_{csj} / P_{Cug} = P_{sj}^2/P_g^2$，由上式可解出 $P_g$ 与 $P_{sj}$ 的关系为

$$P_g = \frac{P_{sj}}{\sqrt{ZC\%/ZC_{sj}\% + k(ZC\%/ZC_{sj}\% - 1)}} \tag{5-33}$$

当 $ZC_{sj}\%$ 与 $ZC\%$ 相差不大时，可将 $k = (ZC\%/ZC_{sj}\% - 1)$ 忽略不计，因而得到功率换算公式为

$$P_g = P_{sj}\sqrt{ZC_{sj}\%/ZC\%} \tag{5-34}$$

换算时，应选取与 $ZC_{sj}\%$ 最相近的 $ZC\%$ 值代入上式。

计算出 $P_g$ 后，按 $P_g$ 所对应的 $ZC\%$，预选电动机的额定功率 $P_N \geqslant P_g$，则发热校验通过。

如果 $ZC_{sj}\% < 10\%$，按短时工作制处理，应选用短时工作制电动机。

如果 $ZC_{sj}\% > 70\%$，按连续工作制处理，应选用连续工作制电动机。

## 第四节　电动机种类、额定电压、额定转速及外部结构形式的选择

电动机的选择，除确定电动机的额定功率外，还需要根据生产机械的技术要求、运行地点的环境、供电电源及传动机构的情况，合理地选择电动机的类型、外部结构形式、额定电压和额定转速。

### 一、电动机种类的选择

选择电动机类型的原则是在满足生产机械对过载能力、启动能力、调速性能指标及运行状态等各方面要求的前提下，优先选用结构简单、运行可靠、维修方便和价格便宜的电动机。

中国普遍采用的动力电源是三相交流电源，因此，最简单、经济的办法是选择三相或

单相异步电动机来驱动机械负载。

笼形异步电动机，由于结构简单、运行可靠、维修方便和价格便宜等特点，广泛应用于国民经济和日常的各个领域，是生产量最大、应用面最广的电动机，但该类电动机启动和调速性能差，功率因数小。对于不要求调速，对启动性能无过高要求的一般生产机械，如机床、水泵、通风机、家用电器等都广泛采用笼形异步电动机。

对于要求高启动转矩的生产机械，如空气压缩机、皮带运输机、纺织机等，可采用深槽式或双笼形异步电动机。

对于要求有级调速的生产机械，如电梯及某些机床，可采用多速笼形异步电动机。

绕线转子异步电动机通过转子回路串电阻，可限制启动电流，增大启动、制动转矩，实现调速。对于启动、制动比较频繁，要求启动、制动转矩大，但对调速性能要求不高、调速范围不宽的生产机械，如起重机、矿井提升机、电梯、锻压机等，可采用绕线转子异步电动机。

同步电动机在运行时，可以对电网进行无功补偿，提高功率因数。当生产机械的功率较大而对调速又无要求时，如球磨机、破碎机、矿用通风机、空气压缩机等，可采用同步电动机。

对于要求调速范围宽、调速平滑、对拖动系统过渡过程有特殊要求的生产机械，如高精度数控机床、龙门刨床、造纸机、印染机等，可选用调速性能优良的他励直流电动机。

目前交流电动机变频调速技术发展很快，高性能的交流电动机变频调速系统的技术指标已达到直流电动机调速系统的水平。随着交流调速技术的不断发展，笼形异步电动机将大量用在要求无级调速的生产机械上。因此，当生产机械对启动、制动及调速有特殊要求时，应进行经济和技术比较，以便合理地选择电动机的类型及调速方法。

## 二、电动机额定电压的选择

电动机的额定电压应与供电电网或电源电压一致。一般工厂企业低压电网为 380 V，因此，中小型异步电动机都是低压的，额定电压为 380 V/220 V（Y/△接法），或 220 V/380 V（△/Y 接法）及 380 V/660 V（△/Y 接法）三种。

当电动机功率较大时，额定电压提高到 3000 V、6000 V 甚至达 10000 V，该类电动机统称高压电动机。

一般情况下，电动机额定功率 $P_N<100$ kW 时，选用 380 V；$P_N<200$ kW 时，选用 380 V或 3000 V；$P_N>200$ kW 时，选用 6000 V；$P_N>1000$ kW 时，选用 10 kV。

直流电动机的额定电压一般为 110 V、220 V、440 V，大功率电动机可提高到 600 V、800 V、1000 V。

当直流电动机由晶闸管整流电源供电时，则应根据不同的整流形式选取相应的电压等级。

## 三、电动机额定转速的选择

电动机额定转速选择得是否合理，关系到电动机的价格和拖动系统的运行效率，甚至关系到生产机械的生产率。因为额定功率相同的电动机，额定转速越高，电动机的体积越小，质量越小，成本也就越低，因此选用高速电动机比较经济。但由于生产机械的转速有一定的要求，电动机转速越高，传动机构的传动比就越大，导致传动机构复杂，传动效率降低。所以选择电动机的额定转速时，要兼顾传动机构，并从以下几个方面综合考虑。

对很少启动、制动或反转的长期工作制的电动机，应从设备的初投资、占地面积和维修费用等方面考虑，将几个不同的额定转速进行比较，最后确定电动机的额定转速。

如果电动机经常工作于启动、制动及反转状态，过渡过程的持续时间对生产率影响较大，此时主要以过渡过程持续时间最短为条件来选择电动机的额定转速。

如果电动机经常处于启动、制动及反转状态，但过渡过程的持续时间对生产率影响不大，此时除应考虑初投资外，还要以过渡过程中能量损耗最小为条件来选择传动比和电动机的额定转速。

## 四、电动机外部结构形式的选择

电动机的安装方式有卧式和立式两种。一般情况下用卧式，特殊情况下用立式。

电动机的外壳防护形式有开启式、防护式、封闭式及防爆式几种。

开启式电动机在定子两侧与端盖上都有很大的通风口，这种电动机价格便宜、散热条件好，但容易进灰尘、水滴、铁屑等，只能在清洁、干燥的环境中使用。

防护式电动机在机座下面有通风口，散热好，能防止水滴、铁屑等从上方落入电动机内，但不能防止灰尘和潮气侵入，所以，一般在比较干燥、灰尘不多的环境中使用。

封闭式电动机有自扇冷式、他扇冷式和密闭式三种。前两种电动机是机座及端盖上均无通风孔，外部空气不能进入电动机内部，可用在潮湿、有腐蚀性气体、灰尘多、易受风雨侵蚀等较恶劣的环境中；密闭式电动机一般用于在液体中工作的机械，如潜水泵等，外部的气体、液体都不能进入电动机内部。

防爆式电动机适用于有易燃、易爆气体的场所，如油库、煤气站、加油站及矿井等场所。

## 习题与思考题

1. 电力拖动系统中电动机的选择主要包括哪些内容？
2. 确定电动机额定功率时主要应考虑哪些因素？
3. 电动机的额定功率选得过大和不足时会引起什么后果？
4. 电动机的温度、温升及环境温度三者之间有什么关系？
5. 电动机的温升按什么规律变化？两台同样的电动机，在下列条件下拖动负载运行时，它们的起始温升、稳定温升是否相同？发热时间常数是否相同？

(1) 相同的负载，但一台环境温度为一般室温，另一台为高温环境；

(2) 相同的负载，相同的环境，一台原来没运行，一台是运行刚停下后又接着运行；

(3) 同一个环境下，一台半载，另一台满载；

(4) 同一个房间内，一台自然冷却，一台用冷风吹，都是满载运行。

6. 电动机有几种工作制？是怎样划分的？其发热的特点是什么？
7. 为什么说电动机运行时的稳定温升取决于负载的大小？

8. 连续工作制、变动负载下，电动机容量选择的一般步骤是什么？

9. 用平均损耗法校验电动机发热的依据是什么？请指出等效电流法、等效转矩法、等效功率法及平均损耗法的共同点和不同点，以及它们各自的适用条件？

10. 一台连续工作方式的电动机如果在短时工作方式下运行其额定功率该怎样变化？

11. 什么是负载持续率？试比较普通三相笼形异步电动机 ZC%＝15%、$P=30$ kW 与 ZC%＝40%、$P=20$ kW 的电动机，哪一台实际功率大？

12. 一台 35 kW、工作时限为 30 min 的短时工作电动机突然发生故障。现有一台 20 kW 连续工作制电动机，已知其发热时间常数 $T=90$ min，不变损耗与额定可变损耗比为 0.7，短时过载能力 $A=20$。这台电动机能否临时代用？

13. 某一台电动机额定功率为 20 kW，额定温升为 80 ℃，不变损耗占总损耗的 40%，额定可变损耗占总损耗的 60%，求当环境温度分别为 25 ℃和 45 ℃时，电动机容量的修正值分别是多少？

14. 已知 6SH-9A 型离心泵的额定数据如下：流量 $Q=144\ m^3/h$，扬程 $H=40$ m，转速 $n=2900$ r/min，效率 $\eta_p=75\%$。如用作淡水泵，试选择电动机的容量。

15. 需要一台电动机来拖动工作时间 $t_R=5$ min 的短时工作负载，负载功率 $P_L=18$ kW，空载启动。现有两台笼形异步电动机可供选用，它们是：①$P_N=10$ kW，$n_N=1460$ r/min，$\lambda_m=2.1$，启动转矩倍数 $k_T=1.2$；②$P_N=14$ kW，$n_N=1460$ r/min，$\lambda_m=1.8$，$k_T=1.2$。如果温升都无问题，试校验启动能力和过载能力，以决定哪一台电动机可以使用。（校验时考虑到电网电压可能降低 10%）

16. 一台离心式水泵，流量为 720 $m^3/h$，排水高度 $H=21$ m，转速 $n=1000$ r/min。水泵效率 $\eta_B=78\%$，水的重度 $\gamma=9810\ N/m^3$，传动机构效率 $\eta=98\%$，电动机与水泵同轴连接。现有一台电动机，其功率 $P_N=55$ kW，电子电压 $U_N=380$ V，额定转速 $n_N=980$ r/min，是否能用？

# 第六章 常用低压电器

机电传动与控制不仅必须有电动机拖动生产机械这个主体，而且还必须有一套控制装置，用以满足生产机械各种生产工艺的要求。如龙门刨床要求传动部分根据加工需要使得工作台“正向工作、停止、快速返回、停止，又正向工作……”有顺序地自动循环，故需要对电动机的启动、调速、反转、制动等过程加以控制。操作者以简单的控制电器如闸刀开关、转换开关等手控电器来实现电力拖动的控制，称为手动控制；若用自动电器来实现电力拖动的控制，就称为自动控制。自动控制不仅能减轻操作人员的劳动强度、提高工作机械的生产率和产品质量，而且可以实现手动控制难以完成的诸如远距离集中控制等。

尽管电力拖动自动控制已向无触点、连续控制、弱电化、微机控制方向发展，但继电器-接触器控制因其所用的控制电器结构简单，价格便宜，能够满足生产机械一般生产的要求，目前仍然获得广泛的应用。

## 第一节 概 述

### 一、低压电器的作用与分类

#### 1. 按动作性质分类

(1) 非自动电器，如刀开关、转换开关、行程开关等。这类电器没有动力机构，依靠人力或其他外力来接通或切断电路。

(2) 自动电器，如接触器、继电器、自动开关等。这类电器有电磁铁等动力机构，按照指令、信号或参数变化而自动动作，使工作电路接通和切断。

#### 2. 按用途分类

(1) 控制电器，如磁力启动器、接触器、继电器等。这类电器用来控制电动机的启动、反转、调速、制动等动作。

(2) 主令电器，指用于自动控制系统中发送动作指令的电器，对这类电器的主要技术要求是操作频率要高，抗冲击，电器的机械寿命长。例如按钮、行程开关、万能转换开关等。

(3) 保护电器，如熔断器、电流继电器、热继电器等。这类电器用来保护电动机，使其安全运行，或者保护生产机械，使其不被损坏。

(4) 执行电器，如电磁铁、电磁离合器等。这类电器用来操纵、带动生产机械，支撑与保持机械装置在固定位置上。

(5) 配电电器，指用于电能的输送和分配的电器，对这类电器的主要技术要求是分断能力强，限流效果好，动稳定性能及热稳定性能好。例如高压断路器、隔离开关、刀开关、空气断路器等。

大多数电器既可用作控制电器，也可用作保护电器。如电流继电器既可按"电流"参量来控制电动机，又可用来保护电动机不致过载；行程开关既可用来控制工作台的加速、减速及行程长度，又可作为终端开关保护工作台不致移动到导轨外面去。

**3. 按工作原理分类**

低压电器按工作原理可分为电磁式电器、非电量控制电器等。电磁式低压电器是采用电磁现象完成信号检测及工作状态转换的，是低压电器中应用最广泛、结构最典型的一类。

## 二、低压电器的应用

在电力拖动控制系统中，低压电器主要用于对电动机进行控制、调节和保护。在低压配电电路或动力装置中，低压电器主要用于对电路和设备进行保护以及通断、转换电源或负载。

图 6-1 所示为一工矿企业的典型配电线路，线路上设置了各种低压电器。这个线路分为三个区间：降压变压器至中央配电盘母线的线路称为主线路，中央配电盘母线至车间动力配电盘母线的线路称为分支线路，车间动力配电盘母线至负载的线路称为馈电线路。在这三个区间中各装置了一些低压电器。主线路上装有刀开关 QS1 和断路器 QF1，分支线路上也装有刀开关 QS2、QS3、QS4 和断路器 QF2、QF3。刀开关用于维修线路时隔离电源，以保证维修工作安全进行；断路器是一种多功能保护电器，当线路出现过载、短路、失压或欠压故障时，能自动分断故障线路，也可以用于不频繁地接通和分断电力线路。馈电线路中装有接触器 KM1、KM2，热继电器 FR1、FR2 和熔断器 FU2。接触器用于正常工作条件下频繁地接通和分断线路，但不能分断短路电流；熔断器用于对线路进行短路保护；热继电器用于对电动机进行过载保护。由此可见，不同的低压电器在线路中所承担的任务是不同的。

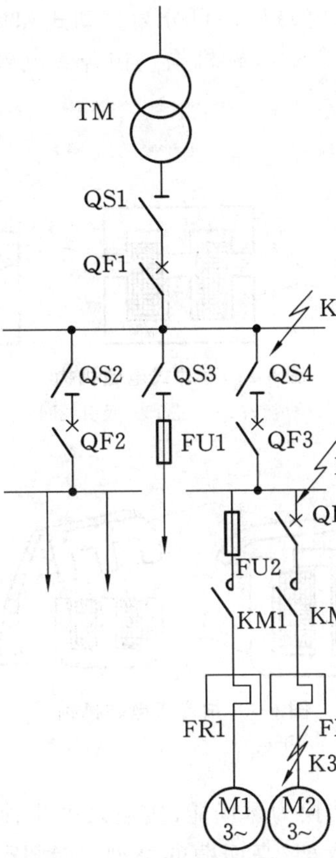


**图 6-1　工矿企业典型配电线路**

TM—配电变压器；QF1，QF2，QF3，QF4—低压断路器；QS1，QS2，QS3，QS4—刀开关；FU1，FU2—熔断器；K1—电磁抱闸；KM1，KM2—接触器；FR1，FR2—热继电器；M1，M2—电动机

# 第二节　常用低压电器的基本问题

各类电磁式低压电器在结构和工作原理上基本相同。从结构上来看，它们主要由两部分组成，即电磁机构（检测部分）和触点系统（执行部分）。

## 一、电磁机构

电磁机构是电磁式低压电器的关键部分，其作用是将电磁能转换成机械能。

### 1. 电磁机构的组成与分类

电磁机构由电磁线圈（吸引线圈）、铁芯和衔铁组成，其作用是通过电磁感应原理将电磁能转换成机械能，带动触点动作，完成接通和断开电路。电磁式低压电器的触点在线圈未通电状态时有常开（动合）和常闭（动断）两种状态，分别称为常开（动合）触点和常闭（动断）触点。当电磁线圈中有电流通过，电磁机构动作时，触点改变原来的状态，常开（动合）触点将闭合，使与其相连的电路接通；常闭（动断）触点将断开，使与其相连的电路断开。

根据衔铁相对铁芯的运动方式，电磁机构可分为直动式和拍合式两种。图 6-2 所示为直动式电磁机构，图 6-3 所示为拍合式电磁机构。拍合式电磁机构包括衔铁沿棱角转动和衔铁沿轴转动两种。

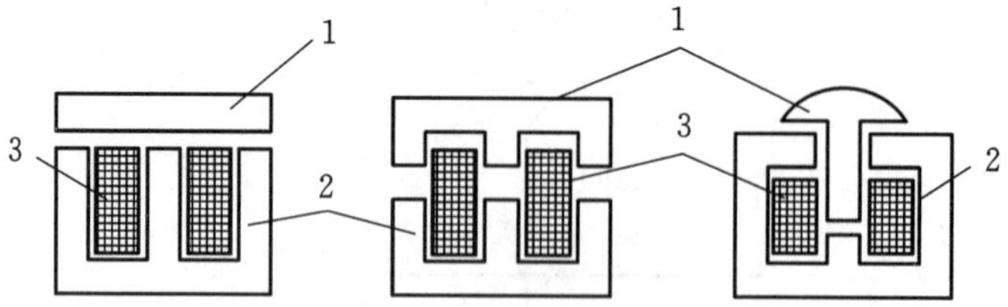


**图 6-2　直动式电磁机构**

1—衔铁；2—铁芯；3—吸引线圈

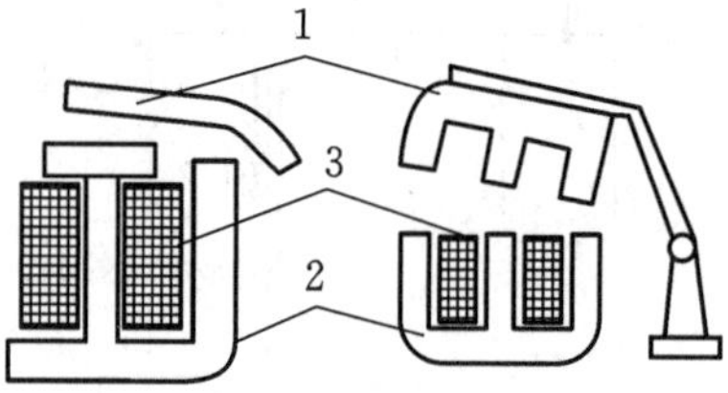


**图 6-3　拍合式电磁机构**

1—衔铁；2—铁芯；3—吸引线圈

吸引线圈的作用是将电能转换为磁场能，按通入电流种类线圈可分为直流线圈和交流线圈。直流线圈一般做成无骨架、高而薄的类型，使线圈与铁芯直接接触，以便散热。交流线圈由于铁芯存在涡流和磁滞损耗，铁芯也会发热，为了改善线圈和铁芯的散热条件，线圈设有骨架，使铁芯与线圈隔离，并将线圈制成短而厚的类型。另外，根据线圈在电路中的连接形式，线圈可分为串联型和并联型。串联型主要用于电流检测类电磁式电器中，大多数电磁式低压电器线圈都按照并联接入方式设计。为了减少对电路的分压作用，串联线圈采用粗导线制造，匝数少，线圈的阻抗较小。并联型为了减少对电路的分流作用，需要较大的阻抗，一般线圈的导线细而匝数多。

**2. 交流电磁机构上短路环的作用**

电磁吸力由电磁机构产生，当电磁线圈断电时使触点恢复常态的力称为反力，电磁式电器中反力由复位弹簧和触点产生，衔铁吸合时要求电磁吸力大于反力，衔铁复位时要求反力大于电磁吸力(此时是剩磁产生的电磁吸力)。当电磁吸力的瞬时值大于反力时，铁芯吸合；当电磁吸力的瞬时值小于反力时，铁芯释放。所以交流电磁机构在电源电压变化周期中，电磁铁将吸合两次，释放两次，电磁机构会产生剧烈的振动和很大的噪声，因而不能正常工作，为此必须采取有效措施，以消除振动与噪声。

解决的具体办法是在铁芯端面开一小槽，在槽内嵌入铜质短路环，如图 6-4 所示。加上短路环后，磁通被分为大小接近、相位相差约 90°电角度的两相磁通 $\Phi_1$ 和 $\Phi_2$，因两相磁通不会同时过零值，又由于电磁吸力与磁通的二次方成正比，故由两相磁通产生的合成电磁吸力变化较为平坦，使电磁铁通电期间电磁吸力始终大于反力，铁芯牢牢吸合，这样就消除了振动和噪声。一般,短路环包围 2/3 的铁芯端面。

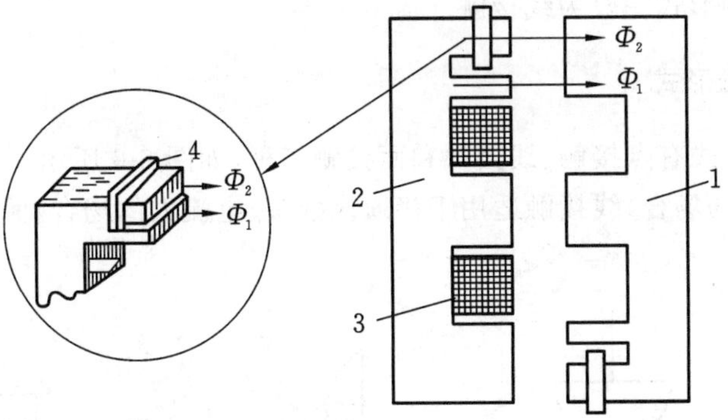


**图 6-4 交流电磁铁的短路环**

1—衔铁;2—铁芯;3—线圈;4—短路环

## 二、触点系统

触点是电磁式电器的执行机构,电器就是通过触点的动作来接通或断开被控制电路的,所以要求触点导电导热性能好。电接触状态就是触点闭合并有工作电流通过时的状态,这时触点的接触电阻大小将影响其工作情况。接触电阻大时触点易发热,温度升高,从而使触点易产生熔焊现象,这样既影响工作的可靠性,又缩短了触点的寿命。触点接触电阻的大小主要与触点的接触形式、接触压力、触点材料及触点的表面状况有关。

### 1. 触点的结构形式

触点的结构形式主要有两种:桥式触点和指形触点。

图 6-5 所示为桥式触点的结构形式,其中图 6-5(a)、图 6-5(b)为桥式常开(动合)触点的结构。电磁式电器通常同时具有常开(动合)和常闭(动断)两种触点,桥式常闭(动断)触点与桥式常开触点结构及动作对称,一般在常开触点闭合时,常闭触点断开。图 6-5 中,静触点的两个触点串于同一条电路中,当衔铁被吸向铁芯时,与衔铁固定在一起的动触点也随着移动,当与静触点接触时,便与静触点相连的电路接通。电路的接通与断开由两个触点共同完成,触点的接触形式多为点接触和面接触形式。

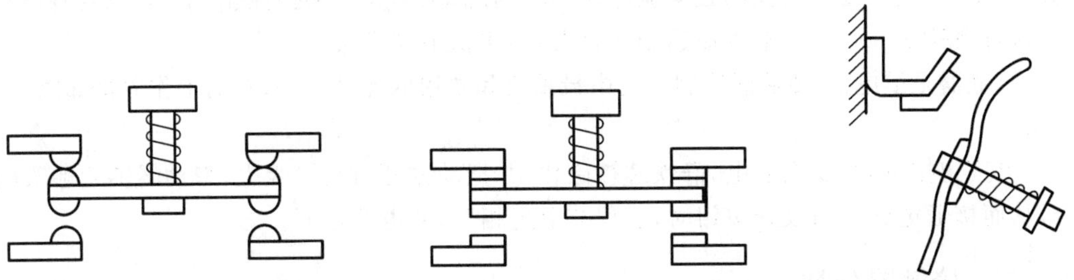

(a) (b) (c)

**图 6-5 桥式触点的结构形式**

如图 6-5(c)所示为指形触点，触点接通或断开时产生滚动摩擦，能去掉触点表面的氧化膜。触点的接触形式一般为线接触。

**2. 触点的接触形式**

触点的接触形式有点接触、线接触和面接触三种，如图 6-6 所示。点接触适用于电流不大、触点压力小的场合，线接触适用于接通次数多、电流大的场合，面接触适用于大电流的场合。

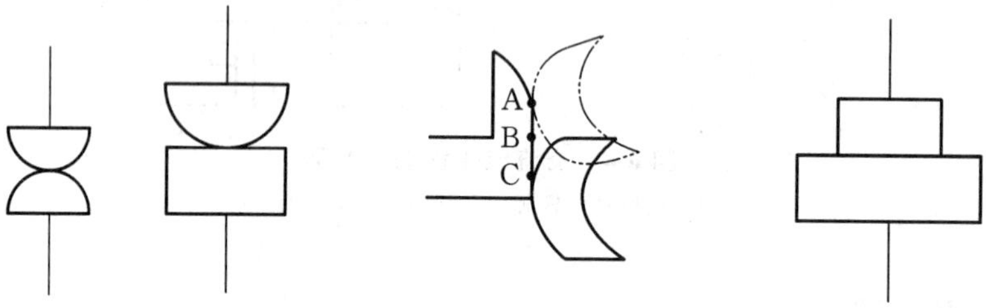


(a)　　(b)　　(c)

**图 6-6　触点的接触形式**

(a) 点接触；(b) 线接触；(c) 面接触

为了减小接触电阻，可使触点的接触面积增大。一般在动触点上安装一个触点弹簧。选择电阻系数小的材料，材料的电阻系数越小，接触电阻也越小。改善触点的表面状况，尽量避免或减少触点表面氧化物形成，注意保持触点表面清洁，避免聚集尘埃，也可减小接触电阻。

# 第三节　接　触　器

## 一、接触器控制电路的工作原理

接触器是在外界输入信号控制下自动接通或断开带有负载的主电路(如电动机)的自动控制电器，它是利用电磁力来使开关打开或闭合的电器。接触器适用于频繁操作(高达每小时 1500 次)，远距离控制强电流电路，并具有低压释放的保护性能、工作可靠、寿命长(机械寿命达 2000 万次，电寿命达 200 万次)和体积小等优点。

接触器是继电器-接触器控制系统中最重要和常用的元件之一，它的工作原理如图 6-7 所示。

当按钮按下时，线圈通电，静铁芯被磁化，并把动铁芯(衔铁)吸上，带动转轴使触头闭合，从而接通电路。当放开按钮时，过程与上述相反，使电路断开。

## 二、接触器分类

根据主触头所接回路的电流种类，接触器分为交流接触器和直流接触器两种。

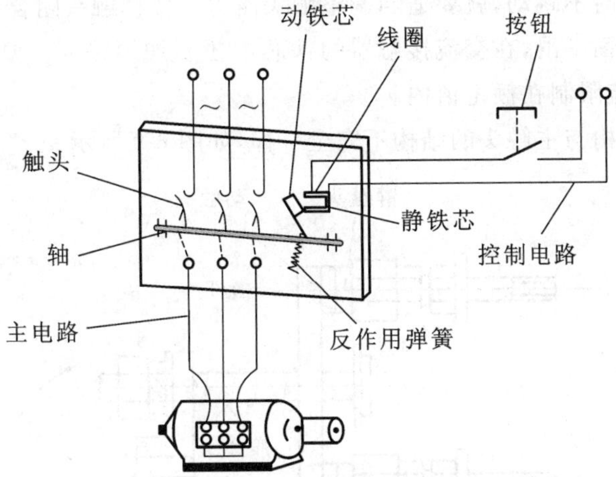


图 6-7　接触器控制电路的工作原理

**1. 交流接触器**

1）触头

触头是接触器的执行部分。

①主要任务：完成接触器接通或断开电路的任务。

②对触头的要求：接通时导电性能良好、接触电阻小；闭合时不跳动（不振动）；闭合时噪声小；闭合时不过热；断开时能可靠地消除规定容量下的电弧。

③实现方法：触头接触时导电性能好、接触电阻小；触头常用铜、银及其合金制成；工作于大电流回路的接触器，其触头常采用滚动接触的形式，如图 6-8 所示。

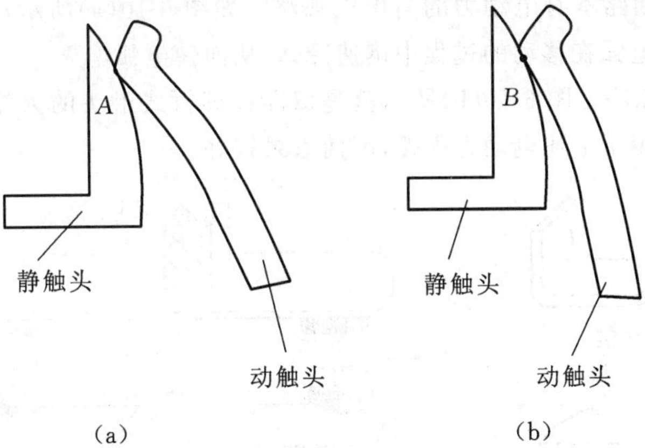


图 6-8　触头滚动接触的位置

开始接通时，动触头在 $A$ 点接触，最后滚动到 $B$ 点，$B$ 点位于触头根部，是触头长期工作接触区域。断开时触头先从 $B$ 点向上滚动，最后从 $A$ 点处断开。这样断开和接通点均在 $A$ 点，保证 $B$ 点工作良好。同时，触头滚动的结果，还可去除表面的氧化膜。

要使触头闭合时不跳动，就要适当调整触头压力。要使触头闭合时噪声小，就需要使衔铁与铁芯的接触面平滑，在交流接触器的铁芯中还要加短路环。要使触头闭合时不过热，必须把工作电流限制在额定值内。

辅助触头的结构与主触头的结构不完全一样，如图 6-9 所示。

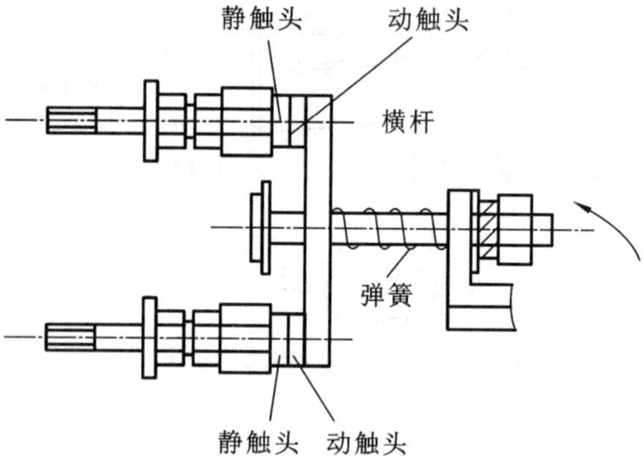


**图 6-9　辅助触头的结构**

横杆上焊有两个动触头，当横杆压下时，动触头与静触头闭合，接通电路。弹簧是为了使动、静触头保持良好的接触。

2）灭弧装置

当触头在大电流回路中断开时，在动、静触头间产生强烈电弧，会烧坏触头，并使切断时间拉长，为使接触器可靠工作，必须使电弧迅速熄灭，故要采用灭弧装置。

灭弧的方法有以下几种：

① 利用触头回路本身电动力的简单灭弧法。如图 6-10(a)所示，电弧受到电动力 $F$ 的作用而拉长，且电弧在移动的过程中迅速冷却，从而使电弧熄灭。

② 多断口灭弧法。图 6-10(b)所示就是双断口即桥式触头的灭弧结构，它将整个电弧分成两段，并利用了上述电动力灭弧，因而效果较好。

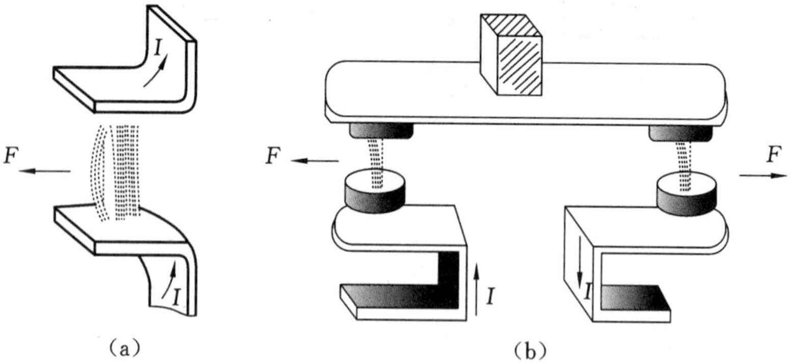


**图 6-10　利用电动力灭弧**

还有常在触头上加个灭弧罩，此罩是用石棉水泥或陶瓷材料做成的，用来隔弧，防止电弧在极间飞跃而造成短路。使用时不要将灭弧罩取下。

③ 磁吹灭弧。磁吹灭弧线圈如图 6-11 所示。在触头回路（主电路）中串接吹弧线圈（较粗的几匝导线，其间穿以铁芯增强导磁性），通电流后产生较大的磁通。触头分开的瞬间所产生的电弧就是载流体，它在磁场的作用下产生电磁力 $F$，把电弧拉长与冷却而灭弧。电弧电流越大，吹弧的能力也越强。磁吹灭弧法在直流接触器应用广泛。

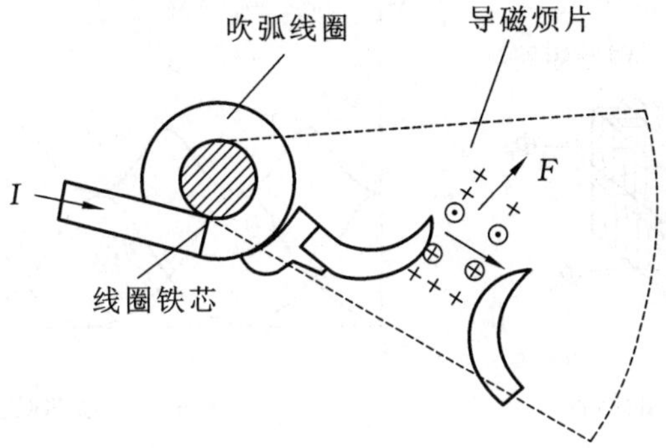


图 6-11　吹弧线圈

④ 纵缝灭弧。图 6-12 所示是这类灭弧装置中的一种，灭弧罩内只有一个纵缝，缝的下部宽以便它放触头，缝的上部窄以便电弧压缩并和灭弧室壁有很好的接触，当触头断开时，电弧被外界磁场或电动力横吹而穿入缝内，将电弧的热量传递给室壁而迅速冷却，去游离的效应大增，电弧熄灭。

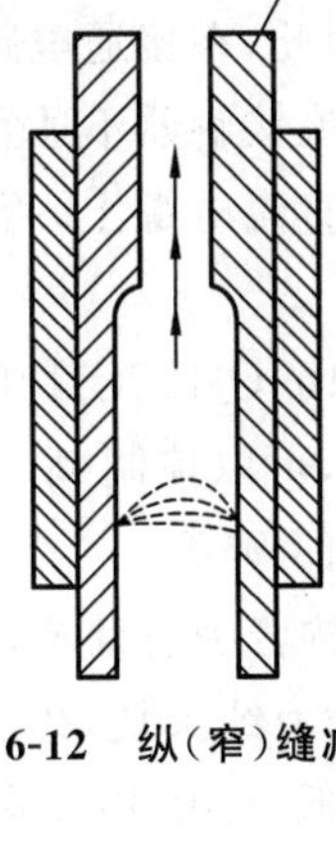


图 6-12　纵（窄）缝减弧装置

3）铁芯（磁路）

为了减小涡流损耗，交流接触器的铁芯都用硅钢片叠铆而成，并在铁芯的端面上装有分磁环（短路环）。

在线圈中通交变电流时，在铁芯中产生的磁通是与电流同频率变化的，当电流频率为

50 Hz 时，磁通每秒有 100 次经过零点。当磁通过零值时，它所产生的吸力也为零，动铁芯（衔铁）有离开趋势，但未及离开，磁通又很快上升，动铁芯又被吸回，结果造成振动，产生噪声。

短路环能让铁芯间通过两个在时间上不同相的磁通，使总磁通不会经过零值点，减小噪声。

短路环的结构如图 6-13 所示。铁芯吸力的变化如图 6-14 所示。

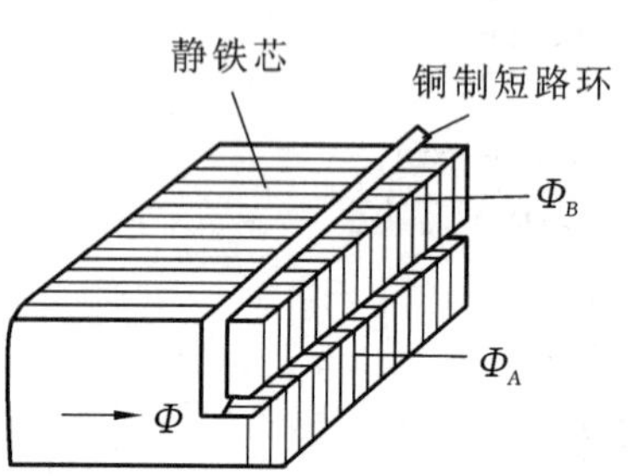


**图 6-13　短路环的结构**

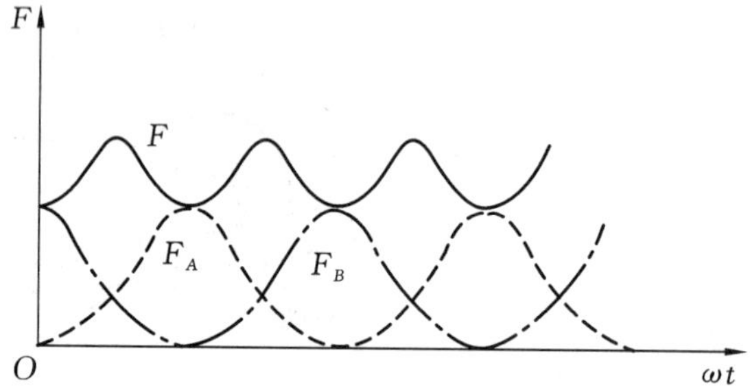


**图 6-14　铁芯吸力的变化**

短路环将铁芯端部分为两部分，铁芯 $A$ 面不被短路环所包，通过这部分的磁通 $\Phi_A$ 产生吸力 $F_A$，短路环所包的铁芯 $B$ 面在短路环内产生感应电势和电流，这电流所产生的磁通将企图阻止 $B$ 面中磁通的变化，致使穿过 $B$ 面的实际磁通 $\Phi_B$ 滞后于 $\Phi_A$ 一个角度，它所产生的吸力 $F_B$ 也将滞后于 $F_A$，使总的合力 $F$ 不经过零点，从而消除了振动和噪声。

4）线圈

交流接触器的吸引线圈（工作线圈）一般做成有架式，形状较扁，以避免与铁芯直接接触，改善线圈的散热情况。

交流线圈的匝数较少，纯电阻小，因此，在接通电路的瞬间，由于铁芯气隙大，电抗小，电流可达到 15 倍的工作电流，所以，交流接触器不适宜于极频率启动、停止的工作制。此外，千万不要把交流接触器的线圈接在直流电源上，否则将因电阻小而流过的电流大，使线圈烧坏。

目前常用的交流接触器型号有 CJ10、CJ12、CJ12B、CJ20、CJX1 等系列。例如，CJ10-40A，其主触头的额定工作电流为 40 A，可以控制额定电压为 380 V、额定功率为 20 kW 的三相异步电动机，它的结构图如图 6-15 所示。

这种交流接触器为开启式，动作机构皆为直动式，有动合主触头三个，动合、动断辅助触头各两个，触头为双断点式，接触部分为纯银块，外壳采用塑料压制成。该交流接触器有结构紧凑、体积小、机械寿命长、成本低、使用和维修方便、允许操作频率高（1200 次/h 或 600 次/h）、外形美观等优点，适用于长期及间断长期工作制，也适用于短时和重复短时工作制，用于后者时额定电流可以适当选小一些。

**2. 直流接触器**

直流接触器主要用以控制直接电路（主电路、控制电路和励磁电路等）。它的组成部

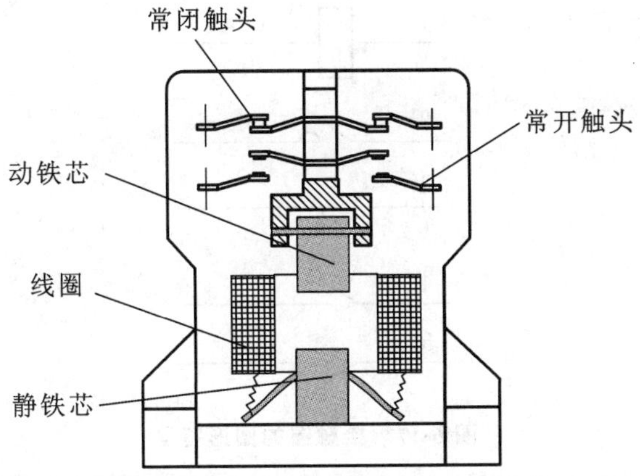


图 6-15　交流接触器结构图

分和工作原理同交流接触器一样。目前常用的 CZO 系列的直流接触器原理结构图如图 6-16 所示。

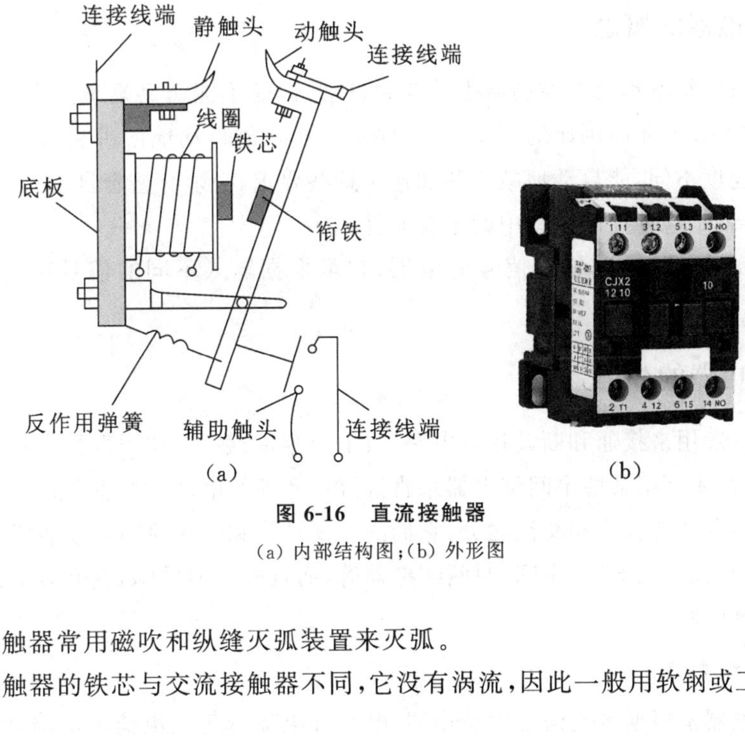


图 6-16　直流接触器

(a) 内部结构图;(b) 外形图

直流接触器常用磁吹和纵缝灭弧装置来灭弧。

直流接触器的铁芯与交流接触器不同,它没有涡流,因此一般用软钢或工程纯铁制成圆形。

由于直流接触器的吸引线圈中通有直流,因此没有冲击的启动电流,也不会产生铁芯猛烈撞击现象,因而它的寿命长,适用于频繁启动、制动的场合。

交、直流接触器的选用可根据线路的工作电压和电流查电器产品目录。

在电气传动系统图中,接触器用图 6-17 所示的图形符号表示。接触器的文字符号用 KM 表示。

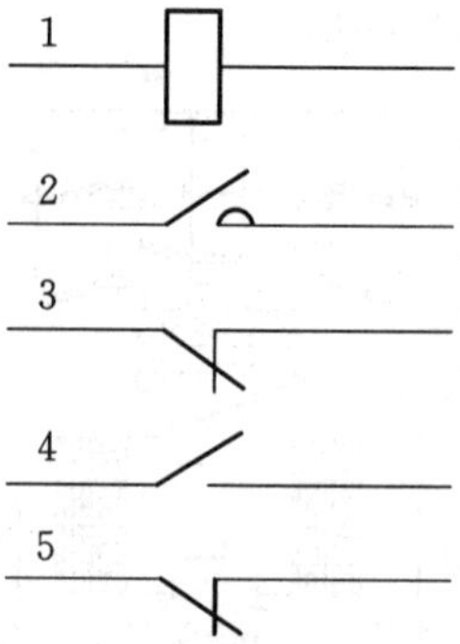


**图 6-17　接触器的图形符号**

1—吸引线圈；2—动合主触头；3—动断主触头；4—动合辅助触头；5—动断辅助触头

# 第四节　继　电　器

## 一、继电器的概念

接触器虽已将电动机的控制由手动变为自动，但还不能满足复杂生产工艺过程自动化的要求，如对大型龙门刨床的工作，不仅要求工作台能自动地前进和后退，而且要求前进和后退的速度不同，能自动地减速和加速。这些要求，必须有整套自动控制设备才能满足，而继电器就是这种控制设备中的主要元件。

继电器实质上是一种传递信号的电器，它可根据输入不同的信号达到不同的控制目的。

## 二、继电器的分类

继电器一般用来接通和断开控制电路，故电流容量、触头、体积都很小，只有当电动机的功率很小时，才可用某些中间继电器来直接接通和断开电动机的主电路。

电磁式继电器有直流和交流之分，它们的主要结构和工作原理与接触器基本相同，它们各自又可分为电流、电压、中间、时间继电器等，而且同一型号（如直流继电器 JT3）中可有以下几种继电器。

1）电流继电器

电流继电器是根据电流信号而动作的，电流继电器分为欠电流继电器和过电流继电器，欠电流继电器是指当被测电流小于继电器设定电流时，触头动作；过电流继电器是指当被测电流大于继电器设定电流时，触头动作。

电流继电器的特点是匝数少、线径较粗、能通过较大电流。

电流继电器的表示符号如图 6-18 所示。

在电气传动系统中，用得较多的电流继电器有 JL14、JL15、JT3、JT9、JT10 等型号。

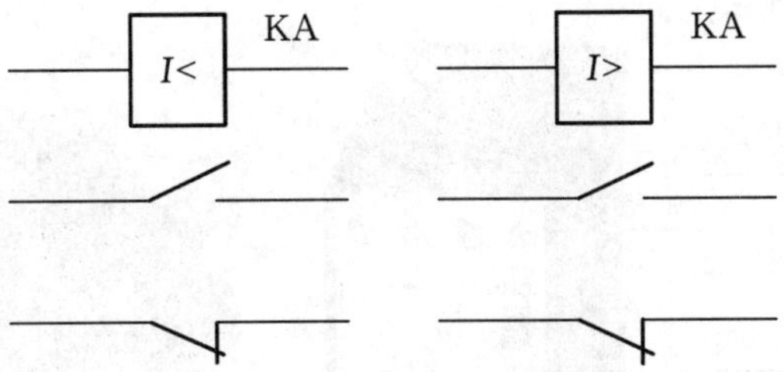


**图 6-18　电流继电器符号**

(a) 欠电流继电器；(b) 过电流继电器

选择电流继电器时主要根据电路的电流种类和额定电流大小来选择。

2）电压继电器

电压继电器是根据电压信号动作的。电压继电器分为欠电压继电器和过电压继电器，欠电压继电器是指当被测电压小于继电器设定电压时，触头动作；过电压继电器是指当被测电压大于继电器设定电压时，触头动作。

电压继电器的特点是匝数少、线径较粗、能通过较大电流。

电压继电器的表示符号如图 6-19 所示。

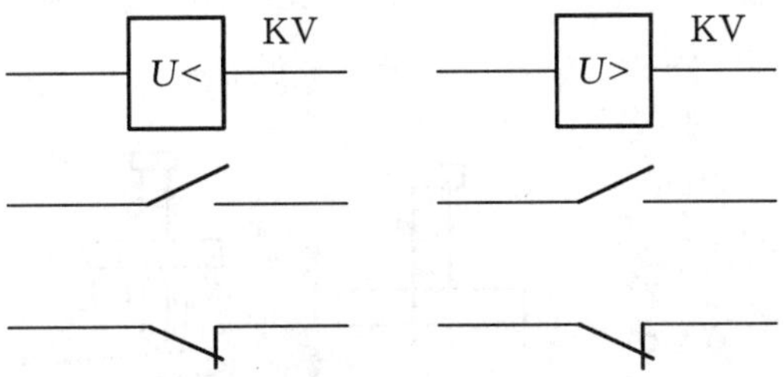


**图 6-19　电压继电器**

(a) 欠电压继电器；(b) 过电压继电器

在机床电气传动系统中常用的电压继电器有 JT3、JT4 型。选择电压继电器时根据线路电压的种类和大小来选择。

3）中间继电器

中间继电器本质上是电压继电器，但还具有触头多(多至 6 对或更多)、触头能承受的电流较大(额定电流 5～10 A)、动作灵敏(动作时间短于 0.05 s)等特点。它的用途有两个：第一，用于中间传递信号，当接触器线圈的额定电流超过电压或电流继电器触头所允许通过的电流时，可用中间继电器作为中间放大器再来控制接触器；第二，用于同时控制多条线路。

在机床电气控制系统中常用的中间继电器除 JT3、JT4 型外，目前用得最多的是 JZ7 型和 JZ8 型中间继电器。在可编程序控制器和仪器仪表中还用到各种小型继电器。中间继电器表示符号和实物如图 6-20 所示。

选用中间继电器时，主要的依据是控制线路所需触头的多少和电源电压等级。

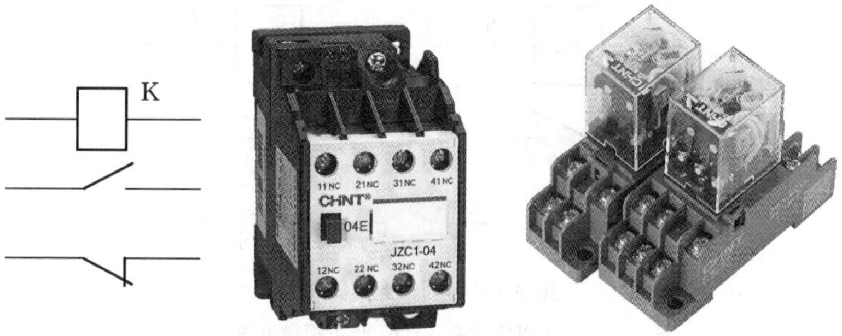


**图 6-20　中间继电器**

4）热继电器

热继电器是根据控制对象的温度变化来控制电流流通的继电器，即利用电流的热效应而动作的继电器。

热继电器主要用来保护电动机。电动机工作时，是不允许超过额定温升的，否则会缩短电动机的寿命。熔断器和过电流继电器只能保护电动机不超过允许的最大电流，不能反映电动机的发热状况。电动机短时过载是允许的，但长期过载会使电动机发热，因此，必须采用热继电器进行保护。图 6-21 所示是 JR14-20/2 型热继电器的原理结构示意图。

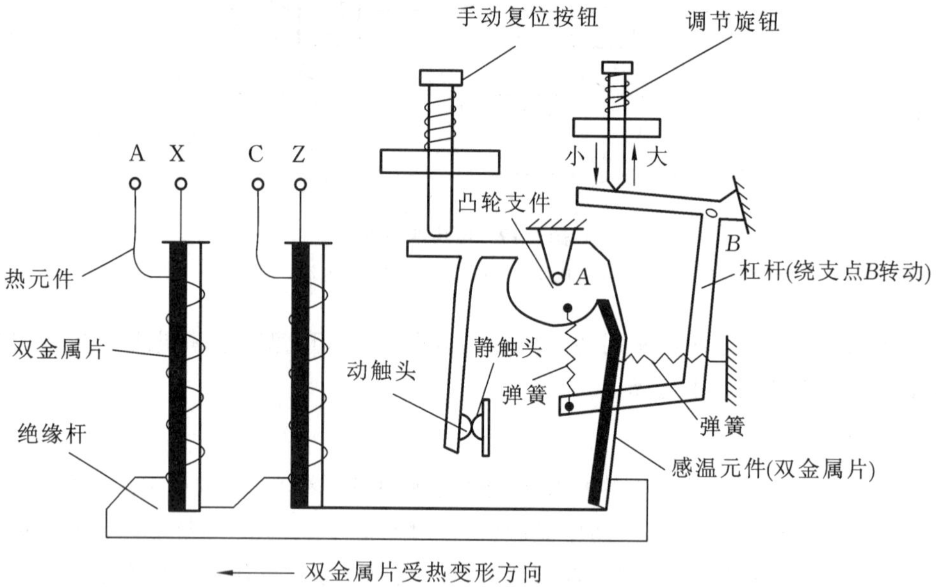


**图 6-21**　JR14-20/2 **型热继电器原理结构示意图**

目前常用的热继电器有 JR14、JR15、JR16 等系列。使用热继电器时要注意以下几个问题。

① 为了正确地反映电动机的发热情况，在选择热继电器时应采用适当的热元件，热元件的额定电流与电动机的额定电流相等时，继电器便准确地反映电动机的发热。

② 注意热继电器所处的周围环境温度，应保证它与电动机有相同的散热条件，特别是有温度补偿装置的热继电器。

③ 由于热继电器有热惯性，大电流出现时它不能立即动作（如图 6-21 所示），故热继电器不能用于短路保护。

④ 用热继电器保护三相异步电动机时，至少要用有两个热元件的热继电器，从而在不正常的工作状态下，也可对电动机进行过载保护，例如，电动机单相运行时，至少有一个热元件能起作用。当然，最好采用有三个热元件带缺相保护的热继电器。

热继电器表示符号和实物如图 6-22 所示。

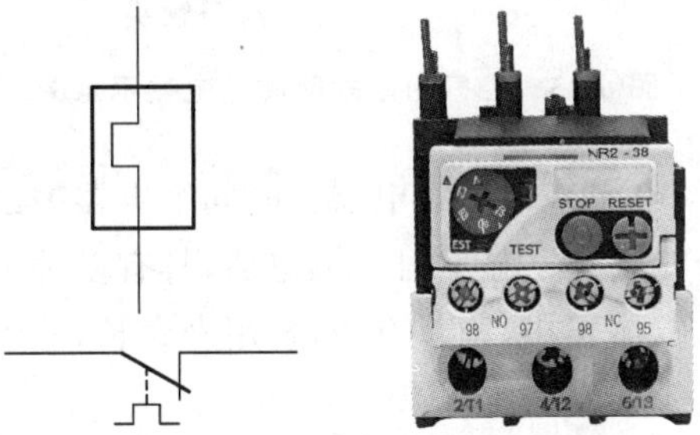


**图 6-22　热继电器表示符号和实物**

5）时间继电器

时间继电器一种利用电磁原理或机械动作原理来延迟触头闭合或分断的自动控制电器，当加入（或去掉）输入的动作信号后，其输出电路需经过规定的准确时间才产生跳跃式变化（或触头动作）的一种继电器。其特点是，自吸引线圈得到信号起至触头动作中间有一段延时。时间继电器一般用于以时间为函数的电动机启动过程控制，是一种使用在较低的电压或较小电流的电路上，用来接通或切断较高电压、较大电流的电路的电器元件。

时间继电器可以按照工作原理和延时方式来进行分类。

(1) 按工作原理分类

按其工作原理的不同，时间继电器可分为空气阻尼式时间继电器、电动式时间继电器、电磁式时间继电器、电子式时间继电器等。

① 空气阻尼式时间继电器

空气阻尼式时间继电器是利用空气通过小孔时产生阻尼的原理获得延时。其结构由电磁系统、延时机构和触头三部分组成。电磁机构为双口直动式，触头系统为微动开关，延时机构采用气囊式阻尼器。如图 6-23 所示，当线圈通电，衔铁向下吸合，连杆动作，延时触头动作。

② 电子式时间继电器

电子式时间继电器是利用 RC 电路中电容电压不能跃变，只能按指数规律逐渐变化的原理，即电阻尼特性获得延时的。

特点：延时范围广，最长可达 3600 s，精度高，一般为 5%左右，体积小，耐冲击震动，调节方便。

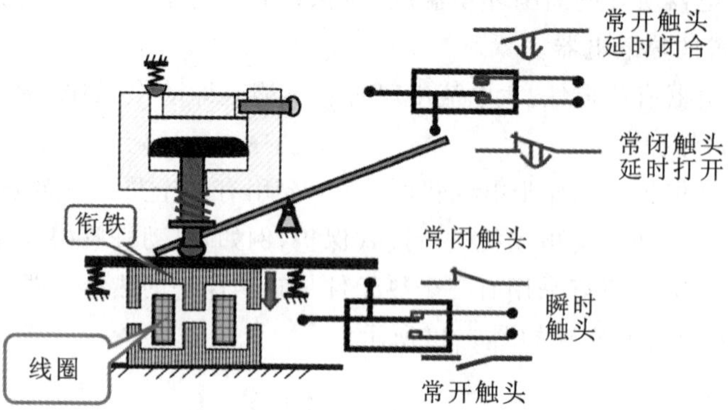


图 6-23　空气阻尼式时间继电器示意图

随着电子技术的发展，电子式时间继电器在时间继电器中已成为主流产品，采用大规模集成电路技术的电子智能式数字显示时间继电器，具有多种工作模式，不但可以实现长延时时间，而且延时精度高，体积小，调节方便，使用寿命长，使得控制系统更加简单可靠。

③ 电动机式时间继电器

电动机式时间继电器是利用微型同步电动机带动减速齿轮系获得延时的。

特点：延时范围宽，可达 72 h，延时准确度可达 1%，同时延时值不受电压波动和环境温度变化的影响。

电动机式时间继电器的延时范围与精度是其他时间继电器无法比拟的，其缺点是结构复杂、体积大、寿命低、价格贵，准确度受电源频率影响。

④ 电磁式时间继电器

电磁式时间继电器是利用电磁线圈断电后磁通缓慢衰减的原理使磁系统的衔铁延时释放而获得触点的延时动作原理而制成的，它的特点是触点容量大，故控制容量大，但延时时间范围小，精度稍差，主要用于直流电路的控制中。

(2) 按延时方式分类

根据其延时方式的不同，时间继电器又可分为通电延时型和断电延时型两种。

① 通电延时型时间继电器

通电延时型时间继电器在获得输入信号后立即开始延时，需待延时完毕，其执行部分才输出信号以操纵控制电路；当输入信号消失后，继电器立即恢复到动作前的状态。

② 断电延时型时间继电器

与通电延时型时间继电器相反，当获得输入信号后，执行部分立即有输出信号；而在输入信号消失后，继电器却需要经过一定的延时，才能恢复到动作前的状态。

时间继电器触头类型及其图示如表 6-1 所示，实物图如图 6-24 所示。选用时间继电器时应注意，其线圈(或电源)的电流种类和电压等级，按控制要求选择延时方式、触点形式、延时精度以及安装方式。技术参数包括额定电压、触头工作电流、触头型式及数量、延时范围、准确度、适应环境温度、机械寿命和电寿命等。

表 6-1　时间继电器触头类型

| | | |
|---|---|---|
| | 通电延时式 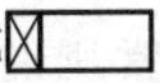 | 断电延时式 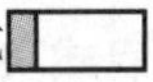 |
| 瞬动触点 | 常闭触点 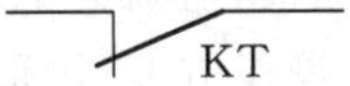 KT | |
| | 常开触点  KT | |
| 延时触点 | 常开通电后延时闭合  KT | 常闭断电后延时断开  KT |
| | 常闭通电后延时断开 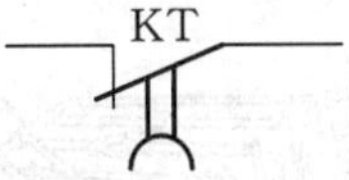 KT | 常开断电后延时闭合  KT |

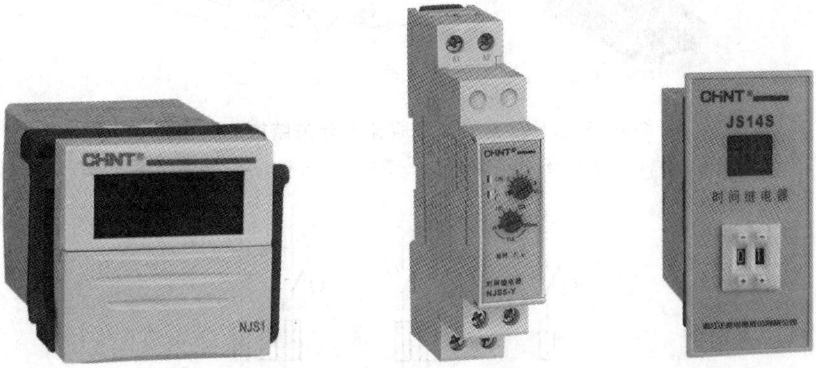


图 6-24　时间继电器实物图

# 第五节　配 电 电 器

配电电器主要是指用于电能的输送和分配的电器，对这类电器的主要技术要求是分断能力强、限流效果好、动稳定性能及热稳定性能好。高压断路器、隔离开关、刀开关、空气断路器等都属于配电电器。

## 一、低压开关

### 1. 低压刀开关

低压刀开关又称闸刀开关，是一种用来接通或切断电路的手动低压开关。用低压刀开关来接通和切断电路的时候，在刀刃和夹座之间会产生电弧。电路的电压越高，电流越大，电弧就越大。电弧会烧坏闸刀，严重时还会伤人。所以低压刀开关一般用于电流在

500 A 以下、电压在 500 V 以下的不常开闭的线路中。

低压刀开关的种类很多，常用的有开启式负荷开关、封闭式负荷开关(铁壳开关)等。

(1) 开启式负荷开关：开启式负荷开关就是通常所说的胶木闸刀开关。开启式负荷开关的底座为瓷板或绝缘底板，盒盖为绝缘胶木，它主要由刀开关和熔丝组成。开启式负荷开关的特点是结构简单，操作方便，因而在低压电路中应用广泛。

开启式负荷开关主要作为照明电路和小容量(5.5 kW 及 5.5 kW 以下)动力电路不频繁启动的控制开关。

HK2 系列瓷底胶盖刀开关(俗称闸刀)的结构与实物如图 6-25 所示，由熔丝、触刀、触点座、操作手柄(瓷柄)和瓷底座组成。在使用时进线座接电源端的进线，出线座接负载端导线，靠动触点(触刀)与静触点(触点座)的分合来接通和断开电路。图 6-26 所示为刀开关的图形符号及文字符号。

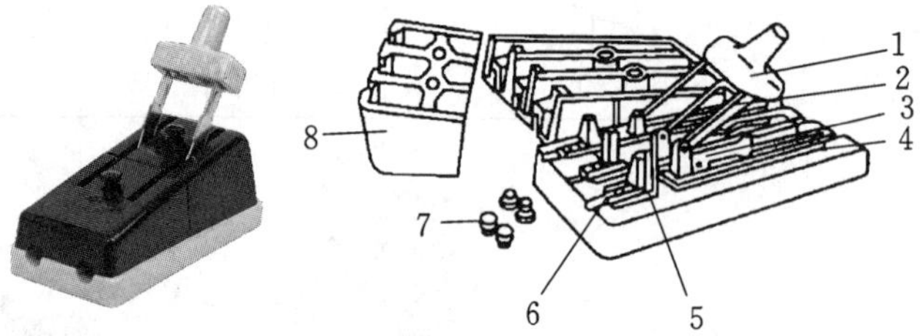


**图 6-25** HK2 系列瓷底胶盖刀开关结构与实物图

1—瓷柄；2—动触点；3—出线座；4—瓷底座；5—静触点；6—进线座；7—胶盖紧固螺钉；8—胶盖

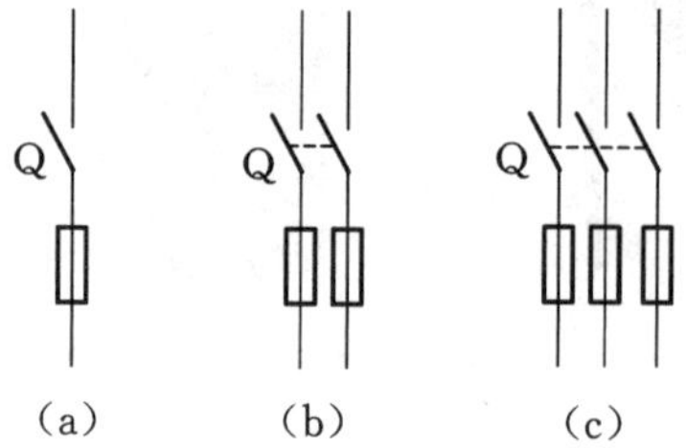


**图 6-26** 刀开关的图形符号及文字符号

(a) 单极；(b) 双极；(c) 三极

刀开关安装时，手柄要向上，不得倒装或平装。倒装时手柄有可能因自重而下滑引起误合闸，造成人身伤害事故。接线时，将电源线接在熔丝上端，负载线接在熔丝下端，拉闸后刀开关与电源隔离，便于更换熔丝。

(2) 封闭式负荷开关：封闭式负荷开关又称铁壳开关，主要由闸刀、熔断器、夹座和铁壳等组成。其实物和结构如图 6-27 所示。它和一般刀开关的区别是装有与转轴及手柄相连的速动弹簧。速动弹簧的作用是使闸刀与夹座快速接通和分离，从而使电弧很快熄灭。为了保证安全，封闭式负荷开关装有机械联锁装置，使开关合闸后厢盖打不开；厢盖打开时，开关不能合闸。

封闭式负荷开关适用于工矿企业、农村电力排灌和电热、照明等各种配电设备中，供不频繁手动接通与分断电路，以及作线路末端的短路保护之用。

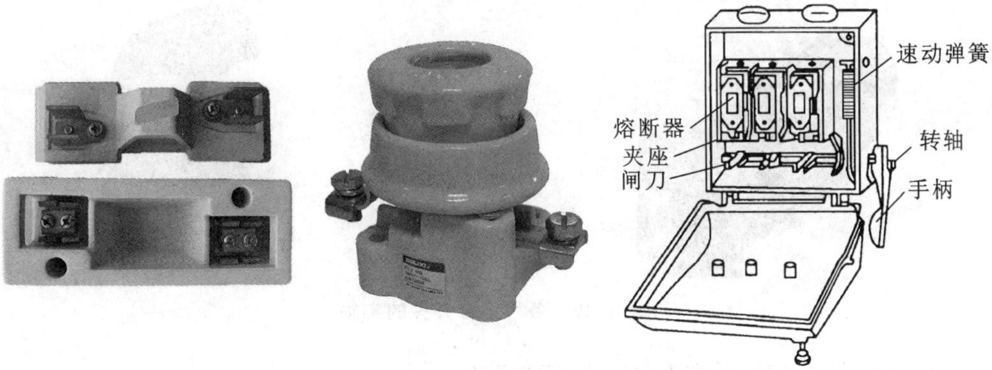


图 6-27　封闭式负荷开关的实物和结构

**2. 组合开关**

组合开关又称转换开关，它的结构与上述刀开关不同，是通过驱动转轴实现触点的闭合与分断，也是一种手动控制开关。组合开关的结构和图形符号及文字符号如图 6-28 所示。转换开关通断能力较低，一般用于小容量电动机的直接启动、电动机的正反转控制及机床照明控制电路中。它结构紧凑、体积小、操作方便。

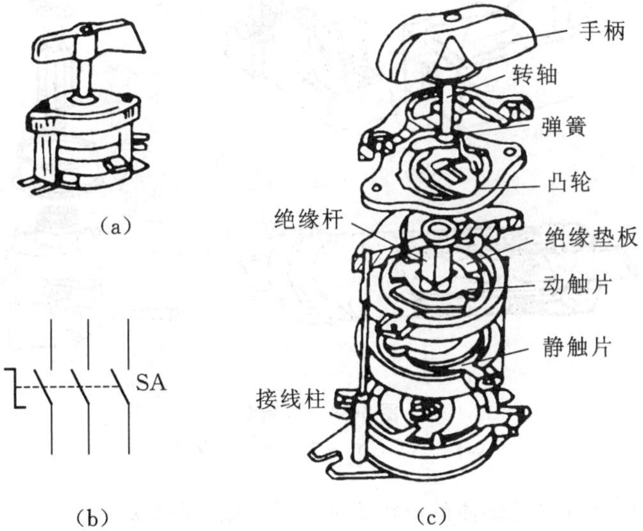


图 6-28　组合开关的结构和图形符号及文字符号

(a)外形；(b) 图形符号及文字符号；(c) 结构

常用的组合开关有 $HZ_1$、$HZ_2$、$HZ_3$、$HZ_4$、$HZ_{10}$。等系列产品。其中，$HZ_{10}$ 系列组合开关具有寿命长、使用可靠、结构简单等优点。各种组合开关的实物如图 6-29 所示。

## 二、熔断器

熔断器(俗称保险盒)是一种广泛应用于电力拖动控制系统中的保护电器。熔断器串于被保护的电路中，当电路发生短路或严重过载时，它的熔体(俗称保险丝)能自动迅速熔

图 6-29 各种组合开关的实物

断，从而切断线路，使导线和电气设备不致损坏。

熔断器从结构上分，有插入式、密封管式和螺旋式，如图 6-30 所示。熔断器的熔体一般由熔点低、易于熔断、导电性能好的合金材料制成。常用的插入式熔断器有 RC1A 系列，螺旋式熔断器有 RLS 系列和 RL1 系列，无填料密封管式熔断器有 RM10 系列，有填料密封管式熔断器有 RTO 系列。快速熔断器有 RS0 系列和 RS3 系列。RS0 系列可作为半导体整流元件的短路保护，RS3 系列可作为晶闸管整流元件的短路保护。

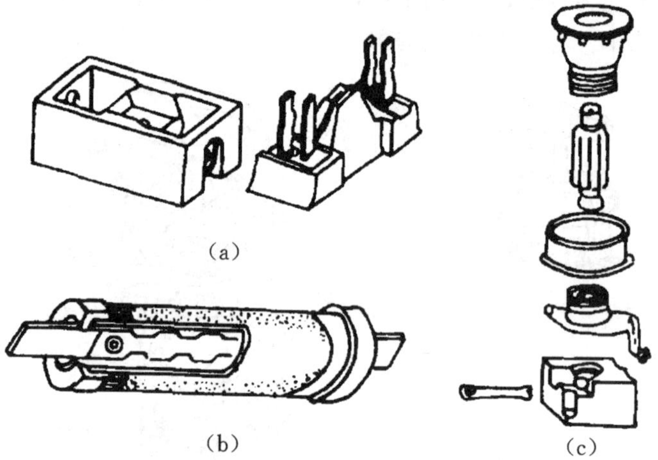

图 6-30 熔断器

(a) 插入式；(b) 密封管式；(c) 螺旋式

熔体的熔断时间与通过熔体的电流有关。它们之间的关系称为熔体的熔断特性，如图 6-31 所示(电流用额定电流的倍数表示)。从熔体的熔断特性可看出，当通过的电流与额定电流之比 $I/I_N \leqslant 1.25$ 时，熔体将长期工作；当 $I/I_N = 2$ 时，熔体在 30～40 s 内熔断；当 $I/I_N > 10$ 时，熔体瞬时熔断。所以当电路发生短路时，短路电流使熔体瞬时熔断。

熔断器一般是根据线路的工作电压和额定电流来选择的。对一般电路、直流电动机和绕线异步电动机的保护来说，熔断器是按它们的额定电流选择的。但对笼形异步电动机却不能这样选择，因为笼形异步电动机直接启动时的启动电流为额定电流的 5～7 倍，若按额定电流选择，熔体将即刻熔断。因此，为了保证所选的熔断器既能起到短路保护作用，又能使电动机启动，一般笼形异步电动机的熔断器按启动电流的 $1/K$ ($K=1.5 \sim 2.5$)

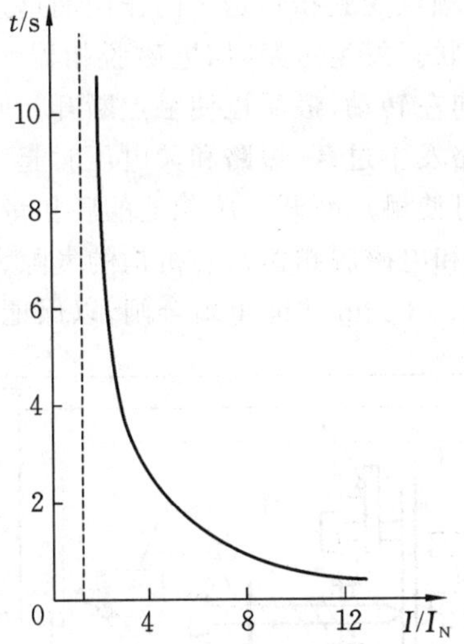


图 6-31　熔体的熔断特性

来选择。若轻载启动、启动时间短，$K$ 应选得大一些；若重载启动、启动时间长，$K$ 应选得小一些。电动机的启动时间很短，故这样选择的熔断器的熔体在启动过程中来不及熔断。

熔断器结构简单、价格低廉，但动作准确性较差，熔体断了后需重新更换，而且若只断了一相还会造成电动机的单相运行，所以它只适用于自动化程度和其动作准确性要求不高的系统中。

## 三、低压断路器

低压断路器又称自动空气断路器、自动空气开关或自动开关，俗称自动跳闸，是一种可以自动切断故障线路的保护电器。当线路发生短路、过载、失压等不正常现象时，断路器能自动切断电路，保护电路和用电设备的安全。

常用低压断路器分框架式（万能式）和塑壳式（装置式）。根据其不同的结构和功能，低压断路器又可分为小型及家用断路器、塑壳式断路器、万能式断路器和漏电保护断路器四类。

低压断路器由触点和灭弧系统、断路器、操作机构三个基本部分组成。触点和灭弧系统是低压断路器的执行元件，用以接通或分断电路，设有灭弧装置。断路器设有多种脱扣器，常见的有过载脱扣器、短路脱扣器、欠压脱扣器等。按脱扣动作原理可分为电磁脱扣器和热脱扣器两种。操作机构是执行各个脱扣器动作指令、控制主电路触点接通与切断的装置，通常为四连杆式弹簧储能机构。它有手动和电动两种操作方式。

### 1. 低压断路器的结构及工作原理

低压断路器的结构如图 6-32 所示。低压断路器在使用时，电源线接图中的 L1、L2、L3 端。手动合闸后，动、静触点闭合，脱扣连杆 9 被脱扣锁钩 7 钩住，它又将合闸连杆 5 钩住，将触点保持在闭合状态。发热元件 14 与主电路串联，有电流流过时发出热量，使热脱扣器 6 的下端向左弯曲。发生过载时，热脱扣器 6 弯曲到将脱扣锁钩 7 推离脱扣连杆

9，从而松开合闸连杆，动、静触点受脱扣弹簧 3 的作用而迅速分开。电磁脱扣器 8 有一个匝数很少的线圈与主电路串联。发生短路时，电磁脱扣器 8 使铁芯脱扣器上部的吸力大于弹簧的反力，脱扣锁钩 7 向左转动，最后也使触点断开。同时电磁脱扣器 8 兼有欠电压保护功能，这样断路器在电路发生过载、短路和欠电压时起到保护作用。当要求手动脱扣时，按下手动脱扣按钮 2 就可使触点断开。脱扣器的脱扣量值都可以进行整定，只要改变热脱扣器所需要的弯曲程度和电磁脱扣器铁芯机构的气隙大小就可以了。当低压断路器由于过载而断开后，应等待 2～3 min 才能重新合闸，以保证热脱扣器回复原位。

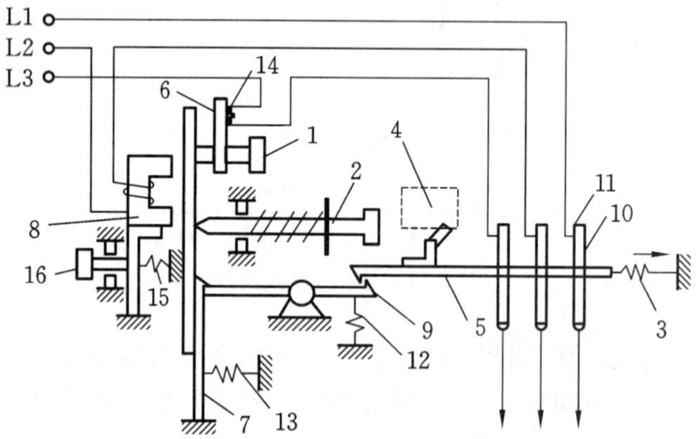


**图 6-32 低压断路器的结构**

1—热脱扣器的整定按钮；2—手动脱扣按钮；3—脱扣弹簧；4—手动合闸机构；5—合闸连杆；6—热脱扣器；7—脱扣锁钩；8—电磁脱扣器；9—脱扣连杆；10，11—动、静触点；12，13—弹簧；14—发热元件；15—电磁脱扣弹簧；16—调节按钮

**2. 低压断路器的类型及主要技术数据**

（1）装置式低压断路器：又称塑壳式低压断路器，用绝缘材料制成的封闭型外壳将所有构件组装在一起，用作配电网络的保护和电动机、照明电路及电热电器等的控制开关。装置式低压断路器主要型号有 DZ5、DZ10、DZ20 等系列。

（2）万能式低压断路器：又称框架式低压断路器，具有绝缘衬底的框架结构底座，所有的构件组装在一起，用于配电网络的保护。万能式低压断路器主要有 DW10 型和 DW15 型两个系列。

（3）限流断路器：利用短路电流产生的巨大吸力，使触点迅速断开，能在交流短路电流尚未达到峰值之前就把故障电路切断，用于短路电流相当大（高达 70 kA）的电路中。限流断路器主要型号有 DZX10 和 DWX15 两种系列。

（4）快速断路器：具有快速电磁铁和强有力的灭弧装置，最快动作时间可在 0.02 s 以内，用于半导体整流器件和整流装置的保护。快速断路器主要型号有 DS 系列。

低压断路器的图形符号及文字符号如图 6-33 所示。万能式低压断路器实物如图 6-34 所示。

**3. 低压断路器的选择及使用**

（1）低压断路器的选择应注意的几个问题：

① 低压断路器的额定电流和额定电压应大于或等于线路、设备的正常工作电压和工作电流。

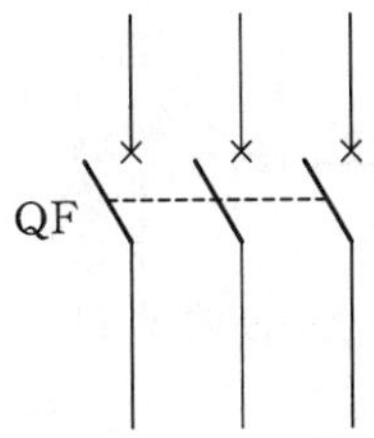


**图 6-33 低压断路器的图形符号及文字符号**

**图 6-34 万能式低压断路器实物**

1—灭弧罩;2—开关本体;3—抽屉座;
4—合闸按钮;5—分闸按钮;6—智能脱扣器;
7—摇匀柄插入位置;8—连接/试验/分离指示

② 低压断路器的极限分断能力应大于或等于电路的最大短路电流。

③ 过电流脱扣器的额定电流大于或等于线路的最大负载电流。

④ 欠电压脱扣器的额定电压等于线路的额定电压。

(2) 低压断路器的使用应注意的几个问题:

① 在安装低压断路器时应注意把来自电源的母线接到开关灭弧罩一侧的端子上,把来自电气设备的母线接到另外一侧的端子上。

② 低压断路器投入使用时应先进行整定,按照要求整定热脱扣器的动作电流后就不应随意旋动有关的螺钉和弹簧。

③ 发生断路、短路事故的动作后,应立即对触点进行清理,检查触点有无熔坏,清除金属熔粒、粉尘等,一定要把散落在绝缘体上的金属粉尘清除干净。

④ 在正常情况下,每六个月应对开关进行一次检修,清除灰尘。

# 第六节 主令电器

除接触器、继电器外,自动控制线路中还有一类主令电器。

主令电器主要用来切换控制线路。实际上,操作人员或机床的运动部件操纵这类电器就能改变系统的工作状态。

机床上最常见的主令电器为按钮开关、主令控制器与万能转换开关等。

## 一、按钮开关

按钮开关是一种专门发号施令的电器,由操作者用以接通或断开控制回路中的电流。图 6-35 所示是按钮开关的结构示意图与图形符号。

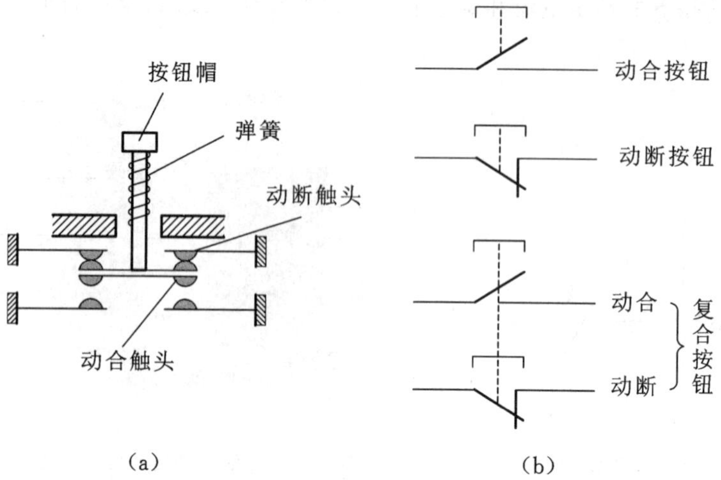


**图 6-35　按钮开关的结构示意图与图形符号**

(a) 结构示意图;(b) 图形符号

## 二、主令控制器与万能转换开关

主令控制器与万能转换开关广泛应用在控制线路中,以满足需要多联锁的电力拖动系统的要求,实现转换线路的远程控制。

主令控制器又名主令开关,它的主要部件是一套接触元件,其中的一组如图 6-36 所示,具有一定形状的凸轮固定在方形轴上。和静触头相连的接线头连接被控制器所控制的线圈导线。桥形动触头固定于能绕轴转动的支杆上。当转动凸轮的轴时,其凸出部分推压小轮并带动杠杆,于是触头被打开,按照凸轮的形状不同,可以获得触头闭合、打开的任意次序,从而达到控制多回路的目的。它最多有 12 个接触元件,能控制 12 条电路。

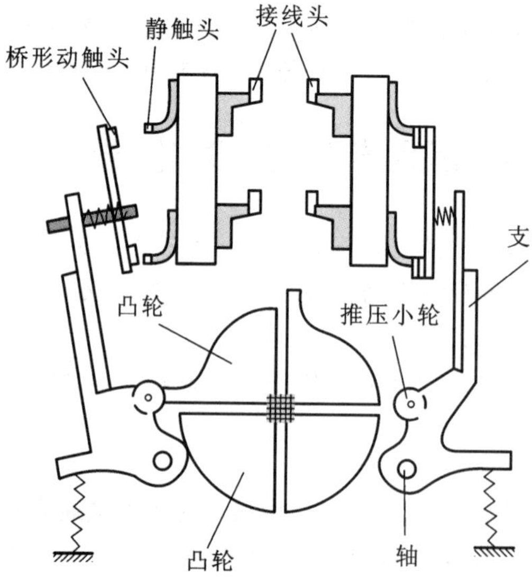


**图 6-36　主令控制器原理示意图**

常用的主令控制器有 LK14、LK15 和 LK16 型。

由于主令控制器的触头多，在电气传动系统图中除用图 6-37(a)外，为了更清楚地表示其触点分合状况，还常用图 6-37(b)来表示。图 6-37(b)中，×表示手柄转动在该位置下，触点闭合，空格代表断开。图 6-37(c)所示是一个具有 7 挡(每挡有六个触头)的主令控制器。

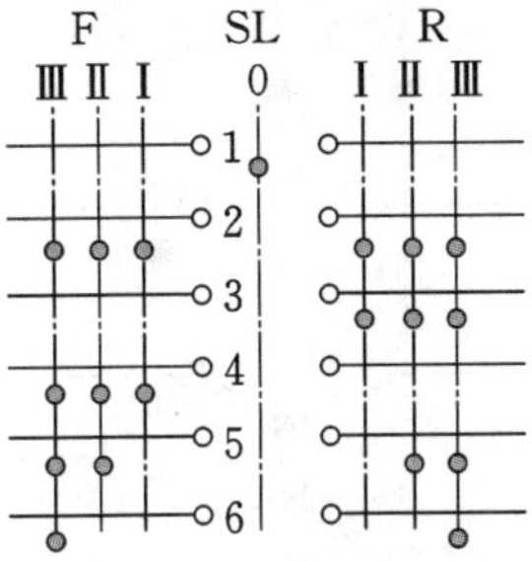


(a)

| LK5/613 | | | | | | | |
|---|---|---|---|---|---|---|---|
| 线路号 | F | | | O | R | | |
| | Ⅲ | Ⅱ | Ⅰ | | Ⅰ | Ⅱ | Ⅲ |
| 1 | | | | × | | | |
| 2 | × | × | × | | × | × | × |
| 3 | | | | | × | × | × |
| 4 | × | × | × | | | | |
| 5 | × | × | | | | × | × |
| 6 | × | | | | | | × |

(b)

(c)

**图 6-37　主令控制器**

(a) 图形符号；(b) 触点合断表；(c) 外观图

在电气传动系统图中主令控制器的文字符号是 SL。

万能转换开关是由多组相同结构的触点组件叠装而成的多回路控制电器。它主要用于电气控制电路的转换、配电设备的远距离控制、电器测量仪表的转换和微电动机的控制，也可用于小功率鼠笼形异步电动机的启动、换向和变速。它由于能够控制多个回路，适应复杂线路的要求，故有“万能转换开关”之称。其结构原理如图 6-38 所示。

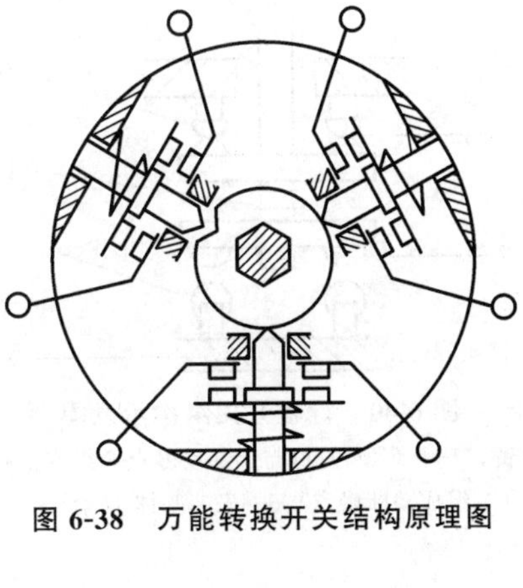

**图 6-38　万能转换开关结构原理图**

万能转换开关产品图和符号如图 6-39 所示。由于万能开关的分合状态与操作手柄的位置有关,所以在电路图中除画出触点图形符号之外,还应有操作手柄位置与触点分合状态的表示方法。用虚线表示操作手柄的位置,用"●"符号表示触点的闭合和打开状态,比如,在触点图形符号下方的虚线位置画"●",表示当操作手柄处于该位置时,该触点是处于闭合状态;若在虚线位置上未画出"●",则表示该触点是处于打开状态。

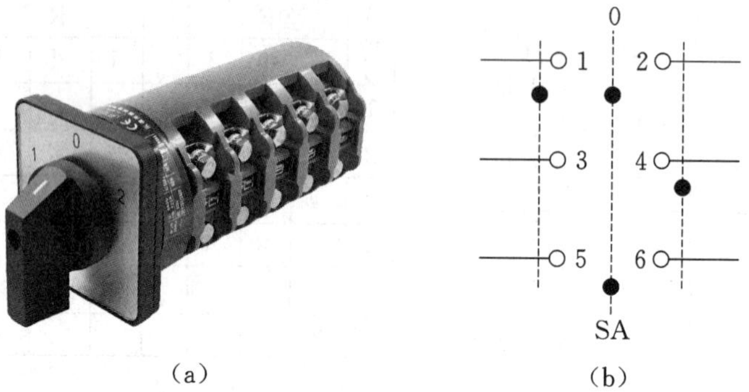


**图 6-39　万能转换开关产品图和符号**

(a) 外观图;(b) 图形符号

## 三、位置开关

位置开关主要用于检测机械的工作位置,将机械位移转变为电信号,发出控制信号。位置开关包括行程开关、微动开关、接近开关等。

### 1. 行程开关

行程开关(图 6-40)是利用生产机械运动部件的碰撞使其触头动作来实现接通或分断控制电路,达到一定的控制目的,由操作头、触点系统和外壳组成。通常,这类开关被用来限制机械运动的位置或行程,使运动机械按一定位置或行程自动停止、反向运动、变速运动或自动往返运动等。

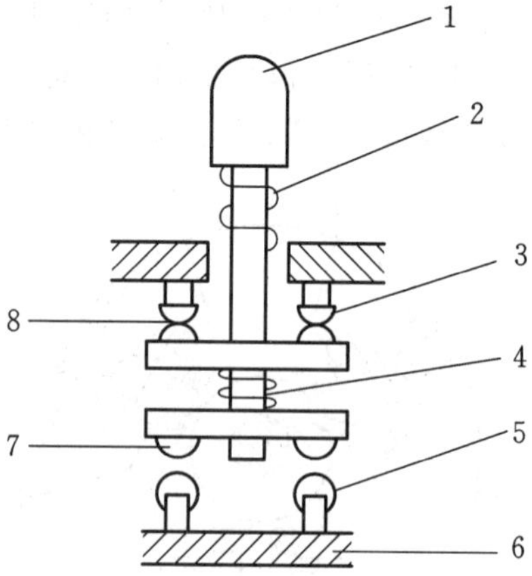


**图 6-40　行程开关结构示意图**

1—碰撞杆盖帽;2—复位弹簧;3—上部静触点(与上部动触点 8 组成动断触点);4—碰撞杆(连杆);5—下部静触点(与下部动触点 7 组成动断触点);6—安装基体(壳体);7—下部动触点;8—上部动触点

行程开关分为直动式(图 6-41)、滚动旋转式(图 6-42)两大类。其动作原理与按钮类似,利用机械设备的运动部件上的撞块来碰撞行程开关的推杆,使触点发生变化。触点的复位方式有自动复位和非自动复位两种。行程开关的文字和图形符号如图 6-43 所示。

**图 6-41　直动式行程开关**

**图 6-42　滚轮旋转式行程开关**

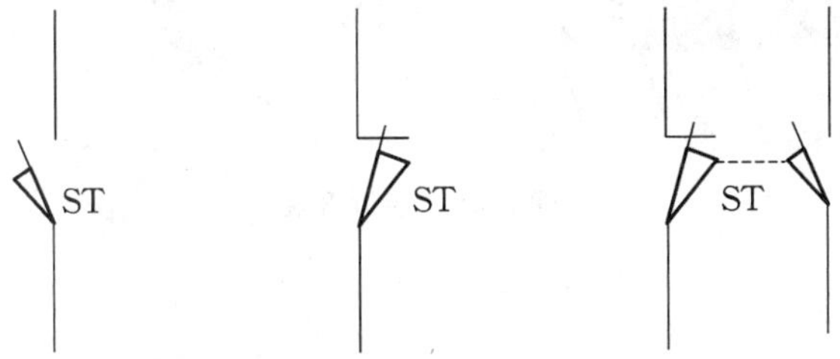


(a)　(b)　(c)

**图 6-43　行程开关的文字和图形符号**

(a) 动合触点;(b)动断触点;(c)复合触点

**2. 微动开关**

微动开关(图 6-44)是具有微小接点间隔和快动机构,用规定的行程和规定的力进行开关动作的接点机构,用外壳覆盖,其外部有驱动杆的一种开关,因为其开关的触点间距比较小,故名微动开关,又叫灵敏开关。微动开关的文字和图像符号如图 6-45 所示。

**图 6-44　微动开关**

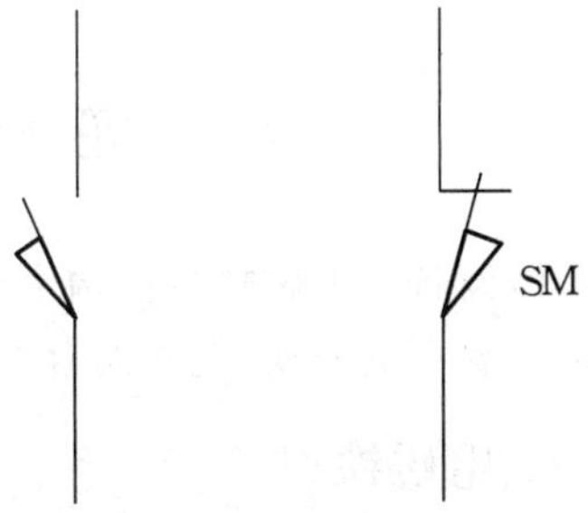


(a)　(b)

**图 6-45　微动开关的图形和文字符号**

(a) 动合触点;(b) 动断触点

**3. 接近开关**

接近开关(图 6-46)是一种无须与运动部件进行机械直接接触而可以操作的位置开关,当物体接近开关的感应面到动作距离时,不需要机械接触及施加任何压力即可使开关动作,从而驱动直流电器或给计算机装置提供控制指令。接近开关是种开关型传感器(即无触点开关),它既有行程开关、微动开关的特性,同时具有传感性能,且动作可靠,性能稳定,频率响应快,应用寿命长,抗干扰能力强等,并具有防水、防震、耐腐蚀等特点。接近开关的文字和图像符号如图 6-47 所示。

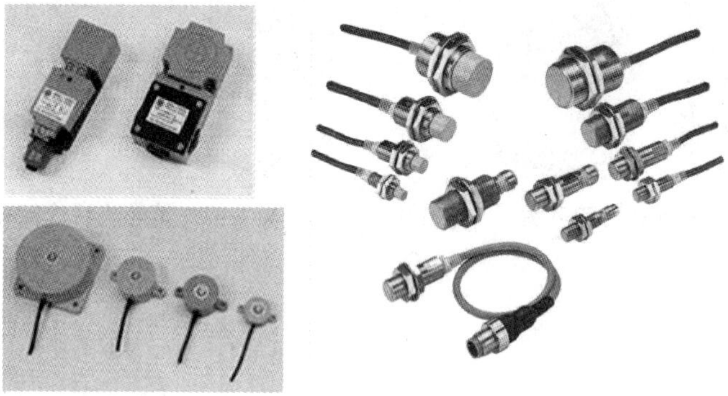

**图 6-46　接近开关**

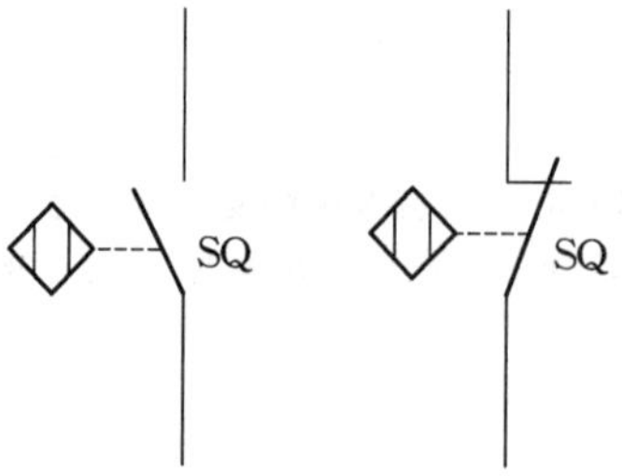


(a)　　(b)

**图 6-47　接近开关的图形和文字符号**

(a) 动合触点;(b) 动断触点

# 第七节　电磁执行机构

机械设备的电磁执行机构主要用于机床和一些自动控制系统中,起执行任务的作用,其类型主要有电磁铁、电磁离合器、电磁夹具等。

## 一、电磁铁

电磁铁是低压执行电器的主要元件,由电磁线圈、铁芯和衔铁组成。当电磁线圈通电后产生磁场和电磁力,衔铁被吸合,并带动机械装置完成各种需要的动作,把电能转换为机械能;当电源断开时,电磁力消失,衔铁及机械装置即被释放。图 6-48 所示为单相交流电磁铁的结构示意图。

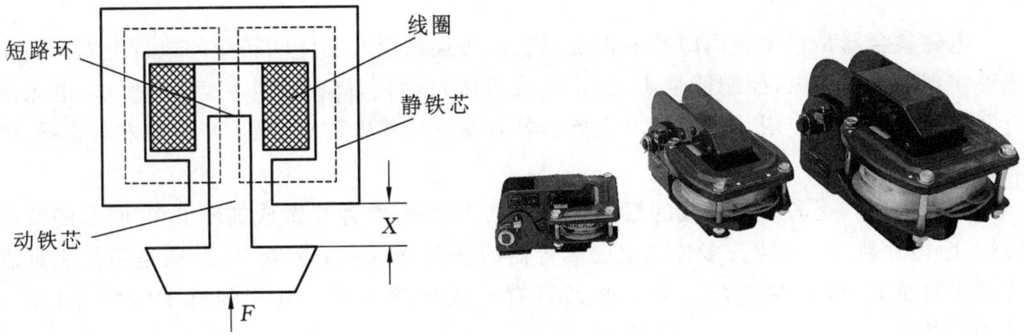


图 6-48 单相交流电磁铁的结构示意图

当交流电磁铁在线圈通电后吸引衔铁而减小气隙时，由于磁阻减小，线圈内自感电势和感抗增大，因此，电流逐渐增大，但与此同时气隙漏磁通减小，主磁通增大，其吸力将逐步增大，最后将达到 1.5～2 倍的初始吸力。$I=f(x)$、$F=f(x)$特性如图 6-49 所示。

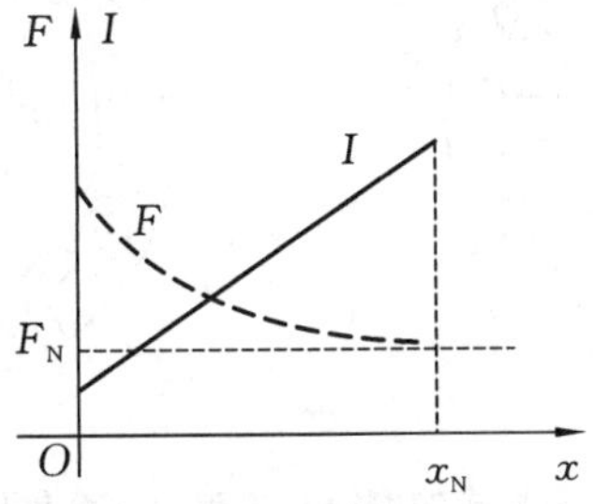


图 6-49 电磁铁的工作特性

使用交流电磁铁时，必须注意衔铁不要有卡住现象，否则衔铁不能完全吸上而留有一定气隙，将使线圈电流大增而严重发热甚至烧毁。交流电磁铁适用于操作不太频繁、行程较大和动作时间短的执行机构，常用的交流电磁铁有：MQ2 系列牵引电磁铁、MZD1 系列单相制动电磁铁和 MZS1 系列三相制动电磁铁。

直流电磁铁的线圈电流与衔铁位置无关，但电磁吸力与气隙长度关系很大，所以，衔铁工作行程不能很大。由于线圈电感大，线圈断时会产生过高的自感电势，故使用时要采取措施消除自感电势(常在线圈两端并联一个二极管或电阻)。直流电磁铁的工作可靠性好、动作平衡、寿命比交流电磁铁长，它适用于运用频繁或工作平衡可靠的执行机构。常用的直流电磁铁有：MZZ1A、MZZ2S 系列直流制动电磁铁和 MW1、MW2 系列起重电磁铁。

采用电磁铁制动电动机的机械制动方法，对于经常制动和惯性较大的机械系统来说，应用得非常广泛，常称为电磁抱闸制动。起重电磁铁可以起重各种钢铁、分散的钢砂等磁性物体，如 MW1-45 型直流起重电磁铁在起重钢板时起重力可达到 $4.4\times10^{5}$ N。选用电磁铁时，应根据机械所要求的牵引力、工作行程、通电持续率、操作频率等来选。

## 二、电磁离合器

电磁离合器是利用表面摩擦或电磁感应来传递两个转动体间转矩的执行电器。由于能够实现远距离操纵，控制能量小，便于实现机床自动化，同时动作快，结构简单，电磁离合器获得了广泛的应用。常用的电磁离合器有摩擦片式电磁离合器、摩擦粉末离合器、电磁转差离合器。

在机床上广泛采用多片式的摩擦片式电磁离合器，摩擦片做成如图 6-50 所示的特殊形状，摩擦片数为 2～12。多片式电磁离合器的缺点是制造工艺复杂，其次是不能满足迅速动作的要求，因它在接合过程中必须具有机械移动过程。常用的有 DLM0、DLM2、DLM3 系列。

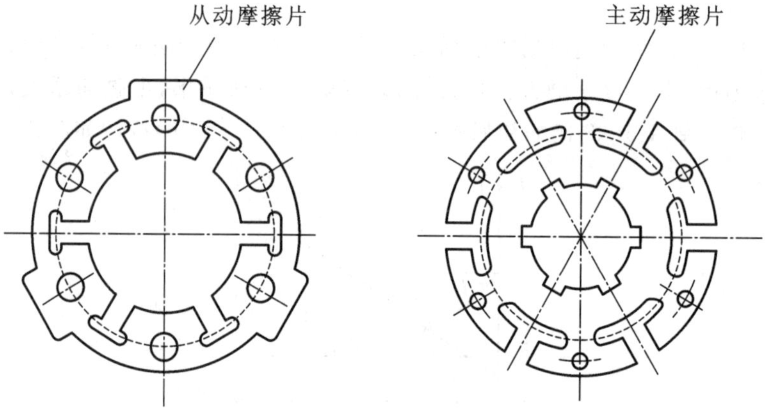


**图 6-50 多片式的摩擦片式电磁离合器的摩擦片**

电磁粉末离合器如图 6-51 所示。在铁芯气隙间安放铁粉，当线圈通电产生磁通后，粉末就沿磁力线紧紧排列，因此，主动轴和从动轴发生相对移动时，在铁磁粉末层间就产生抗剪力。抗剪力是由已磁化的粉末彼此之间摩擦而产生的，这样就带动从动轴转动，传递转矩。它的优点是动作快，因为没有如摩擦片的机械位移过程，仅是粉末沿磁力线排列的过程；其次是制造简单，在工艺上没有特殊的严格要求。它的缺点是工作性能不够稳定。

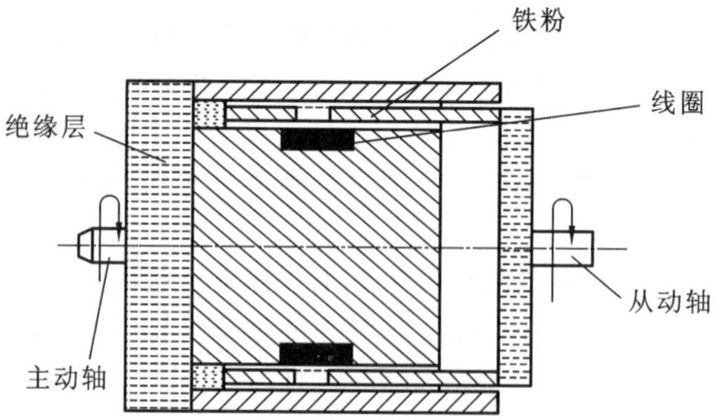


**图 6-51 电磁粉末离合器**

除上述利用摩擦原理制成的电磁离合器外，还有利用电磁感应原理制成的电磁转差离合器(又称滑差离合器)

## 三、电磁夹具

电磁夹具在机床上的应用很多，尤其是电磁工作台(或电磁吸盘)在平面磨床上广为采用。电磁工作台的结构形式之一如图 6-52 所示。

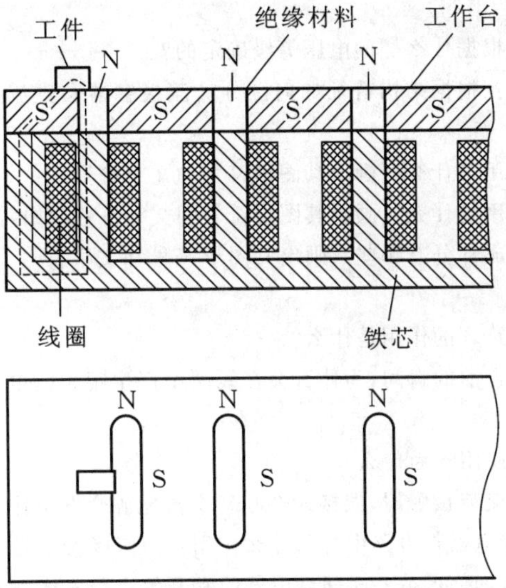


图 6-52　电磁工作台的结构形式之一

在电磁工作台平面内嵌入铁芯极靴，并且用锡合金等绝磁材料与工作台相隔，线圈套在各铁芯柱上，当线圈中通有直流电流时就产生如图中虚线所示的磁通，工件放在工作台上，恰使磁通成闭合回路，从而将工件吸住。

当工件加工完毕需要拉开时，只要将电磁工作台励磁线圈的电源切断即可。

电磁工作台较之机械夹紧装置具有许多优点：

(1) 夹紧简单、迅速，缩短辅助时间，夹紧工件时只需动作一次，而机械夹紧需要固定许多点。

(2) 能同时夹紧许多工件，而且可以夹紧很小的工件，既方便又能提高生产率。

(3) 加工精度高，工件在加工过程中由于发热变形而可以自由伸缩，不会产生弯曲，同时夹紧表面无任何损伤。(因工件发热，其热量将传到电磁工作台使其变形，从而影响加工精度，故为了提高加工精度，还需用冷却液等冷却工件，从而降低工件温度)。

它的缺点是：只能固定铁磁材料，且夹紧力不大，断电时易将工件摔出，造成事故。为了防止事故，常采用励磁保护，使线圈断电时工作台立即停止工作。此外，工件加工后有剩磁，使工件不易取下，尤其对某些不允许有剩磁的工件如轴承，必须进行去磁。去磁的方法常有两种：

(1) 为了容易取下工件，常在线圈中通一反方向的去磁电流；

(2) 为了比较彻底地除去工件的剩磁，需另用退磁器，常用的退磁器为 TC-1 型。

电磁工作台还有永磁式的，它不会有断电将工件摔出的危险。

在电气传动系统中电磁铁、电磁离合器和电磁夹具的文字符号分别用 YA、YC 和 YH 表示，它们的图形符号与接触器线圈的符号相同，仅是线条稍粗一些。（详见第 7 章表 7-1）

## 习题与思考题

1. 什么是低压电器？是根据什么样的电压等级确定的？

2. 接触器的作用是什么？根据结构特征如何区分交流接触器和直流接触器？接触器选用原则有哪些？

3. 断路器在电路中的作用是什么？画出其图形符号和文字符号。

4. 熔断器在电路中的作用是什么？画出其图形符号和文字符号。如何选择熔断器的额定电流？

5. 交流接触器的主要组成部分有哪些？画出其图形符号和文字符号。当其接通和断开电源时，其触点系统是如何工作的？

6. 交流电磁机构中的短路环的作用是什么？

7. 交流接触器在衔铁吸合前的瞬间，为什么会在线圈中产生很大的电流冲击？直流接触器会不会出现这种现象？为什么？

8. 交流接触器能否串联使用？为什么？

9. 线圈电压为 220 V 的交流接触器，误接入 380 V 交流电源会发生什么问题？为什么？

10. 电压继电器和电流继电器在电路中各起什么作用？如何接入电路？

11. 常开触点与常闭触点如何区分？时间继电器的常开触点与常闭触点和普通的常开触点与常闭触点有什么不同？

12. 热继电器在电路中的作用是什么？画出其图形符号和文字符号。

13. 低压断路器在电路中的作用是什么？

14. 画出按钮的图形符号和文字符号。说明复合按钮按下和断开时，其触点的变化情况。

# 第七章　电气控制电路设计

在工农业生产中，大量使用的各种各样生产机械，如车床、铣床、磨床、刨床、钻床、风机、水泵和起重机等，一般是由电动机来拖动的。不同的生产机械，对电动机的控制要求不同。电气控制的主要任务就是实现电动机的启动、制动、正反转和调速等运行方式的控制及对电动机的保护，以满足生产工艺的要求，实现生产过程自动化。

电气控制电路是一种由接触器、继电器、按钮和开关等电器元件组成的有触点、断续作用的控制系统，这种控制系统具有控制电路简单、维修方便、便于掌握和价格低廉等优点，在电气控制领域获得了广泛的应用。随着微电子技术的发展，生产机械的电气控制逐渐向无触点、弱电化、连续控制和微机控制方向发展。

不同生产机械的控制要求是不同的，所要求的控制电路也是多种多样，但它们都是由一些具有基本规律的基本环节和基本单元所组成，熟悉这些基本的控制环节是掌握电气控制的基础。只要能掌握这些基本的控制环节，再结合具体的生产工艺要求，就不难掌握控制电路的基本分析方法。本章主要介绍基本控制环节和基本设计方法。

## 第一节　电气控制电路的常用符号及绘制原则

电气控制电路是用导线将电机、电器、仪表等电器元件连接起来并实现特定控制功能的。为了便于分析系统的工作原理，便于电气设备的安装、调整、使用和维修，必须用统一规定的图形符号和文字符号来代表各种电器，电气控制电路图也应该按统一的规则进行绘制和编号。

### 一、电气控制电路常用的图形和文字符号

电气控制电路图是工程技术的通用语言，它由各种电器元件的图形、文字符号要素组成，为了便于交流与沟通，我国参照国际电工委员会(IEC)颁布的有关文件，制定了我国电气设备有关国家标准，颁布了《电气简图用图形符号》(GB/T 4728)、《电气设备用图形符号基本规则》(GB/T 23371)、《电气设备用图形符号》(GB/T 5465)、《设备用图形符号表示规则》(GB/T 16902)、《电气技术用文件的编制》(GB/T 6988)、《电气工程 CAD 制图规则》(GB/T 18135)等。关于电气图中的文字符号，我国曾发布国家标准《电气技术中的文字符号制订通则》，该标准已于 2005 年废止，在目前尚无具体替代标准发布前，人们仍习惯采用 GB/T 5465 中规定的文字符号。

表 7-1 至表 7-3 中列出了常用的电气图形、文字符号，以供参考。

**表 7-1　常用电气图形符号**

| 名称 | | 图形符号 | 名称 | | 图形符号 |
|---|---|---|---|---|---|
| 一般三极电源开关 | | 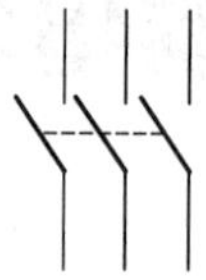 | 按钮 | 停止 | 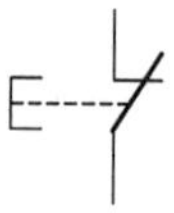 |
| | | | | 复合 | 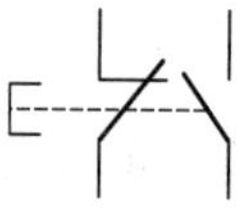 |
| 低压断路器 | | 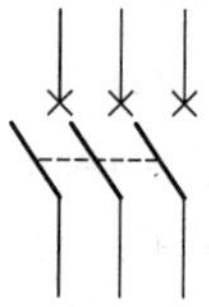 | 接触器 | 线圈 | 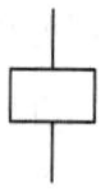 |
| 行程开关 | 常开触头 |  | | 主触头 | 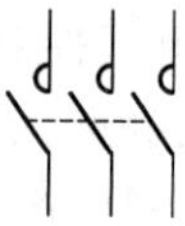 |
| | 常闭触头 |  | | 常开辅助触头 |  |
| | 复合触头 | 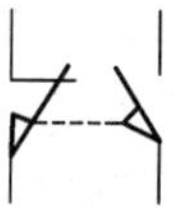 | | 常闭辅助触头 |  |
| 转换开关 | | 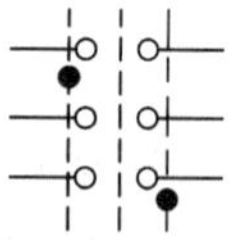 | 速度继电器 | 常开触头 | 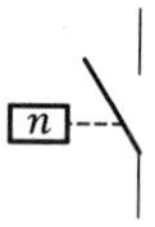 |
| 按钮 | 启动 |  | | 常闭触头 | 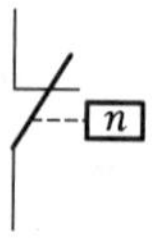 |

**续表 7-1**

| 名称 | | 图形符号 | 名称 | | 图形符号 |
| --- | --- | --- | --- | --- | --- |
| 时间继电器 | 线圈 | 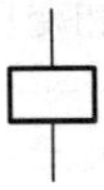 | 继电器 | 欠电流继电器线圈 | 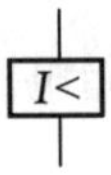 |
| 时间继电器 | 延时闭合常开触点 |  | 继电器 | 常开触头 |  |
| 时间继电器 | 延时断开常闭触点 |  | 继电器 | 常闭触头 |  |
| 时间继电器 | 延时闭合常闭触点 |  | 熔断器 | |  |
| 时间继电器 | 延时断开常开触点 |  | 熔断器式刀开关 | |  |
| 时间继电器 | 通电延时线圈 | 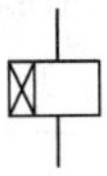 | 热继电器 | 热元件 | 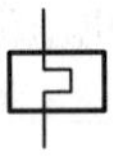 |
| 时间继电器 | 断电延时线圈 | 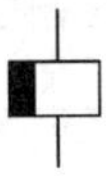 | 热继电器 | 常闭触头 |  |
| 继电器 | 中间继电器线圈 | 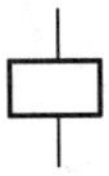 | 桥式整流装置 | | 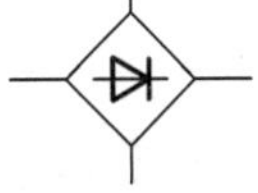 |
| 继电器 | 欠电压继电器线圈 | 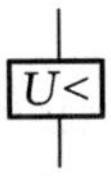 | 蜂鸣器 | |  |
| 继电器 | 过电流继电器线圈 | 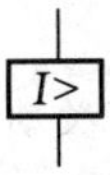 | 信号灯 | | 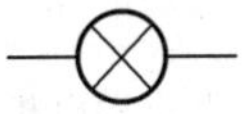 |

**续表 7-1**

| 名称 | 图形符号 | 名称 | 图形符号 |
|---|---|---|---|
| 电阻器 |  | 单相变压器<br>整流变压器<br>照明变压器<br>控制电路电源用变压器 | 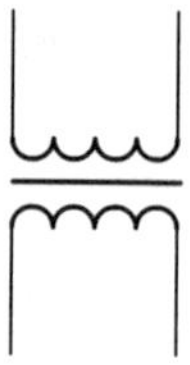 |
| 接插器 |  | | |
| 电磁铁 | 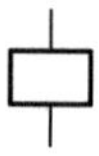 | 带滑动触点的电位器 | 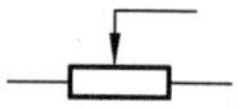 |
| 电磁吸盘 | 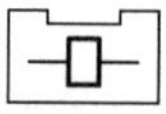 | 三相自耦变压器 | 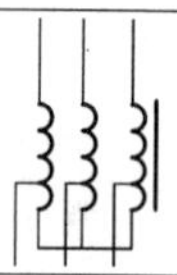 |
| 串励直流电动机 | 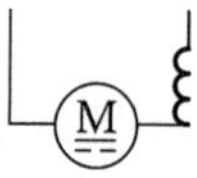 | PNP 型晶体管 | 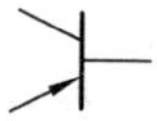 |
| 并励直流电动机 |  | NPN 型晶体管 |  |
| 三相笼形异步电动机 |  | 晶闸管（阴极侧受控） | 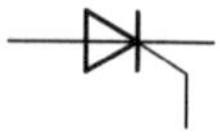 |
| 三相绕线转子异步电动机 |  | 半导体二极管 | 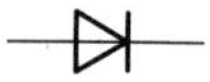 |
| 他励直流电动机 | 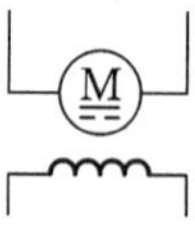 | 接近敏感开关动合触头 | 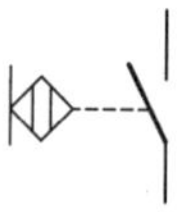 |
| 复励直流电动机 |  | 磁铁接近时动作的接近开关的动合触头 | 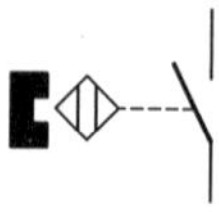 |
| 直流发电机 |  | 接近开关动合触头 | 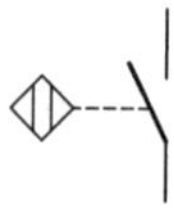 |

**续表 7-1**

| 名称 | 图形符号 | 名称 | 图形符号 |
|---|---|---|---|
| 与门 | 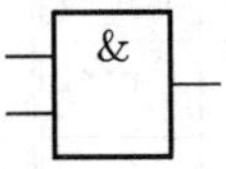 | 带线端标记的端子板 | 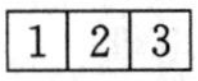 |
| 或门 | 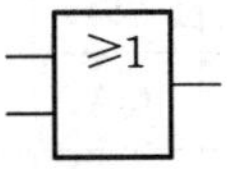 | 导线的连接 |  |
| 非门 | 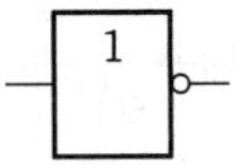 | 导线跨越而不连接 | 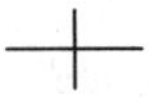 |
| 阀的一般符号 |  | 屏蔽导线 |  |
| 电磁阀 |  | 中性线 | 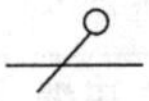 |
| 电动阀 |  | 保护线 |  |
| 屏、台、箱、柜的一般符号 |  | 先断后合的转换触点 |  |
| 配电箱 |  | 中间断开的双向触点 | 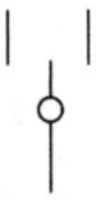 |

表 7-2　常用电气文字符号

| 名称 | 符号 | | 名称 | 符号 | | 名称 | 符号 | |
|---|---|---|---|---|---|---|---|---|
| | 单字母 | 双字母 | | 单字母 | 双字母 | | 单字母 | 双字母 |
| 发电机 | G | | 电压互感器 | T | TV | 电阻器 | R | |
| 直流发电机 | G | GD | 整流器 | U | | 电位器 | R | RP |
| 交流发电机 | G | GA | 断路器 | Q | QF | 启动电阻器 | R | RS |
| 同步发电机 | G | GS | 隔离开关 | Q | QS | 制动电阻器 | R | RB |
| 异步发电机 | G | GA | 自动开关 | Q | QA | 频敏电阻器 | R | RF |
| 电动机 | M | | 转换开关 | Q | QC | 电容器 | C | |
| 直流电动机 | M | MD | 刀开关 | Q | QA | 电感器 | L | |
| 交流电动机 | M | MA | 控制开关 | S | SA | 电抗器 | L | LS |
| 同步电动机 | M | MS | 行程开关 | S | SQ | 熔断器 | F | FU |
| 异步电动机 | M | MA | 微动开关 | S | SS | 照明灯 | E | EL |
| 笼形电动机 | M | MC | 按钮开关 | S | SB | 指示灯 | H | HL |
| 绕组 | W | | 接近开关 | S | SP | 晶体管 | V | VT |
| 电枢绕组 | W | WA | 继电器 | K | | 晶闸管 | V | VTH |
| 定子绕组 | W | WS | 电压继电器 | K | KV | 半导体二极管 | V | VD |
| 转子绕组 | W | WR | 电流继电器 | K | KA | 稳压管 | V | VS |
| 变压器 | T | | 时间继电器 | K | KT | 变换器 | B | |
| 电力变压器 | T | TM | 控制继电器 | K | KC | 压力变换器 | B | BP |
| 控制变压器 | T | TC | 速度继电器 | K | KS | 位置变换器 | B | BQ |
| 自耦变压器 | T | TA | 接触器 | K | KM | 温度变换器 | B | BT |
| 整流变压器 | T | TR | 电磁铁 | Y | YA | 速度变换器 | B | BV |
| 互感器 | T | | 电磁离合器 | Y | YC | 测速发电机 | B | BR |
| 电流互感器 | T | TA | 电磁阀 | Y | YV | | | |

表 7-3　常用辅助文字符号

| 名称 | 符号 | 名称 | 符号 | 名称 | 符号 |
|---|---|---|---|---|---|
| 高 | H | 绿 | GN | 断开 | OFF |
| 低 | L | 黄 | YE | 附加 | ADD |
| 升 | U | 白 | WH | 异步 | ASY |
| 降 | D | 蓝 | BL | 同步 | SYN |
| 主 | M | 直流 | DC | 自动 | A,AUT |

续表7-3

| 名称 | 符号 | 名称 | 符号 | 名称 | 符号 |
|---|---|---|---|---|---|
| 辅 | AUX | 交流 | AC | 手动 | M,MAN |
| 中 | M | 电压 | V | 启动 | ST |
| 正 | FW | 电流 | A | 停止 | STP |
| 反 | R | 时间 | T | 控制 | C |
| 红 | RD | 闭合 | ON | 信号 | S |

## 二、电气控制电路的绘制原则

在绘制电气控制电路时，应遵循电流方向“自上而下（垂直方位画时），自左向右（水平方位画时）”的原则；对于常开触点和常闭触点，应遵循“左开右闭（垂直方位画时），下开上闭（水平方位画时）”的原则绘制。对于开关电器，如果按图形布置的需要，采用图形符号的方位与 GB/T 4728 中示出的一致时，则直接画出；当方位不一致时，应遵循按图例“逆时针旋转 90°”的原则绘制，但文字和指示方向不得颠倒。

电气控制系统图种类很多，下面介绍电气原理图、电气安装接线图绘制的基本方法与原则。

### 1. 电气原理图

电气原理图是根据电路工作原理，用规定的图形符号和文字符号绘制出来的表示各个电器连接关系的线路图。为了简单清楚地表明电路功能，将原理图采用电器元件展开的形式绘制。

电气原理图根据通过电流的大小可分为主电路和控制电路。电动机、发电机及其相连的电器元件组成的通过大电流的电路称为主电路。接触器、继电器线圈及联锁电路、保护电路、信号电路等通过较小电流的电路称为控制电路。图 7-1 所示为 CW6140 车床电气控制电路原理图，其主电路是从三相电源经刀开关、接触器主触点到电动机。控制电路由按钮、接触器线圈、辅助触点、照明灯、照明变压器和保护电器等组成。

在绘制电气原理图时，一般应遵循以下原则：

(1) 电气控制电路根据电路通过的电流大小可分为主电路和控制电路。主电路包括从电源到电动机或线路末端的电路，是强电流通过的部分。控制电路一般由按钮、接触器及继电器的线圈和触点等组成。绘制电气原理图时，主电路用粗线条画在原理图的左边或上边，控制电路用细线条画在原理图的右边或下边。

(2) 电气原理图中，所有电器元件的图形、文字符号必须采用国家相关标准规定的统一符号。主电路标号一般由文字符号和数字组成。文字符号用以标明主电路中的元件或线路的主要特征，数字标号用以区别电路不同线段。三相交流电源引入线采用 L1、L2、L3 标号，电源开关之后的三相交流电源主电路分别标 U、V、W。控制电路由三位或三位以下的数字组成，交流控制电路的标号一般以主要电器元件线圈为分界，左边用奇数标

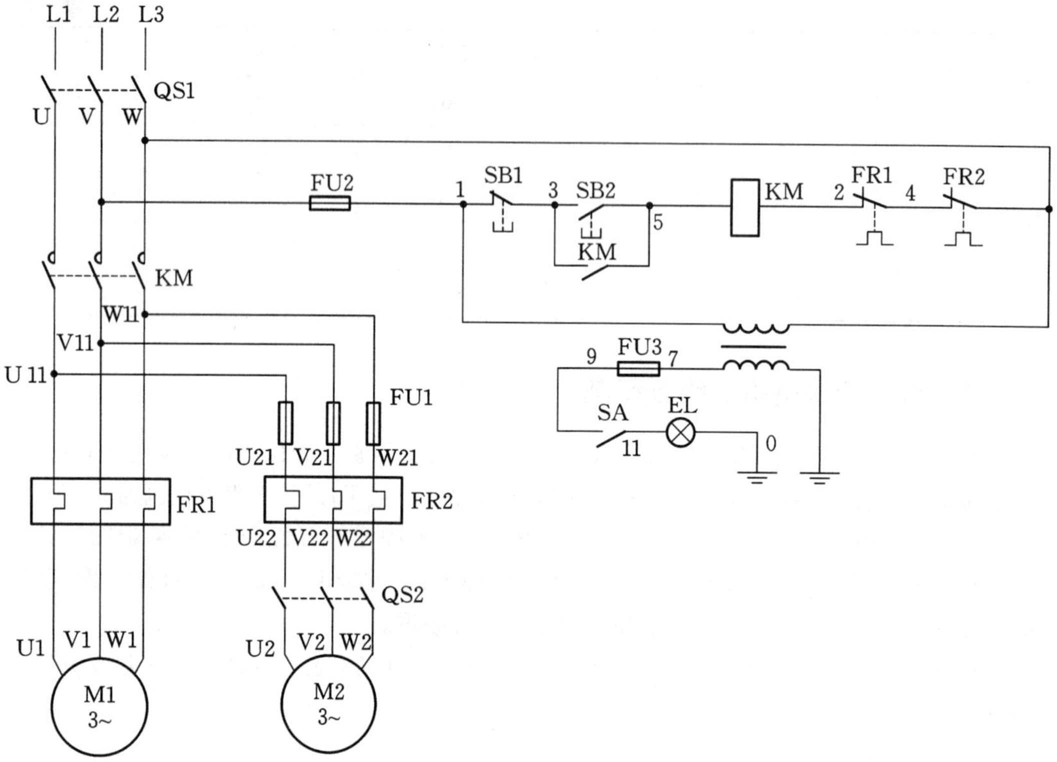


**图 7-1** CW6140 车床电气控制电路原理图

号,右边用偶数标号。直流控制电路中正极按奇数标号,负极按偶数标号。

(3) 同一电器的不同部分可以不画在一起,但需用同一文字符号标出。

(4) 所有按钮、触点等均按操作前、电路未带电的原始状态画出。

(5) 控制电路原则上按照动作先后顺序排列,两线交叉连接时的电气连接点必须用黑点标出,并应做到布局合理、排列均匀、图面清晰、便于看图。

(6) 电气原理图中电器元件的数据和型号,一般用小写字体注在电器代号附近,导线用其截面标注,如 1.5 $mm^2$ 字样表明该导线的截面积,必要时还需标出采用导线的颜色。

(7) 对于较复杂的电气原理图,为了便于读图分析、避免疏漏,应对图面进行区域划分或电路编号,必要时注明回路用途。

### 2. 电气安装接线图

电气安装接线图是电气原理图的具体实现形式,它是用规定的图形符号按电器元件的实际位置和实际接线来绘制的,用于电气设备和电器元件的安装、配线或检修电气故障。实际工作中,电气安装接线图常与电气原理图结合起来使用。

图 7-2 是根据图 7-1 电气原理图绘制的安装接线图。图中标明了该车床中电源进线、按钮、照明灯、电动机与接触器等电器元件之间的连接关系,也标注了所采用的金属软管连接导线的根数、截面面积。

在绘制电气安装接线图时,一般应遵循以下原则:

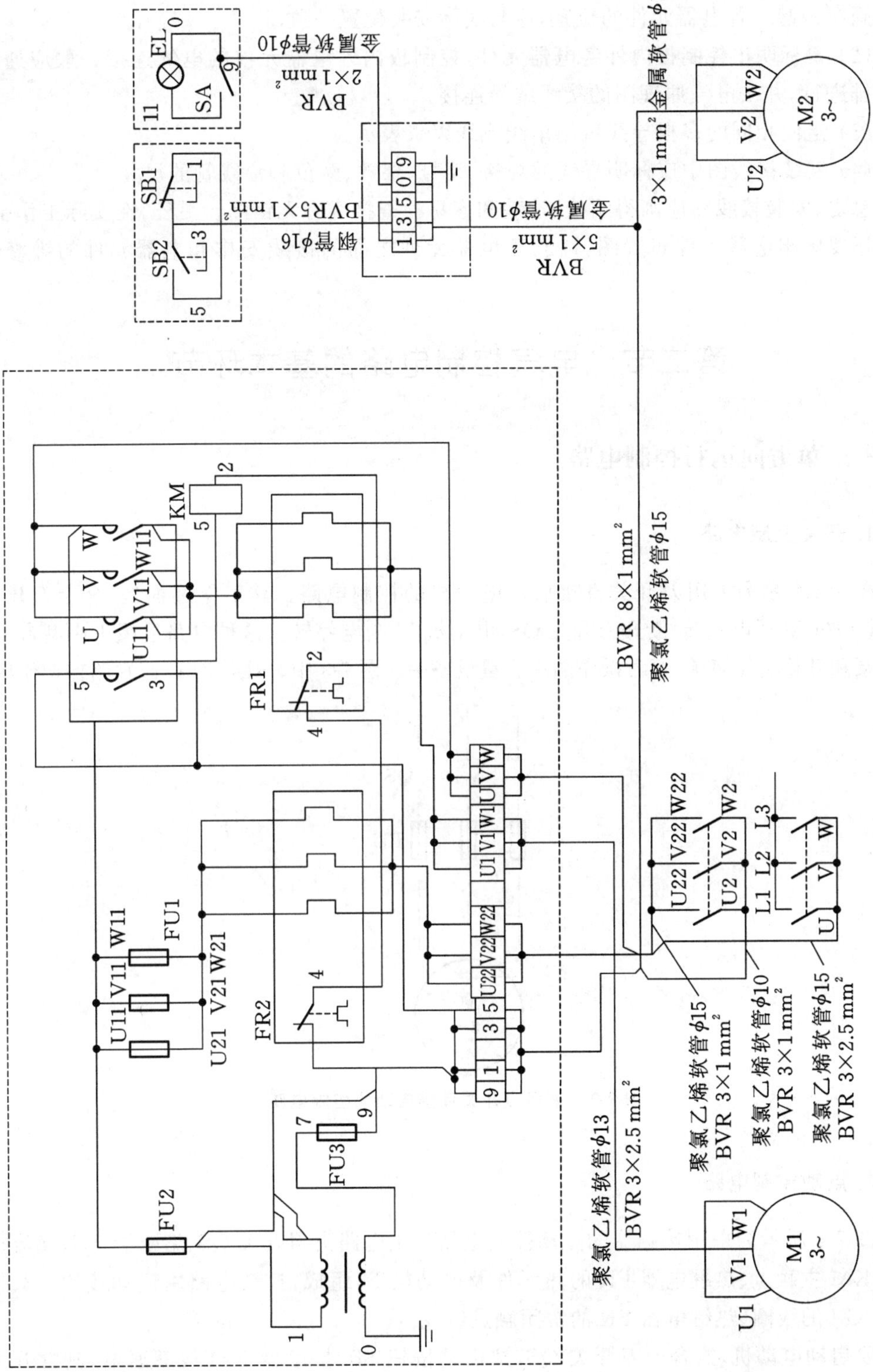


图7-2 CW6140车床电气安装接线图

（1）电器元件的图形、文字符号应与电气原理图标注一致。同一电器元件的各部件必须画在一起。各电器元件的位置，应与实际安装位置一致。

（2）要标明出控制板内外各电器元件，控制板内外电器元件的电气连接一般应通过端子排进行，并按电气原理图的接线编号连接。

（3）走向相同的多根导线可用单线或线束来表示。

（4）安装接线图中应标明导线的规格、型号、根数、颜色和穿线管的尺寸。

总之，安装接线图应画得明确、清楚和容易检查接线有无错漏。另外，在实际工作中，往往还要画出电器元件布置图，以利于电器元件之间的接线安排和电器元件的维修与更换。

# 第二节　电气控制电路的基本环节

## 一、单方向运行控制电路

### 1. 开关控制电路

图 7-3 所示为采用刀开关直接启动电动机的控制电路。其工作过程是：合上刀开关 QS，电动机 M 通电旋转；断开刀开关 QS，电动机 M 断电停转。这种电路适用于小型台钻、冷却泵和砂轮机等简单、短时操作的小容量设备中。图 7-3 中，熔断器 FU 起短路保护作用。

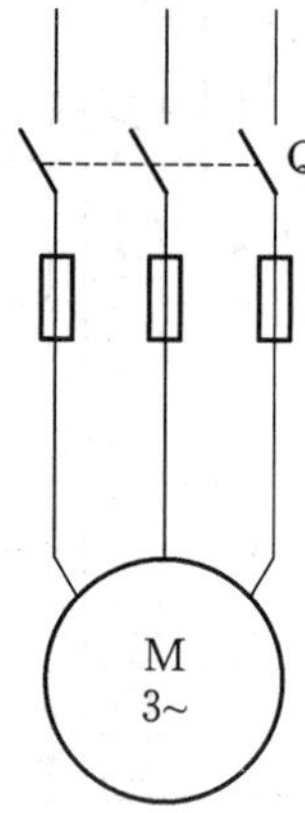


图 7-3　采用刀开关直接启动的控制电路

### 2. 点动控制电路

图 7-4 所示为采用接触器的点动控制电路。主电路由刀开关 QS、熔断器 FU、交流接触器 KM 主触点、热继电器 FR 的热元件及电动机 M 组成，控制电路由启动按钮 SB、接触器 KM 的线圈、热继电器 FR 的常闭触点组成。

要启动电动机，需合上刀开关 QS，按启动按钮 SB，接触器 KM 线圈通电，其常开主触点闭合，电动机 M 通电旋转。要停止电动机时，松开启动按钮 SB，接触器 KM 线圈断电，其常开主触点断开，电动机 M 断电停转。

从上述情况可以看出，要使电动机长期运行，启动按钮 SB 必须始终按着，否则接触器 KM 无法长期通电，电动机就不能连续不断地运转。这种依靠启动按钮始终按着电动机才能持续运转的控制电路，称为点动控制电路。这种控制电路用于桥式吊车和绕线机等需要经常点车调整的生产机械上。

**3. 连续控制电路**

在实际生产过程中，往往要求电动机实现长时间连续转动，这就要求用连续控制电路，如图 7-5 所示。

该电路能实现对电动机启动、停止的自动控制、远距离控制和频繁操作。要启动电动机，需合上电源开关 QS，按启动按钮 SB2，接触器 KM 线圈通电，其常开主触点闭合，电动机 M 通电启动。与此同时，并接于启动按钮的接触器常开辅助触点 KM 也闭合，因此，即使松开按钮 SB2，接触器 KM 线圈也会通过其常开辅助触点继续保持通电。这种依靠接触器自身辅助触点而使其线圈长期通电的环节称为自锁环节，这个起自锁作用的辅助触点，称为自锁触点。

要停止电动机，需按停止按钮 SB1，接触器 KM 线圈断电，其常开主触点断开，电动机 M 断电停转。此后，即使松开按钮 SB1，使其恢复为闭合状态，接触器 KM 线圈也不可能再依靠自锁环节而通电了，因为原来闭合的自锁触点早已随着接触器的释放而断开。

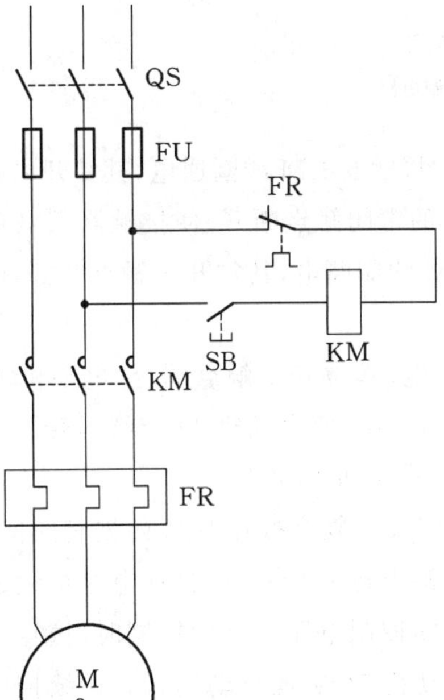


**图 7-4　采用接触器的点动控制电路**

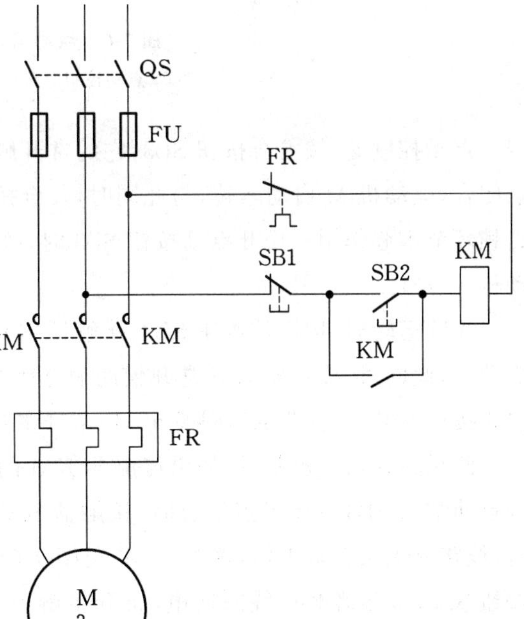


**图 7-5　连续控制电路**

### 4. 点动控制与连续控制电路

某些生产机械常常要求既能实现试车调整的点动工作，又能正常连续运转，控制电路如图 7-6(a)所示。其中，SB1 为连续运转的停止按钮，SB2 为连续运转的启动按钮，SB3 为点动控制的复合按钮。

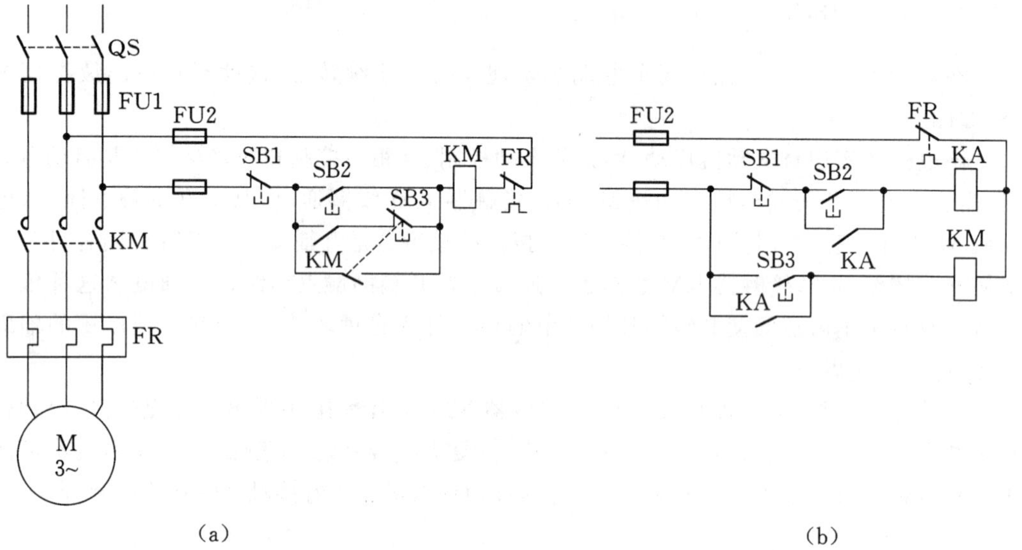


**图 7-6　点动与连续控制电路**

(a) 点动控制电路；(b) 连续控制电路

点动控制时，按复合按钮 SB3，它的常开触点闭合，接触器 KM 线圈通电，其常开主触点闭合，电动机 M 启动运转，与此同时，复合按钮 SB3 的常闭触点断开，使接触器 KM 的自锁环节不起作用。松开点动按钮 SB3 时，接触器 KM 线圈断电，其常开主触点断开，电动机 M 停转。

连续运转时，按启动按钮 SB2，接触器 KM 线圈通电，其常开主触点闭合，电动机 M 启动，与此同时，接触器 KM 常开辅助触点闭合，起自锁作用，使电动机 M 连续运转。按停止按钮 SB1，接触器 KM 线圈断电，常开主触点断开，电动机 M 停转。

此线路在点动控制时，如果接触器 KM 的释放时间大于复合按钮 SB3 的恢复时间，则点动结束 SB3 常闭触点复位时，接触器 KM 的自锁触点还未断开，使自锁电路继续通电，线路就无法正常工作，这时，需要用图 7-6(b)所示的控制电路。点动控制时，按点动按钮 SB3，接触器 KM 线圈通电，常开主触点闭合，电动机 M 实现点动运行。连续控制时，按启动按钮 SB2，中间继电器 KA 线圈通电，常开触点闭合，使接触器 KM 线圈通电并自锁，电动机 M 实现连续运行。停止电动机时，则按下停止按钮 SB1，这时中间继电器 KA 线圈断电，常开触点断开，使接触器 KM 线圈断电，电动机 M 停转。

### 5. 单方向运行控制电路中的保护环节

线路中设有以下保护环节：

短路保护：短路时，熔断器 FU 的熔体熔断而切断电路起保护作用。

过载保护：通过热继电器 FR 实现。当负载过载或电动机缺相运行时，热继电器 FR 动作，其常闭触点断开，将控制电路切断，接触器 KM 线圈断电，切断电动机主电路。

欠电压、失电压保护：通过接触器 KM 自锁环节来实现。当电源电压由于某种原因而严重欠电压或失电压时，接触器 KM 断电释放，电动机 M 停止转动。当电源电压恢复正常时，接触器线圈不会自行启动，只有再次按下启动按钮后，电动机才能启动。

## 二、正反向运行控制电路

有的生产机械要求运动部件实现正反两个方向运动，例如：机床工作台前进与后退、主轴的正转与反转、起重机的上升与下降等。这就需要拖动生产机械的电动机能够实现正反转控制。根据电机学原理，只要把接到三相异步电动机的三相电源线中任意两相对调，即可改变电动机的转向。

图 7-7(a)所示为电动机正反转控制电路。主电路采用了两个接触器，其中接触器 KM1 控制电动机的正转，接触器 KM2 控制电动机的反转。

其工作原理为：需要电动机正转时，按正转启动按钮 SB2，接触器 KM1 线圈通电，其常开主触点闭合，电动机 M 正转，同时常开辅助触点闭合实现自锁。需要电动机反转时，先按停止按钮 SB1，接触器 KM1 断电，常开主触点断开，电动机正转停止，再按反转启动按钮 SB3，接触器 KM2 线圈通电，其常开主触点闭合，电动机 M 反转，同时常开辅助触点闭合实现自锁。

该控制电路存在两个问题：

(1) 两个接触器在任何情况下都不能同时通电，否则会造成主电路电源短路，为此需要采取互锁电路。图 7-7(b)所示为具有互锁的可逆控制电路，将其中一个接触器的常闭触点串入另一个接触器线圈电路中，这样任何一个接触器通电后，其自身常闭触点断开，因此，即使按下相反方向的启动按钮，另一个接触器也不会通电，这种利用两个接触器的辅助常闭触点互相控制的方式称为电气互锁。

(2) 需要电动机改变旋转方向时，必须先按下停止按钮 SB1，方可重新启动电动机，这对那些要求电动机频繁改变旋转方向的生产机械来说是很不方便的。图 7-7(c)所示是采用复合按钮实现正反转的，构成了既有接触器互锁又有复合按钮互锁的双重互锁可逆控制电路。控制电路的工作过程利用了复合按钮先断后通的特点，要求电动机由正转变为反转时，直接按反转启动按钮 SB3，这时 SB3 的常闭触点先断开，接触器 KM1 线圈断电，然后其常开触点闭合，接触器 KM2 线圈通电，其常开主触点及自锁触点闭合，电动机开始反转。

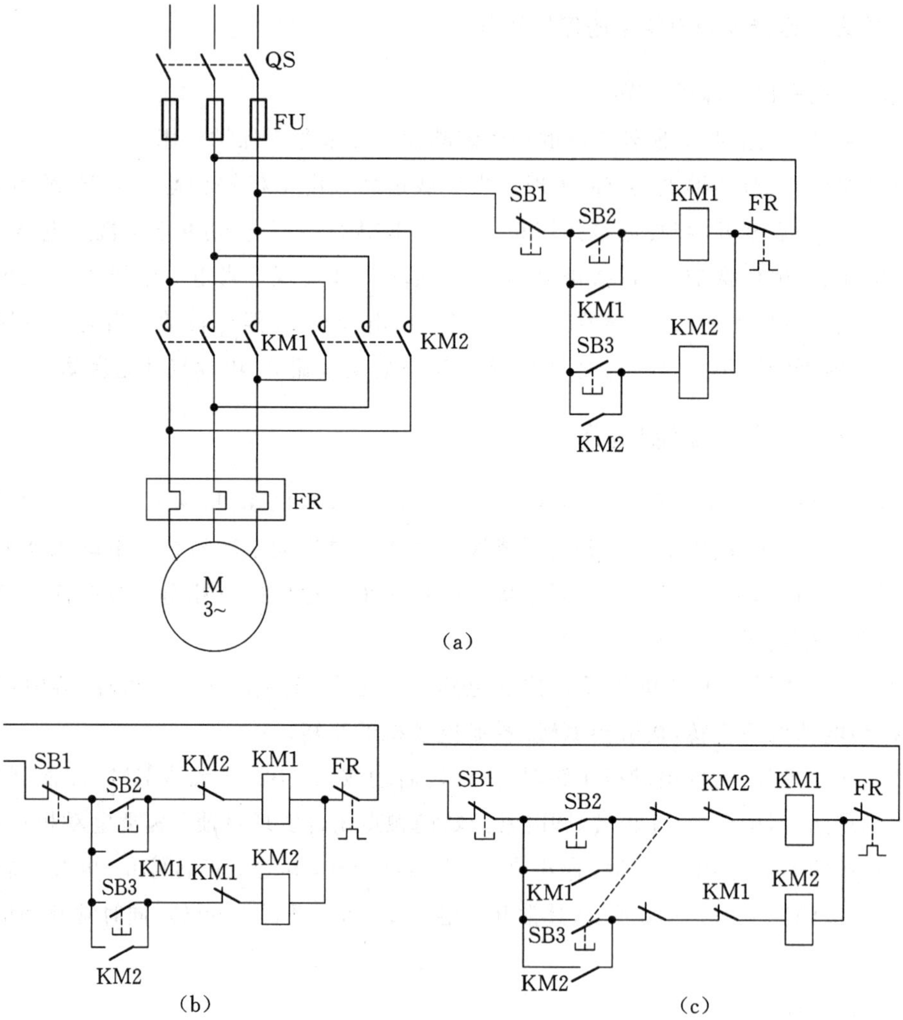


**图 7-7　正反转控制电路**

这样的控制电路比较完善，既能实现直接正反转控制，又能保证安全可靠地工作，故应用非常广泛。

## 三、多点控制电路

对于大型生产机械，为了操作方便，需要在几个不同的地方都能进行操作，实现这种要求的电路如图 7-8 所示。

在各个不同的地方安装一套按钮，将各启动按钮的常开触点并联连接，各停止按钮的常闭触点串联连接。这样，在任何一处按启动按钮，接触器线圈都能通电，在任何一处按停止按钮，接触器线圈都能断电。

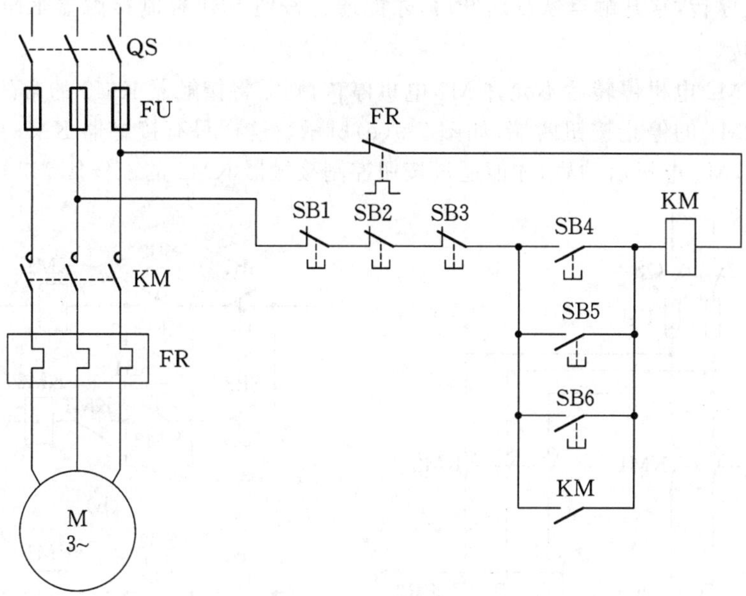


图 7-8　多点控制电路

## 四、联锁控制电路

很多具有多台电动机的设备，常因每台电动机的用途不同而需要按一定的先后顺序来启动、停车，这种互相联系而又互相制约的控制称为联锁控制。图 7-9(a)所示为控制两台电机 M1 和 M2 独立工作的主电路，控制电路应为接触器 KM1 和 KM2 连续控制电路的并联。

实现联锁控制的方法有以下两种形式：

### 1. 启动联锁

(1) 当 M1 电机启动后才允许 M2 电机启动，则需将接触器 KM1 的常开触点串在接触器 KM2 的线圈电路中，如图 7-9(b)所示。只有接触器 KM1 线圈通电，常开触点闭合，M1 电机启动后，才能通过按钮控制接触器 KM2 的工作，使 M2 电机启动。

(2) 当 M1 电机启动后不允许 M2 电机启动，则需将接触器 KM1 的常闭触点串在接触器 KM2 的线圈电路中，如图 7-9(c)所示。在接触器 KM1 动作之前，可以通过按钮控制接触器 KM2 的工作，使 M2 电机启动，一旦通过按钮控制接触器 KM1 线圈通电，M1 电机启动后，接触器 KM2 就会停止工作，即 M2 电机就会停转。

### 2. 停车联锁

(1) 当 M1 电机和 M2 电机都在运行时，KM1 和 KM2 线圈是得电的，常开触点闭合。当 M2 电机停转后才允许 M1 电机停转，则需将接触器 KM2 的常开触点并在控制接触器 KM1 的停止按钮两端，如图 7-9(d)所示。这样只有按下 SB3 将接触器 KM2 线圈断电，M2 电机停转，常开触点恢复断开后，才能通过按钮 SB1 控制接触器 KM1 的断电，使 M1 电机停转。

(2) 当 M2 电机停转后不允许 M1 电机停转，则需将接触器 KM2 的常闭触点并在控制接触器 KM1 的停止按钮两端，如图 7-9(e)所示。这样只有接触器 KM1 线圈通电，常开触点闭合，M1 电机启动后，才能通过按钮控制接触器 KM2 的工作使 M2 电机启动。

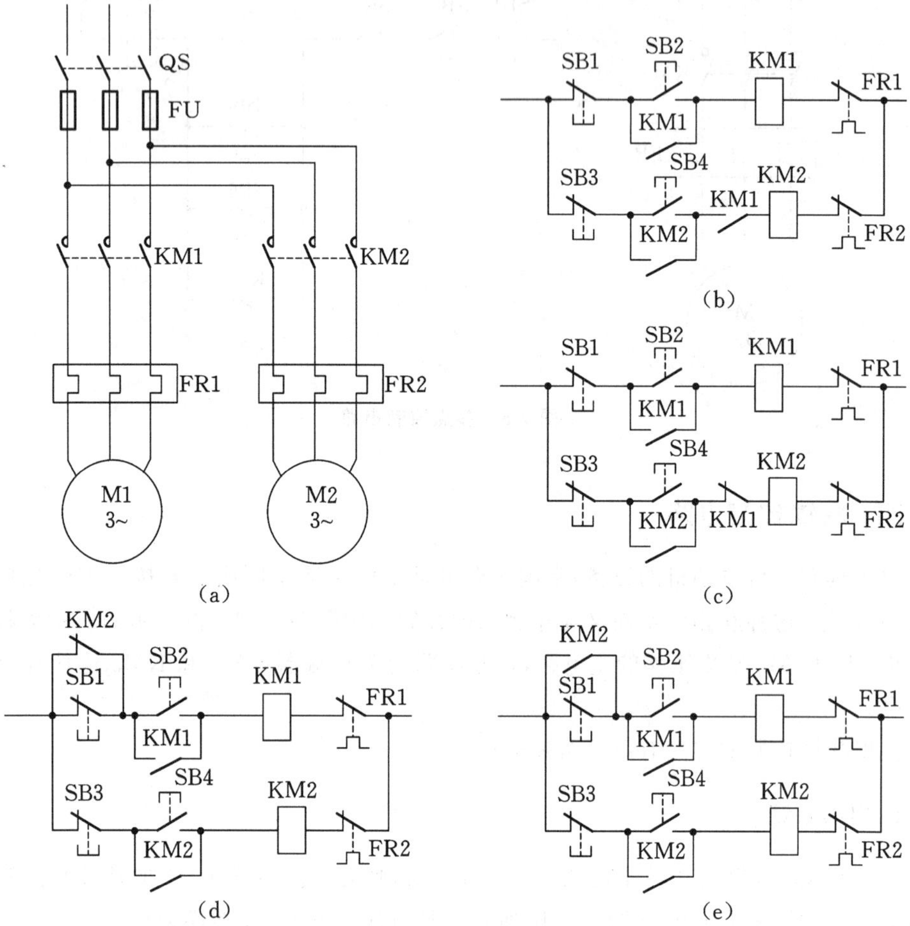


**图 7-9　联锁控制电路**

# 第三节　电气控制电路的一般设计方法

设计电气控制电路的方法有两种，一种是一般设计方法，另一种是逻辑设计方法。一般设计方法主要靠经验进行设计，因此通常也称经验设计方法。它是根据生产工艺的要求，画出功能流程图，再用一些成熟的典型线路环节来满足某些基本要求，确定适当的基本控制环节，而后根据生产工艺要求逐步完善其功能，并适当配置联锁和保护等环节，利用基本控制原理把它们组合成一个整体，成为满足控制要求的完整线路。这种设计方法比较简单，容易被人们所掌握，但是要求设计人员必须掌握和熟悉大量的典型控制环节和控制电路，同时具有丰富的设计经验。用一般设计方法初步设计出的控制电路可能有多种，需要加以比较分析，反复地修改、简化，甚至要通过实验加以验证，才能使控制电路符合设计要求，确定比较合理的设计方案。另外，用一般的设计方法设计的线路可能不是最简的，所用的电器及触点也不一定是最少，所得出的方案不一定是最佳方案。

## 一、一般设计方法的设计原则

用一般设计方法设计控制电路时，应遵循下述几项原则：

### 1. 控制电路力求简单、经济

（1）尽量减少连接导线的数量并缩短其长度。设计控制电路时，应考虑各电器元件的实际位置，尽可能地减少连接导线的根数和缩短连接导线的长度。图 7-10(a)所示是不合理的，因为按钮一般安装在操作台上，而接触器安装在电气柜内，这样接线就需要由电气柜二次引出连接线到操作台上，所以一般都将启动按钮和停止按钮的一端直接连接，另一端再与接触器连接，这样就可以减少一次引出线，如图 7-10(b)所示。

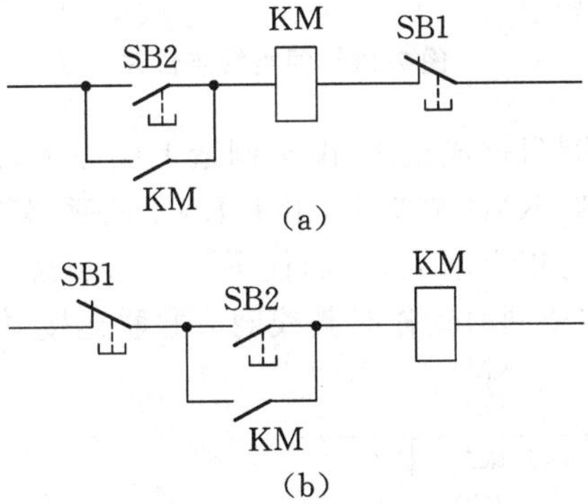


**图 7-10　电器连接图**

(a) 不合理；(b) 合理

（2）尽量减少电器元件的品种、规格与数量，同一用途的器件尽可能选用相同品牌、型号的产品。

（3）尽量减少电器元件触点的数目。在控制电路中，应尽量减少触点，以提高线路的可靠性。在简化和合并触点过程中，应主要合并同类性质的触点，或一个触点能完成的动作，不用两个触点。在简化过程中应注意触点的额定容量是否允许，也应考虑对其他回路的影响。如图 7-11(a)所示电路可以合并成图 7-11(b)所示电路。

（4）控制电路在工作时，尽可能减少通电电器的数量，以利节能、延长电器元件寿命以及减少故障。如图 7-12(a)所示电路，其功能是接触器 KM1 先通电，经过一段时间后接触器 KM2 通电，延时时间由时间继电器 KT 完成。当 KM2 通电后，时间继电器 KT 就不起作用了，应切除 KT 线圈的电源，故应改接成图 7-12(b)所示电路。

### 2. 保证控制电路工作的安全和可靠性

（1）正确连接电器的线圈。在交流控制电路中，同时动作的两个电器线圈不能串联，如图 7-13(a)所示。即使外加电压是两个线圈额定电压之和，也是不允许的，因为每个线

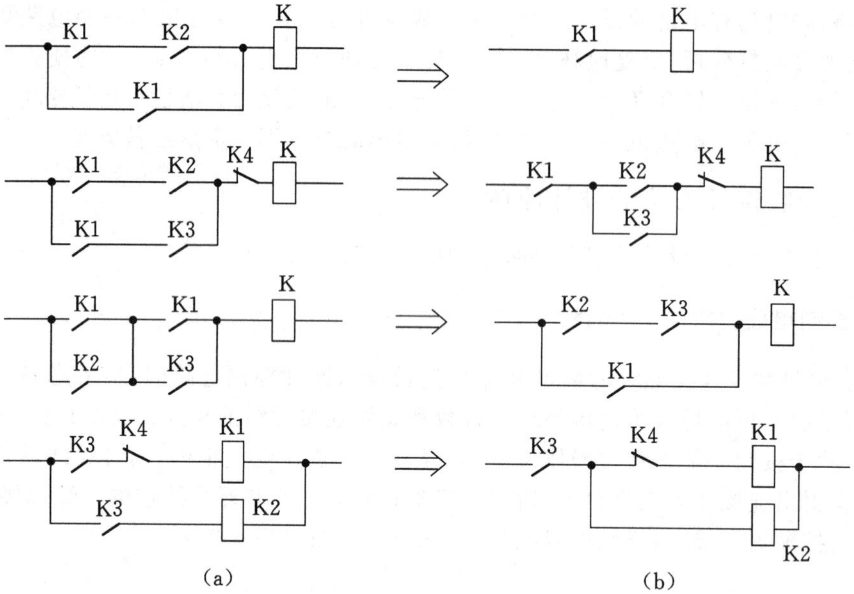


**图 7-11　同类触点合并**

圈上所分配到的电压与线圈阻抗成正比，由于制造上的原因，两个电器总有差异，不可能同时吸合。假如交流接触器 KM1 先吸合，由于 KM1 的磁路闭合，线圈的电感显著增大，因而在该线圈上的电压降也相应增大，从而使另一个接触器 KM2 的线圈电压达不到动作电压。因此，两个电器需要同时动作时其线圈应并联连接，如图 7-13(b)所示。

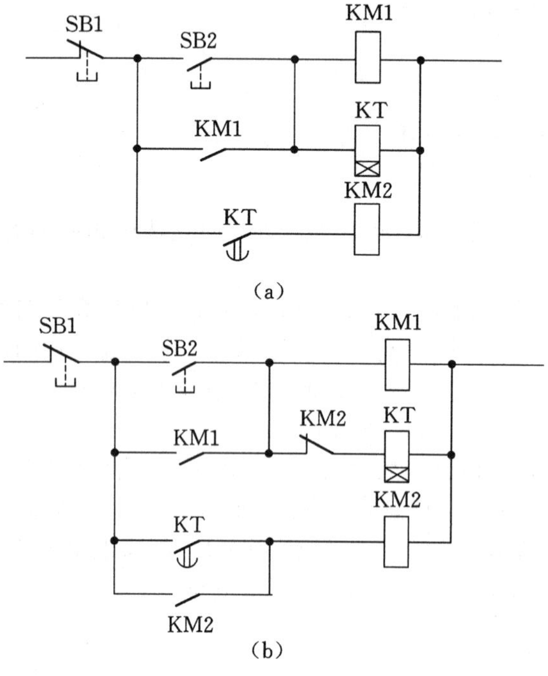


**图 7-12　减少通电电器**

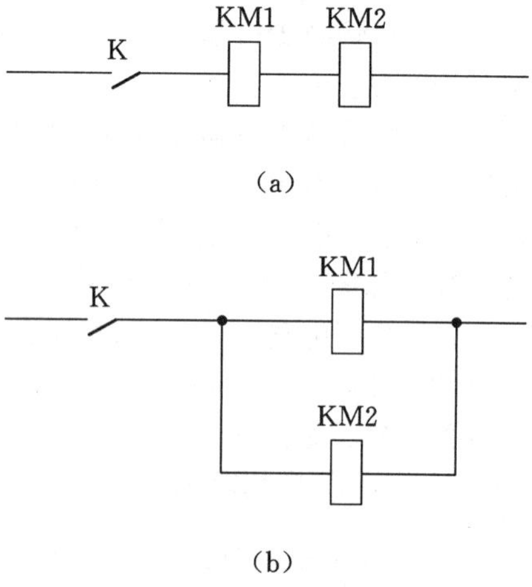


**图 7-13　线圈的连接**

(a) 错误；(b) 正确

两电感值相差悬殊的直流电压线圈不能并联连接，图 7-14(a)所示为直流电磁铁 YA 与直流继电器 K 并联。在接通电源时可以正常工作，但在断开电源时，由于电磁铁线圈 YA 的电感比继电器线圈 K 的电感大得多，因此，在断电时，继电器很快释放，但电磁铁线圈产生的自感电势可能使继电器又吸合，一直到继电器电压再次下降到释放值为止，这就造成了继电器的误动作。解决的办法是电磁铁和继电器各用一个触点来控制，如图 7-14(b)所示。

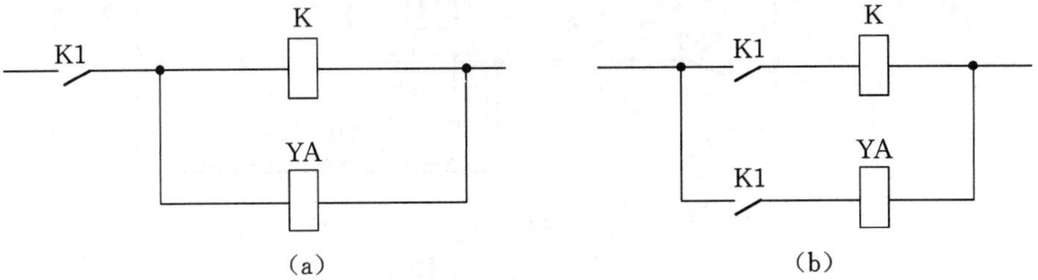


**图 7-14　电磁铁与继电器线圈的连接**

(a) 错误；(b) 正确

(2) 正确连接电器的触点。设计时应使分布在线路不同位置的同一电器触点接到电源的同一相上，以避免在电器触点上引起短路。如图 7-15(a)所示，行程开关 SQ 的常开、常闭触点靠得很近，如果分别接在电源的不同相上，则当触点断开产生电弧时，可能在两触点之间形成飞弧而造成电源短路。此外，绝缘不好也会造成电源短路。因此在一般情况下，将共用同一电源的所有接触器、继电器以及执行电器线圈的一端，均接于电源的一侧，而这些电器的控制触点接于电源的另一侧，如图 7-15(b)所示。

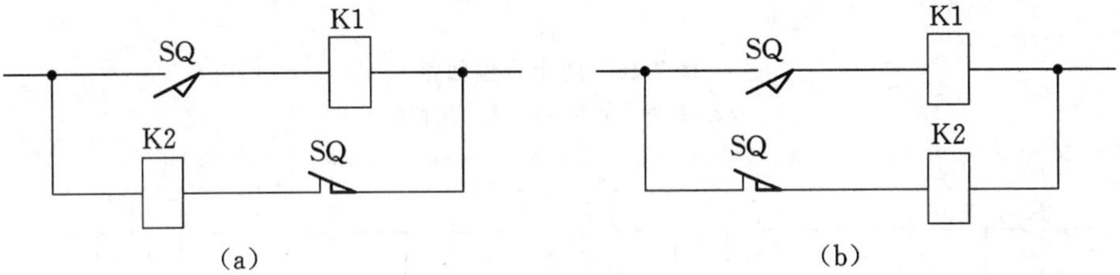


**图 7-15　触点的连接**

(a) 错误；(b) 正确

(3) 防止寄生回路。在控制电路的动作过程中，意外接通的线路叫寄生回路。图 7-16(a)所示为一个具有指示灯和热继电器保护的正反向控制电路。在正常工作时，该电路能完成正反向启动、停止和信号指示。但当热继电器 FR 动作时，线路就出现了寄生回路，如图中虚线所示，使正向接触器 KM1 不能可靠释放，起不到保护作用。如果将指示灯与其相应接触器线圈并联，则可防止出现寄生电路，如图 7-16(b)所示。

(4) 在控制电路中应尽量避免许多电器的触点依次接通，即避免一个电器接通才能接通另一个电器的控制电路。如图 7-17(a)所示，当其中任一电器的触点接线不牢，电路就不能正常工作，若改接为图 7-17(b)所示电路，则每个继电器的接通只需经过一对触点，且工作较为可靠，检查故障比较方便。

(5) 设计控制电路时，应考虑继电器触点的接通和分断能力，若容量不够，可在线路中增加中间继电器，或增加线路中触点数目。若需增加接通能力，就用多触点并联，若需

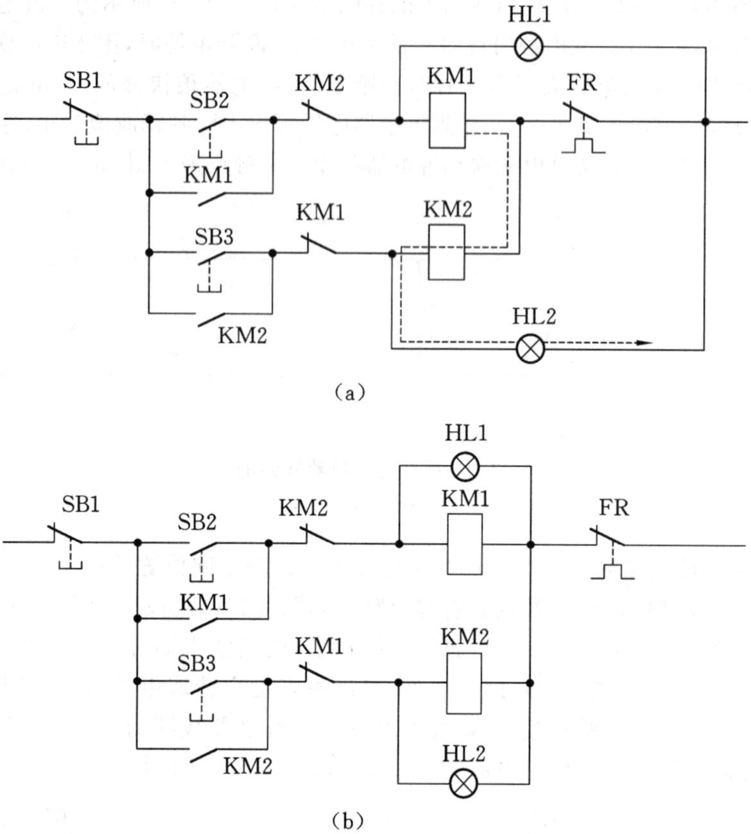


**图 7-16　防止寄生回路**

(a) 有寄生回路;(b) 无寄生回路

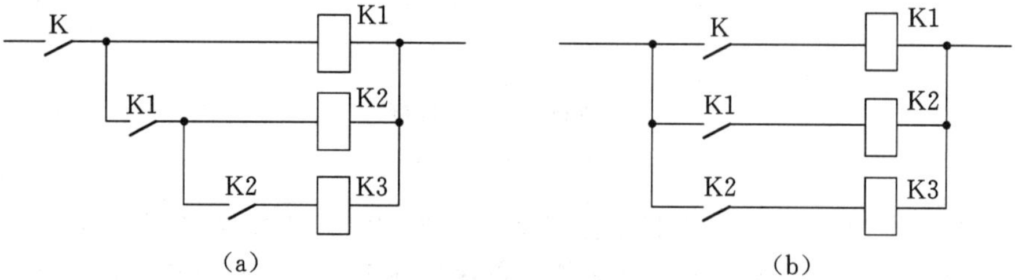


**图 7-17　触点的合理布置**

(a) 不合理;(b) 合理

增加分断能力,则用多触点串联。

(6) 避免发生触点"竞争"现象。当控制电路从一个状态向另一个状态转换时,常常有几个电器的状态发生变化。由于电器元件总有一定的固有动作时间,往往会发生不按预定时序动作的情况,触点争先吸合,发生振荡,这种现象称为电路的"竞争"。"竞争"现象将会造成控制电路不能按要求动作,引起控制失灵。如图 7-18 所示电路,当 K 闭合后,K1、K2 争先吸合,只有经过多次振荡吸合竞争后,才能稳定在一个状态上。实际上,由于电磁线圈的电磁惯性、机械惯性等因素,通断过程中总存在一定的动作时间(几十毫秒到几百毫秒)，这是电器元件的固有特性。如果电器元件的动作时间可能影响到控制电路的动作程序时，就需要用时间继电器配合控制，这样可清晰地反映元件动作时间与它们之间的互相配合，消除竞争现象。

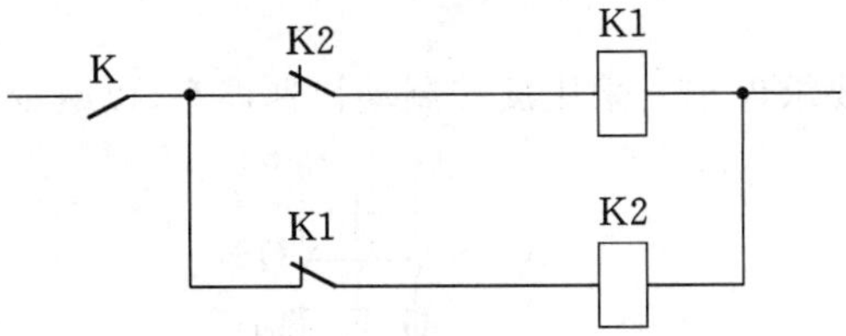


图 7-18 触点的"竞争"

(7) 电器联锁与机械连锁共用。对频繁操作的可逆控制电路，正、反向接触器之间不仅要有电器联锁，而且要有机械连锁，以避免误操作可能带来的危害。

**3. 应具有完善的保护环节**

电气控制电路的安全工作主要靠完善的保护环节，常用的保护环节包括短路、过载、过流、过压、失压和弱磁等，有时还设有合闸、正常工作、事故和分闸等指示信号。保护环节应工作可靠，满足负载的需要，做到动作准确，正常操作下不发生误动作，事故情况下能准确可靠动作，切断事故回路。

**4. 线路设计要考虑操作、使用、维修与调试的方便**

操作回路数较多，如要求正反向运转并调速，应采用主令控制器，而不能用许多个按钮。为了检修电路方便，应设隔离电器，避免带电操作；为了方便地调试电路，可以根据需要改变控制方式，如从自动控制转换到手动控制。设多点控制，以便于在生产机械旁进行调试。

## 二、一般设计方法的基本步骤

电气控制电路是为整个电气设备和工艺过程服务的，所以在设计前要深入现场收集资料，对生产机械的工作情况进行全面的了解，并对已有的同类或相接近的生产机械所用的电气控制电路进行调查、分析，综合制定出具体、详细的工艺要求，再征求机械设计人员和现场操作人员的意见后，作为设计电气控制电路的依据。设计电气控制电路的基本步骤为：

(1) 按工艺要求提出的启动、制动、反向和调速等功能设计主电路。

(2) 根据设计出的主电路设计控制电路的基本环节，满足设计要求的启动、制动、反向和调速等环节。

(3) 根据各部分运动要求的配合关系及联锁关系，确定控制参量并设计控制电路的特殊环节。

(4) 分析电路工作中可能出现的故障，线路中要加必要的保护环节。

(5) 综合审查，仔细检查其控制电路动作是否无误，关键环节可做必要的实验，并使电气控制电路进一步完善和简化。

## 三、设计方法举例

车床钻削加工时刀架自动循环的电气控制如图 7-19(a)所示，具体要求如下：

(1) 自动循环,即刀架由位置 1 移动到位置 2 进行钻削加工后自动退回位置 1,实现自动循环。

(2) 无进刀切削,即钻头到达位置 2 时不再进给,但钻头继续旋转进行无进给切削以提高工件加工精度。

(3) 快速停车,即要求停车时采用反接制动快速停车,以减少辅助工时。

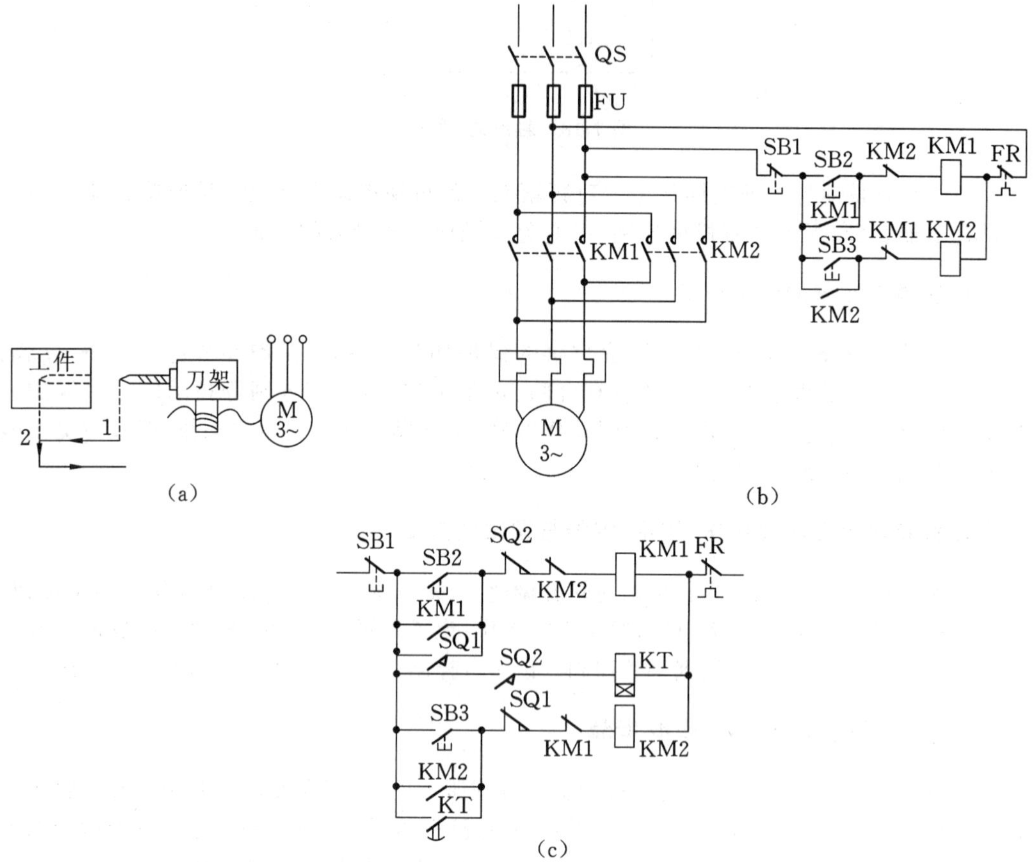


**图 7-19　车床钻削加工时刀架自动循环控制电路**

具体设计过程如下:

(1) 设计主电路要求刀架自动循环,因此电动机需正、反向运行,采用两个接触器改变电源相序。

(2) 设计控制电路基本环节:

设置由启动按钮、停止按钮、正反向接触器组成的控制电动机正反转的基本控制环节,加上必要的自锁、互锁功能,如图 7-19(b)所示。

(3) 设计控制电路的特殊环节:

① 要求刀架在位置 1 和位置 2 之间自动循环,因此在这两个位置上分别采用行程开关 SQ1、SQ2 进行控制。当接触器 KM1 通电吸合,电动机正转,刀架进给,进给到位置 2 自动停止,因此将 SQ2 的常闭触点串在接触器 KM1 线圈电路中。这样当刀架到达位置

2 时，压动行程开关 SQ2，其常闭触点断开，KM1 断电。

② 刀架到达位置 2 时停止，但钻头继续转动切削（钻头转动由另一台电动机拖动），无进给切削一段时间后，刀架再后退，因此采用时间继电器 KT 控制切削时间。由行程开关 SQ2 的常开触点控制时间继电器 KT 的线圈，KT 延时闭合的常开触点与反向启动按钮并联连接。这样，经过一段切削时间后，KT 延时闭合的常开触点闭合，反向接触器 KM2 通电，刀架后退。

③ 刀架退回到位置 1 后自动变为进给，因此将 SQ1 的常闭触点串在接触器 KM2 线圈电路中，SQ1 的常开触点与正向启动按钮并联连接。这样当刀架到达位置 1 时，SQ1 常闭触点断开，KM2 断电；同时，SQ1 常开触点闭合，KM1 通电，刀架开始进给。控制电路如图 7-19(c)所示。

④ 反接制动通常采用速度继电器进行控制，速度继电器与被测电动机同轴连接。当刀架进给时，接触器 KM1 通电吸合，电动机正向旋转，速度继电器的正向触点 KS1 动作，即常开触点闭合，为反接制动做准备；常闭触点断开，切断自锁回路。需要停车时，则按下停止按钮 SB1，接触器 KM1 断电，这时接触器 KM2 通过仍然闭合的 KS1 常开触点通电，电动机进入反接制动，当转速接近于零时，速度继电器常开触点 KS1 断开，反接制动结束。

完整的控制电路如图 7-20 所示。

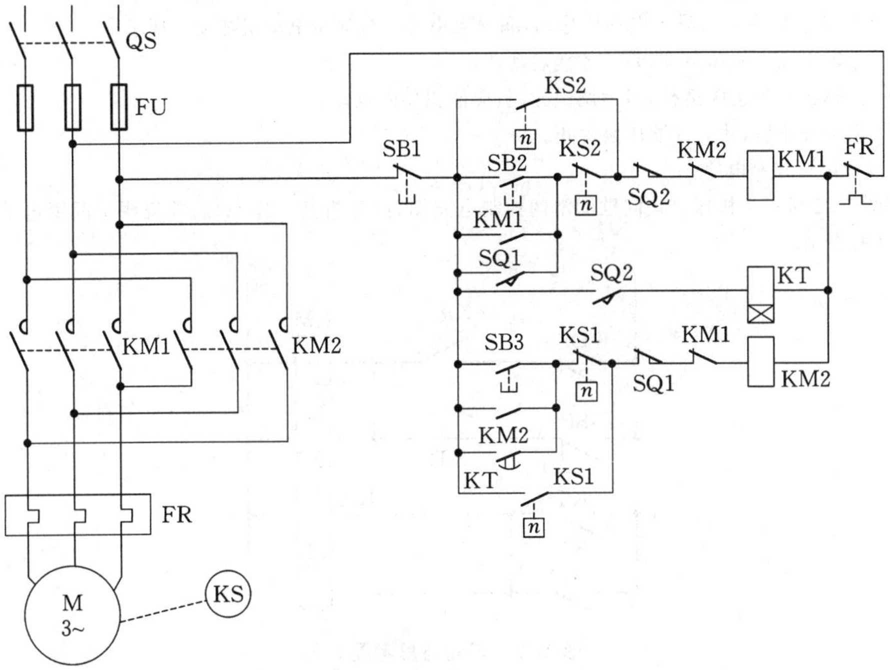


**图 7-20　完整的刀架自动循环控制电路**

刀架退回时的反接制动过程与刀架进给时的反接制动过程相同，只是刀架退回、电动机反向转动时，速度继电器的反向触点 KS2 动作。

(4) 设计保护环节线路采用熔断器 FU 作短路保护，热继电器 FR 作过载保护。

## 习题与思考题

1. 绘图时为何要用标准图形符号和文字符号？

2. 试问图 7-21 所示控制电路能否实现点动运行？为什么？

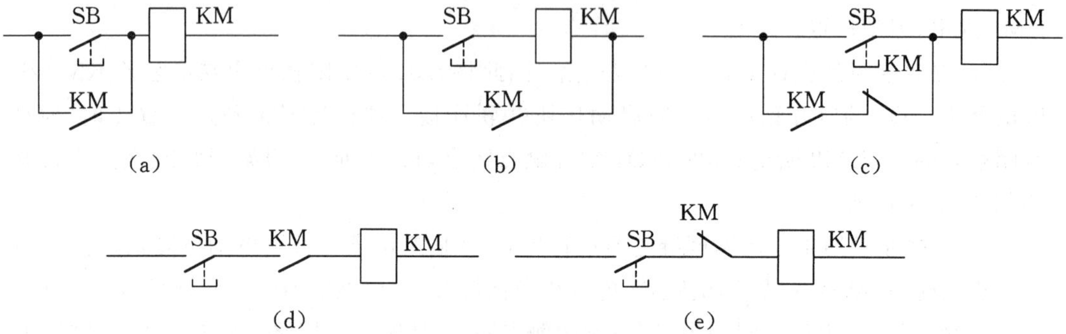


**图 7-21　习题与思考题 2 图**

3. 设计某机床刀架进给运动的控制电路，具体要求如下：

按下启动按钮后，刀架开始进给，到一定位置时，刀架进给停止，开始进行无进刀切削，经过一段时间后刀架自动返回，回到原位自动停止。

4. 某机床主轴由一台异步电动机拖动，润滑泵由另一台异步电动机拖动。要求：

(1) 主轴必须在液压泵开动后，才能启动；

(2) 主轴正常为正向运行，但为调试方便，应能正反向点动；

(3) 主轴停止后，才允许液压泵停止。

试设计电气控制电路。

5. 图 7-22 所示为机床自动间歇润滑的控制电路图，试分析其工作原理，并说明中间继电器 KA 和按钮 SB 的作用。

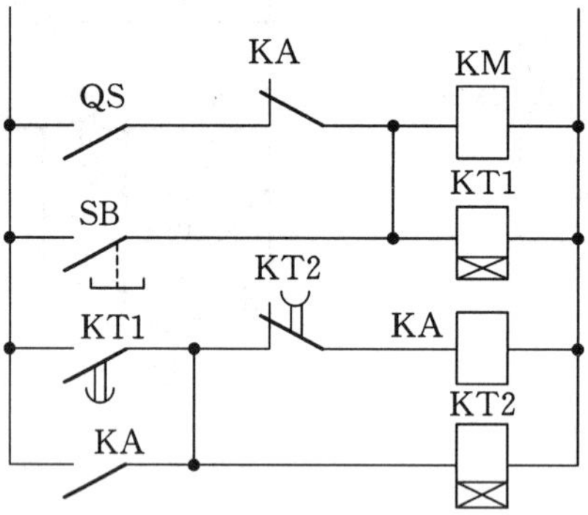


**图 7-22　习题与思考题 5 图**

6. 某电动机要求只有在继电器 K1、K2、K3 中任何一个或两个动作时才能运转，而在其他条件下都不运转，试用逻辑设计法设计其控制线路。

7. 一台小车由一台三相异步电动机拖动，动作顺序如下：①小车由原位开始前进，到终点后自动停止。②在终点停留 20 s 后自动返回原位并停止。要求在前进或后退途中，任意位置都能停止或启动，并具有短路、过载保护。请据此设计主电路和控制电路。

# 第八章　电器元件的选择和电动机的保护

## 第一节　电器元件的选择

正确合理地选择电器元件，是使控制线路安全和可靠工作的重要保证。电器元件的选择，主要是根据电器产品目录上的各项技术指标来进行的。下面对常用电器的选用进行简单的介绍。

### 一、接触器的选择

正确选择接触器就是要使所选用的接触器的技术数据满足控制线路对它提出的要求。选择接触器可按下列步骤进行。

**1. 接触器种类**

根据接触器所控制的负载性质来选择直流负载用直流接触器和交流负载用交流接触器。对频繁动作的交流负载，可选用带直流电磁线圈的交流接触器。

**2. 接触器额定电压**

接触器主触点的额定电压要根据主触点所控制负载电路的额定电压来确定。例如，所控制的负载为 380 V 的三相笼形异步电动机，则应选用额定电压为 380 V 以上的交流接触器。

**3. 接触器额定电流**

一般情况下，接触器主触点的额定电流应大于或等于负载或电动机的额定电流，计算公式为

$$I_N \geqslant \frac{P_N}{KU_N} \tag{8-1}$$

式中，$I_N$ 为接触器主触点额定电流；$K$ 为经验常数，一般取 1～1.4；$P_N$ 为被控电动机额定功率；$U_N$ 为被控电动机额定线电压。

如果接触器用于电动机的频繁启动、制动或正反转的场合，一般可将其额定电流降一个等级来选用。常用的额定电流等级为 5 A、10 A、20 A、40 A、60 A、100 A、150 A、

250 A、400 A、600 A 等，具体电流等级随选用的系列不同而不同。

#### 4. 接触器线圈的额定电压

接触器线圈的额定电压应等于控制回路的电源电压。其电压等级为：交流线圈 36 V、110 V、127 V、220 V、380 V；直流线圈 24 V、48 V、110 V、220 V、440 V 等。

为了保证安全，一般接触器线圈均选用较低的电压值，如 110 V 或 127 V，并由控制变压器供电。但如果控制电路比较简单，所用接触器的数量较少，为了省去变压器，可选用 380 V 或 220 V 电压。

#### 5. 接触器触点数目

接触器触点数目根据控制线路的要求而定。交流接触器通常有三对常开主触点和四至六对辅助触点，直流接触器通常有两对常开主触点和四对辅助触点。

#### 6. 接触器额定操作频率

交流接触器额定操作频率为 600 次/h，直流接触器额定操作频率为 1200 次/h。

### 二、继电器的选择

选择继电器时，应主要考虑电源种类、触点的额定电压和额定电流、线圈的额定电压或额定电流、触点组合方式及数量、吸合时间及释放时间等因素。下面介绍几种常用继电器的选择原则。

#### 1. 电磁式继电器的选择

（1）根据负载所要求的保护作用，电流继电器分为过电流继电器和欠电流继电器两种类型。

选择过电流继电器时依据的主要参数是额定电流和动作电流，其额定电流应大于或等于被保护电动机的额定电流，动作电流应根据电动机工作情况按其启动电流的 1.1～1.3 倍整定。一般绕线转子异步电动机的启动电流按 2.5 倍额定电流考虑，笼形异步电动机的启动电流按 5～7 倍额定电流考虑。选择过电流继电器的动作电流时，应留有一定的调节余地。

欠电流继电器一般用于直流电动机及电磁吸盘的弱磁保护。依据的主要参数是额定电流和释放电流，其额定电流应大于或等于额定励磁电流，释放电流整定值应低于励磁电路正常工作范围内可能出现的最小励磁电流，可取最小励磁电流的 85%。选择欠电流继电器的释放电流时，应留有一定的调节余地。

（2）根据在控制电路中的作用，电压继电器分为过电压继电器和欠电压（零电压）继电器两种类型。

选择过电压继电器时依据的主要参数是额定电压和动作电压，其动作电压可按系统额定电压的 1.1～1.5 倍整定。欠电压继电器常用一般电磁式继电器或小型接触器充当，其选用只要满足一般要求即可，对释放电压值无特殊要求。

**2. 热继电器的选择**

热继电器主要用于电动机的过载保护，选用时通常从电动机的结构类型、工作环境、启动情况及负载性质等几方面综合考虑。

(1) 热继电器结构类型　当电动机绕组为Y联结时，可选用两相结构的热继电器；如果电网电压严重不平衡、工作环境恶劣，可选用三相结构的热继电器；当电动机绕组为△联结时，则应选用带断相保护装置的三相结构热继电器。

(2) 热继电器额定电流　对于长期正常运行的电动机，热继电器热元件额定电流取电动机额定电流的0.95～1.05；对于过载能力较差的电动机，热继电器热元件额定电流取电动机额定电流的0.6～0.8。

对于不频繁启动的电动机，要保证热继电器在电动机启动过程中不产生误动作，若电动机启动电流为其额定电流的6倍，并且启动时间不超过6 s，则可根据电动机的额定电流来选择热继电器。

对于重复短时工作制的电动机，首先要确定热继电器的允许操作频率，可根据电动机的启动参数(启动时间、启动电流等)和通电持续率来选择。

**3. 时间继电器的选择**

时间继电器的类型很多，选用时应从以下几方面考虑：

(1) 电流种类和电压等级　电磁阻尼式和空气阻尼式时间继电器的线圈的电流种类和电压等级应与控制电路的相同；电动机式和晶体管式时间继电器，其电源的电流种类和电压等级应与控制电路的相同。

(2) 延时方式　根据控制电路的要求来选择延时方式，即通电延时型和断电延时型。

(3) 触点形式和数量　根据控制电路的要求来选择触点形式(延时闭合或延时断开)及数量。

(4) 延时精度　电磁阻尼式时间继电器适用于精度要求不高的场合，电动机式或电子式时间继电器适用于延时精度要求高的场合。

(5) 操作频率　操作频率不宜过高，否则会影响时间继电器的寿命，甚至会导致延时动作失调。

**4. 中间继电器的选择**

选用中间继电器时，应注意线圈的电流种类和电压等级应与控制电路一致，同时，触点的数量、种类及容量也要根据控制电路的需要来选定。如果一个中间继电器的触点数量不够用，可以将两个中间继电器并联使用，以增加触点的数量。

## 三、熔断器的选择

熔断器的选择依据主要是熔断器的类型、额定电压、额定电流等级及熔体的额定电流。

(1) 熔断器类型　应根据线路要求、使用场合及安装条件来选择熔断器类型，其保护特性应与被保护对象的过载能力相匹配。对于容量较小的照明及电动机，一般是考虑它们的过载保护能力，可选用熔体熔化系数小一些的熔断器，如熔体为铅锡合金的 RC1A 系列熔断器。对于容量较大的照明及电动机，除过载保护能力外，还应考虑短路时的分断短路电流能力。若短路电流较小，可选用低分断能力的熔断器，如熔体为锌质的 RM10 系列熔断器。若短路电流较大，可选用高分断能力的 RL1 系列熔断器。若短路电流相当大，可选用有限流作用的 RT0 及 RT12 系列熔断器。

（2）熔断器额定电压及额定电流　熔断器的额定电压应大于或等于线路的工作电压，额定电流应大于或等于所装熔体的额定电流。

（3）熔断器熔体的额定电流：

① 对于如照明线路或电热设备等没有冲击电流的负载，选择时要求熔体的额定电流等于或稍大于负载的额定电流，即

$$I_{RN} \geqslant I_N \tag{8-2}$$

式中，$I_{RN}$ 为熔体额定电流；$I_N$ 为负载额定电流。

② 对于长期工作的单台电动机，要求电动机启动时不应熔断，即

$$I_{RN} \geqslant (1.5 \sim 2.5) I_N \tag{8-3}$$

轻载时系数取 1.5，重载时系数取 2.5。

③ 对于频繁启动的电动机，在频繁启动时，要求熔断器不熔断，即

$$I_{RN} \geqslant (1.5 \sim 3.5) I_N \tag{8-4}$$

④ 对于多台电动机长期共用一个熔断器，熔体额定电流为

$$I_{RN} \geqslant (1.5 \sim 2.5) I_{Nmax} + \sum I_N \tag{8-5}$$

式中，$I_{Nmax}$ 为容量最大的电动机额定电流；$\sum I_N$ 为除容量最大的电动机外，其余电动机额定电流之和。

（4）对于配电系统在多级熔断器保护中，为防止发生越级熔断，使上、下级熔断器间有良好的配合，选用熔断器时应注意上一级（干线）熔断器的熔体额定电流比下一级（支线）的大 1 ～ 2 个级差。

## 四、开关电器的选择

### 1. 刀开关的选择

刀开关主要根据使用场合、电源种类、电压等级、电动机容量及所需极数来选择。首先根据刀开关在线路中的作用和安装位置选择其结构形式，若用于隔断电源，需选用无灭弧罩的产品，若用于分断负载，则需选用有灭弧罩且用杠杆来操作的产品。然后再根据线路电压和电流来选择，刀开关的额定电压应大于或等于所在线路的额定电压；额定电流应大于负载的额定电流，当负载为异步电动机时，其额定电流应取电动机额定电流的 1.5 倍以上。刀开关的极数应与所在电路的极数相同。

### 2. 组合开关的选择

组合开关主要根据电源种类、电压等级、所需触点数及电动机容量进行选择。选择时

应掌握以下原则：

① 组合开关的通断能力并不是很高,因此不能用它来分断故障电流。对用于控制电动机可逆运行的组合开关,必须在电动机完全停止转动后才允许反方向接通。

② 组合开关接线方式很多,使用时应根据需要正确地选择相应规格的产品。

③ 组合开关的动作频率不宜太高(一般不宜超过 300 次 /h),所控制负载的功率因数也不能低于规定值,否则组合开关就要减小容量使用。

④ 组合开关本身不带过载、短路和欠压保护,如果需要这类保护,必须另设其他保护电器。

### 3. 低压断路器的选择

低压断路器主要根据保护特性要求、分断能力、电网电压类型及等级、负载电流、操作频率等方面进行选择。

(1) 额定电压和额定电流　单低压断路器的额定电压和额定电流应大于或等于线路的额定电压和额定电流。

(2) 热脱扣器　热脱扣器整定电流应与被控制电动机的额定电流或负载的额定电流一致。

(3) 过电流脱扣器　过电流脱扣器瞬时动作整定电流由下式确定

$$I_Z \geqslant KI_S \tag{8-6}$$

式中,$I_Z$ 为瞬时动作整定电流值;$I_S$ 为线路中的尖峰电流,若负载是电动机,则 $I_S$ 即为启动电流;$K$ 为考虑整定误差和启动电流允许变化的安全系数,当动作时间大于 20 ms 时,取 $K=1.35$,当动作时间小于 20 ms 时,取 $K=1.7$。

(4) 欠电压脱扣器　欠电压脱扣器的额定电压应等于线路的额定电压。

## 五、电源开关联锁机构

电源开关联锁机构与相应的断路器和组合开关配套使用,用于接通电源、断开电源和柜门开关联锁,以达到在切断电源后才能打开门、将门关闭好后才能接通电源的效果,从而起到安全保护作用。电源开关联锁机构有 DJL 系列和 JDS 系列。

## 六、控制变压器的选择

控制变压器一般用于降低控制电路或辅助电路的电压,提高控制电路的安全可靠性。控制变压器主要根据一次和二次电压等级及所需要的变压器容量来选择。

控制变压器一次电压应与所接的交流电源电压相符合,二次电压应与控制电路、辅助电路的电器线圈额定电压相符合。控制变压器容量的选择分为两种情况：

① 变压器长期运行时,最大工作负载时变压器的容量应大于或等于最大工作负载所需要的功率,计算公式为

$$P_T \geqslant K_T \sum P_{XC} \tag{8-7}$$

式中,$P_T$ 为控制变压器所需容量;$\sum P_{XC}$ 为控制电路最大负载时工作的电器所需的总功

率，其中 $P_{XC}$ 为电磁器件的吸持功率；$K_T$ 为控制变压器容量储备系数，一般取$K_T=1.1\sim1.25$。

② 控制变压器容量应满足已吸合的电器在启动其他电器时仍能保持吸合状态，而启动电器也能可靠地吸合，计算公式为

$$P_T \geqslant 0.6\sum P_{XC} + 1.5\sum P_{ST} \tag{8-8}$$

式中，$\sum P_{ST}$ 为同时启动的电器总吸收功率。

所需控制变压器的容量应由上两式所计算出的最大容量决定。

## 七、主令电器的选择

主令电器种类很多，应用很广泛。下面仅简单介绍两种常用主令电器的选择方法。

### 1. 按钮的选择

按钮的选择应从以下几方面考虑：

(1) 根据使用场合和具体用途选择按钮形式　如果按钮安装于控制柜的面板上，需采用开启式的；如要显示工作状态，需采用带指示灯的；如要避免误操作，需采用钥匙式的；如要避免腐蚀性气体侵入，需采用防腐式的。

(2) 根据控制作用选择按钮帽的颜色　按钮帽的颜色有红色、绿色、白色、黄色、蓝色、黑色和橙色等，一般启动或通用按钮采用绿色，停止按钮采用红色。

(3) 根据控制回路的需要确定触头数量和按钮数量　如单钮、双钮、三钮和多钮等。

### 2. 行程开关的选择

(1) 根据使用场合和控制对象确定行程开关的种类：行程开关分为一般用途行程开关和起重设备用行程开关。当生产机械运动速度不太快时，可选用一般用途的行程开关。

(2) 根据生产机械的运动特性确定行程开关的操作方式。

(3) 根据使用环境条件确定行程开关的防护形式，如开启式或保护式。

# 第二节　电动机的保护

电动机除能满足生产机械的加工工艺要求外，要想长期安全地正常运行，必须有各种保护措施。

保护环节是电气控制系统不可缺少的组成部分，可靠的保护装置可以防止电动机、电网、电气控制设备以及人身安全受到损害。

电动机的安全保护环节有短路保护、过载保护、过流保护、欠压和失压保护、断相保护和弱磁保护等。

## 一、短路保护

在电动机绕组的绝缘、导线的绝缘损坏，负载短路、接线错误等故障情况下，有可能产

生短路现象。短路时产生的瞬时故障电流可能达到电动机额定电流的几十倍，因此在电动机中会产生强大的电动力而使绕组或机械部件损坏。

短路保护要求具有瞬动特性，即要求在很短时间内切断电源。当电动机正常启动、制动时，短路保护装置不应误动作。

短路保护常用的方法是采用熔断器，将熔断器串接于被保护的电路中，还可以采用具有瞬时动作脱扣器的低压断路器或专门的短路保护装置，可以根据上一节介绍的选择原则来选用和整定动作值。当主电路容量较小时，主电路中的熔断器可以同时作为控制电路的短路保护；当主电路容量较大时，则控制电路需有单独的短路保护熔断器。图 8-1 所示为电动机常用保护类型示意图。

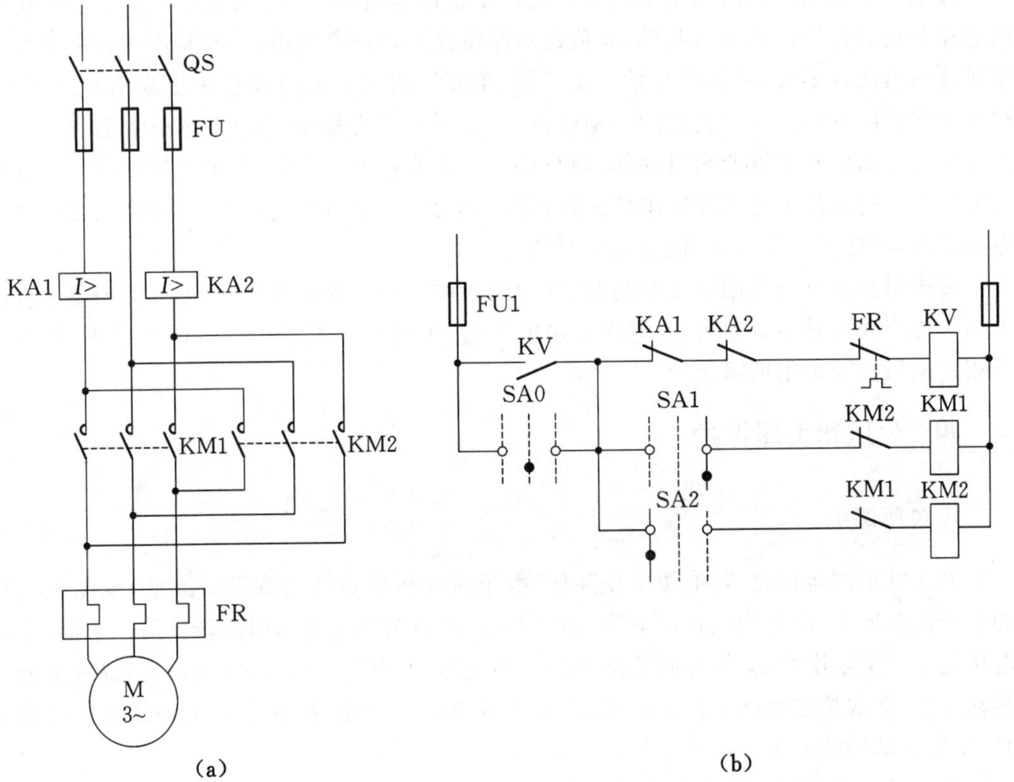


**图 8-1　电动机常用保护类型示意图**

## 二、过载保护

过载是指电动机工作电流超过其额定电流而使绕组发热。引起过载的原因很多，如负载的突然增加、电源电压降低和缺相运行等。电动机长期过载运行时，绕组温升将超过其允许值，电动机绝缘材料就会变脆，寿命缩短，甚至使电动机损坏。

电动机过载保护常用的元件是热继电器。热继电器具有反时限特性，即根据电流过载倍数的不同，其动作时间是不同的，过载电流越大，动作时间越短，而电动机为额定电流时，热继电器不动作。由于热惯性的原因，热继电器不会受电动机短时过载冲击电流或短路电流的影响而瞬时动作,所以在使用热继电器作过载保护的同时,还必须设有短路保护,并且选作短路保护的熔断器熔体的额定电流不应超过 4 倍热继电器发热元件的额定电流。

电动机过载保护还可以采用带长延时脱扣器的低压断路器或具有反时限特性的过电流继电器。采用带长延时脱扣器的低压断路器时,脱扣器的整定电流一般可取为电动机的额定电流或稍大一些,并应考虑电动机实际启动时间的长短。采用过电流继电器时,应保证产生过电流的时间长于启动时间,继电器才动作。

## 三、过流保护

过电流是指电动机的工作电流超过其额定值的运行状态,过电流常常是由于不正确的启动和负载转矩过大而引起的,其值比短路电流小。在电动机运行中,产生过电流比发生短路的可能性要大,特别是在频繁正反转、重复短时工作的电动机中更易出现。因此,过电流保护的动作值应比正常的启动电流稍大一些,以免影响电动机的正常运行。过电流保护也要求保护装置能瞬时动作,即只要过电流值达到整定值,保护装置就应立即动作切断电源。过电流继电器线圈串接在被保护的电路中,电路电流达到整定值时,过电流继电器动作,其常闭触点断开,接触器线圈断电。

过流保护还可以采用低压断路器、电动机保护器等。通常情况下,过流保护用于直流电动机或绕线型异步电动机,对笼形异步电动机,短时的过流不会产生严重后果,所以不采用过流保护而采用短路保护。

## 四、欠压和失压保护

### 1. 欠压保护

电动机正常运行时,若电源电压降低,由于电动机的负载功率没有改变,电动机绕组的电流就会增大,使电动机转速下降、温度升高,严重时会使电动机停转。另一方面,电源电压低于一定限度时,会使控制线路中的一些电器(如交流接触器、继电器等)释放或处于抖动状态,造成控制线路工作不正常,甚至导致事故。因此,在电源电压降到允许值以下时,需要自动切断电源。这就是欠压保护。

欠压保护可以用欠压继电器,欠压继电器的释放电压整定值可以比较低。另外,还可用具有失压保护作用的接触器或具有欠电压脱扣器的断路器。图 8-1(b)所示为采用欠压继电器的保护电路,图中 SA 为主令控制器,有三挡工作位置。

开始工作时,将 SA 置于中间档位,则 SA0 闭合,欠压继电器 KV 的线圈通电并自锁。将 SA 置于右边位置时,则 SA0 断开、SA1 闭合,接触器 KM1 通电吸合,电动机正转。将 SA 置于左边位置时,SA2 闭合,接触 KM2 通电吸合,电动机反转。若在运行过程中,电源电压降低或消失,欠压继电器 KV 就会断电释放,接触器 KM1 或 KM2 也马上释放,电动机脱离电源而停转。当电源电压恢复时,由于 SA0 和 KV 触点都是断开的,故 KV 和 KM1(或 KM2)线圈都不能通电,电动机不会自行启动。若使电动机重新启动,必须将 SA 置于中间位置,使 SA0 线圈闭合,KV 线圈通电并自锁,然后再将 SA 置于右边或左边位置，电动机才能启动。

**2. 失压保护**

当电动机接至额定频率的电源上正常工作时，如果电源电压因某种原因消失，那么在电源电压恢复时，电动机将自行启动，此时可能引起电动机或生产机械的损坏，甚至危害工作人员的安全。另外，多台电动机同时自行启动也会引起不允许的过电流和电网电压下降。为了防止电源电压失去后恢复供电时电动机的自行启动，需要进行失压保护，或称零压保护。

失压保护可以用零压继电器。当控制电路中用按钮驱动接触器来控制电动机的启停时，也可利用按钮的自动恢复作用和接触器失压保护功能来实现失压保护，而不必再用零压继电器。因为当电压消失时，接触器就自动释放，其主触点和自锁触点同时断开，切断电动机电源，当电压恢复正常时，必须重新按下启动按钮，才能使电动机启动。

## 五、断相保护

异步电动机在正常运行时，如果电源任一相断开，电动机将在缺相电源中低速运转或堵转，定子电流很大，是造成电动机绝缘及绕组烧毁的常见故障之一。因此应进行断相保护，或称缺相保护。

引起电动机断相的主要原因有：电动机定子绕组一相断线，电源一相断线，熔断器、接触器、低压断路器等接触不良或接头松动等。断相运行时，线路电流和电动机绕组连接因断相形式（电源断相、绕组断相等）的不同而不同；电动机负载越大，故障电流也越大。

断相保护的方法很多，可以用带断相保护的热继电器、电压继电器及电流继电器等，下面介绍一种固态断相保护器。图 8-2 所示为固态断相保护器的原理框图，它由检测电路、滤波电路、鉴别电路、开关电路、执行电路和稳压电源组成。

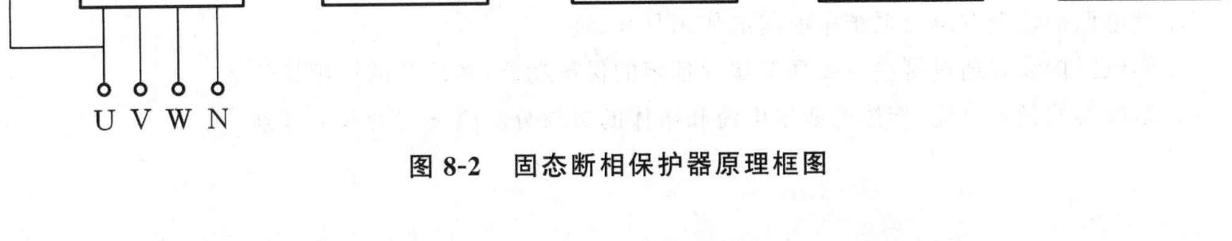


**图 8-2　固态断相保护器原理框图**

## 六、弱磁保护

直流电动机在轻载运行时，若磁场减弱或消失，将会产生超速运行甚至飞车；直流电动机在重载运行时，若磁场减弱或消失，则电枢电流迅速增大，使电枢绕组绝缘因发热而损坏。因此需要采取弱磁保护。弱磁保护是通过在直流电动机励磁回路中串入弱磁继电器(欠电流继电器)来实现的,如图 8-3 所示。

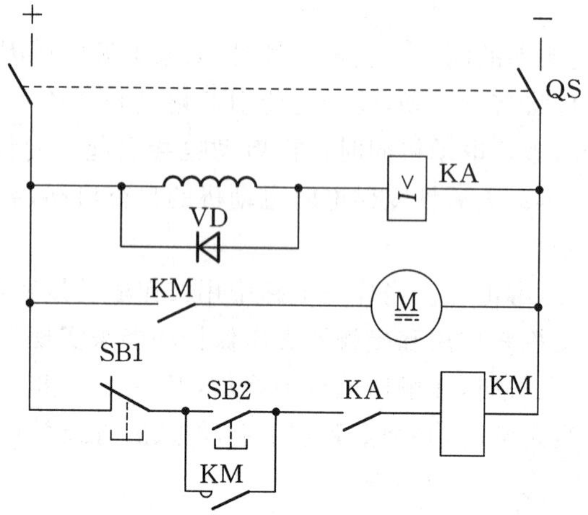


图 8-3 弱磁保护线路

当合上电源开关 QS 后,在电动机励磁绕组中会通以额定励磁电流,此电流使电流继电器 KA 动作,其常开触点闭合。这时,按下启动按钮 SB2,接触器 KM 线圈就通电了,其常开主触点闭合,电动机启动运行。若运行时励磁电流消失或减小很多,电流继电器 KA 将释放,常开触点会断开,从而切断主回路接触器 KM 线圈的电源,使电动机脱离电源而停车。

## 习题与思考题

1. 欠电压继电器能否用于过电压保护中?为什么?
2. 选择接触器时,应考虑哪些技术数据?
3. 对保护电热设备的熔断器熔体额定电流如何选择?对保护一台电动机和多台电动机的熔断器熔体额定电流如何选择?
4. 短路保护和热保护有何区别?
5. 低压断路器应如何选择?
6. 电力系统如果没有配备完善的继电保护系统,想象一下会出现什么情景?
7. 继电保护装置在电力系统中所起的作用是什么?
8. 继电保护装置通过哪些主要环节实现预定的保护功能,各环节的作用是什么?
9. 熔断器的额定电流、熔体的额定电流和熔体的极限分断电流三者有何区别?

# 参 考 文 献


[1] 王浩.机床电气控制与 PLC[M].2 版.北京:机械工业出版社,2019.

[2] 冯清秀,邓星钟.机电传动控制[M].5 版.武汉:华中科技大学出版社,2011.

[3] 李岚,梅丽凤.电力拖动与控制[M].3 版.北京:机械工业出版社,2016.

[4] 王永华.现代电气控制及 PLC 应用技术[M].6 版.北京:北京航空航天大学出版社,2020.

[5] 鲁远栋,张明军,程艳婷.机床电气控制技术[M].2 版.北京:电子工业出版社,2013.

[6] 孙蓓,张志义.机电传动控制[M].2 版.北京:机械工业出版社,2015.

[7] 杨一平.变频器原理与应用[M].长沙:国防科技大学出版社,2009.

[8] 汤蕴璆.电机学[M].5 版.北京:机械工业出版社,2014.

[9] 秦曾煌.电工学:上册[M].7 版.北京:高等教育出版社,2009.

[10] 王得胜,韩红彪.电气控制系统设计[M].北京:电子工业出版社,2011.

[11] 沈兵.电气制图规则应用指南[M].北京:中国标准出版社,2009.

[12] 郭汀.电气制图用文字符号应用指南[M].北京:中国标准出版社,2009.

[13] 王成元,夏家宽,孙宜标.现代电机控制技术[M].2 版.北京:机械工业出版社,2014.

[14] 潘月斗,楚子林.现代交流电机控制技术[M].北京:机械工业出版社,2018.

[15] 王糖秋.电机及电力拖动[M].北京:化学工业出版社,2001.